普通高等教育一流本科专业建设成果教材

机器视觉
自动检测技术

第二版

余文勇　石　绘　编著

U0235026

化学工业出版社

·北京·

内 容 简 介

《机器视觉自动检测技术》（第二版）内容共分为 6 章。第 1 章为机器视觉概述，讲述机器视觉技术的系统构成、工作原理、发展历程和应用领域等。第 2 章讲述机器视觉系统的硬件构成，包括相机的分类及主要特性参数、光学镜头的原理与选型、图像采集卡的原理及种类、图像数据的传输方式等。第 3 章讲述机器视觉成像技术，内容包括光源，工业环境下的灰度照明技术和彩色照明技术，LED 照明设计技术。第 4 章重点讲述机器视觉核心算法，包括图像预处理、频域图像增强、数学形态学应用、灰度均衡、边缘检测、Blob 分析、阈值分割、图像匹配算法及其应用、相机标定和测量算法。第 5 章介绍机器视觉软件的开发与算法，包括图像文件格式、常用函数库、Matlab 应用和算法示例。第 6 章讲述视觉测量与检测的工程应用和案例分析。

本书可供高等学校机械、自动化、检测、测量等相关专业教学使用，也可供精密检测研究、开发、应用技术人员参考。

图书在版编目（CIP）数据

机器视觉自动检测技术/余文勇，石绘编著 . —2 版 . —北京：化学工业出版社，2023.3

普通高等教育一流本科专业建设成果教材

ISBN 978-7-122-42678-9

Ⅰ . ①机… Ⅱ . ①余… ②石… Ⅲ . ①计算机视觉-自动检测-高等学校-教材 Ⅳ . ①TP302.7

中国版本图书馆 CIP 数据核字（2022）第 244259 号

责任编辑：李玉晖 杨 菁 　　　　　　　装帧设计：张 辉
责任校对：王鹏飞

出版发行：化学工业出版社（北京市东城区青年湖南街 13 号 邮政编码 100011）
印 装：三河市双峰印刷装订有限公司
787mm×1092mm 1/16 印张 14¾ 字数 317 千字 2024 年 6 月北京第 2 版第 1 次印刷

购书咨询：010-64518888 　　　　　　　　售后服务：010-64518899
网 址：http://www.cip.com.cn
凡购买本书，如有缺损质量问题，本社销售中心负责调换。

定 价：55.00 元

前 言

　　工业产品外观质量检测在机械、汽车、航空航天、电子、钢铁、纺织、医药等领域应用广泛且需求迫切，但检测手段过去一直在离线检测（如工具显微镜、投影测量仪和体视显微镜等传统设备）或人工检测的技术中徘徊。随着国家"新一代人工智能发展规划"以及"智能检测装备产业发展行动计划（2023—2025 年）"的提出，以工业化和信息化以及人工智能赋能的智能制造已提升到国家战略需求，产品的装配、定位、分拣和检测的要求越来越高，精度从 0.01mm 向 0.001mm 过渡，计量方式从抽检向 100% 全检过渡，检测项目从简单走向复杂、从单项走向多项综合。作为工业自动化和工业机器人的眼睛和大脑，机器视觉技术改变传统的计量和检测方式，满足现代制造业的高速、精密、复杂需要已迫在眉睫。

　　机器视觉检测技术的应用大致分为两个层次：一类是离线检测，由于对算法的实时性和硬件的处理速度要求不高，此类应用已经相对成熟；另一类是实时在线检测，目前存在如下瓶颈问题。

　　1）复杂问题的求解：缺陷是检测对象的物理特性、力学特性和光学特性的综合反映，容易淹没在重复模式的微动、材料形变和背景噪声之中，传统计算机视觉算法和人工智能算法有效结合才能获得全面质量数据。

　　2）视觉信息处理的网络化问题：随着检测精度提高，观测面积增大和检测任务趋于复杂，单机系统无法同时满足数据传输、图像处理和实时控制的要求，以网络为中心的多目视觉检测和分布式计算成为现代自动化生产线计量和品质检测的主流需求。

　　3）处理速度的高速化问题：当今最快的生产速度已达到 1000m/min，处理速度的高速化永远是机器视觉系统所追求的目标，但处理速度受制于数据流量、处理算法和硬件结构。

　　针对上述问题，本书系统介绍机器视觉自动检测领域的知识，让读者了解机器视觉与图像处理的基本原理、构造、编程技术，并结合实际案例介绍机器视觉自动检测技术在半导体与集成电路行业、精密制造行业、包装印刷行业等关系到国计民生的行业中的研究和应用。另外，本书有意培养读者熟悉图像处理程序的编写与调试，具备基本的编程解决问题的能力，并且培养读者作为研究者或工程师应具有的对待工作认真负责的态度。

全书包含 6 章，系统讲述机器视觉的硬件构成、成像技术、核心算法、软件开发和工程应用。第 1 章为概述，介绍机器视觉的内涵、应用及发展趋势。第 2 章介绍机器视觉系统的硬件构成，包括成像原理、相机构造、镜头、图像采集卡、数据传输方式等。第 3 章介绍机器视觉成像技术。第 4 章介绍机器视觉常用核心算法。第 5 章介绍常用算法库和算法案例。第 6 章介绍机器视觉自动检测的工程案例。

我们在 2013 年出版了本书的第一版，至今已经连续 9 年加印，在 20 多所大专院校的使用过程中，很多老师提出了宝贵的意见和建议。本书第二版做了较大的修订，调整了章节的逻辑，合并了相关内容，同时还增加了比较完善的编程案例。

本书由华中科技大学余文勇、武汉理工大学石绘合力编著完成。本书的出版是多项国家自然科学基金资助的结果，特别是 NSFC. No. 51775214，No. 52375494。本书的出版还得到了华中科技大学教材出版基金的资助，在此表示感谢。本书为华中科技大学机械工程国家一流本科专业建设点的教材建设成果。本书的编写蒙国内外多家机器视觉产品研发机构（包括 CCS、大恒图像、凌云等）提供实验素材和专业指导，在此深表感谢。

机器视觉检测技术涉及专业范围很广，限于编著者的研究水平和教学水平，本书不妥之处在所难免，希望任课老师和读者批评指正。

编著者

目 录

第3章　机器视觉成像技术 　054

第4章 机器视觉核心算法 085

第5章　软件的开发与算法案例　　142

第6章　机器视觉工程应用　　180

第1章　概述

1.1　机器视觉的定义

　　视觉是人类感知世界的最重要的方式之一。通过眼睛接收外界的光信号并将其转化为大脑可以理解的图像，进而识别物体、人脸、文字和颜色等，这使我们能够与周围的环境进行交互和沟通。如果将"眼睛"和"大脑"赋予机器人，使之具备机器视觉，成为智能化的机器人，将代替人类完成因自身能力和能量的局限性所不能完成的任务，这是人类科学研究所面临的重要挑战和机遇。现代工业自动化生产中有各种各样的产品质量检验、生产监视及零件识别等应用，诸如零配件批量加工的尺寸检查，自动装配的完整性检查，电子装配线的组件自动定位，IC 上的字符识别等。通常人眼无法连续地、稳定地完成这些带有高度重复性和智慧性的工作，其他物理量传感器也难独立完成。因此人们开始考虑利用光电成像系统，采集被控目标的图像，而后经计算机或专用的图像处理模块进行数字化处理，根据图像的像素分布、亮度和颜色等信息，来进行尺寸、形状、颜色等的判别。这样，就把计算机的快速性、可重复性与人眼视觉的高度智能化和抽象能力相结合，由此产生了机器视觉的概念。机器视觉的发展不仅将大大推动智能系统的发展，也将拓宽计算机与各种智能机器的研究范围和应用领域。

　　美国制造工程协会（American Society of Manufacturing Engineers，ASME）机器视觉分会和美国机器人工业协会（Robotic Industries Association，RIA）的自动化视觉分会对机器视觉下的定义为："机器视觉（Machine Vision）是通过光学的装置和非接触的传感器自动地接收和处理一个真实物体的图像，通过分析图像获得所需信息或用于控制机器运动的装置"。

　　机器视觉是基于视觉技术的机器系统或学科。从广义角度来说，机器人、图像系统、基于视觉的工业测控设备等统属于机器视觉范畴。从狭义角度来说，机器视觉更多指基于视觉的工业测控系统设备。机器视觉系统能提高生产的产品质量和生产线自动化程度。尤其是在一些不适合于人工作业的危险工作环境或人眼难以满足要求的场合，常用机器视觉来替代人工视觉；同时在大批量工业生产过程中，用人工视觉检查产品质量效率低且精度不高，用机器视觉检测方法可以大大提高生产效率，降低生产成本。机器视觉易于实现信息集成，是实现计算机集成制造的基础技术。

随着信息技术、人工智能的发展，机器视觉系统日臻成熟，已是现代加工制造业不可或缺的工具，广泛应用于食品、制药、建材、化工、金属加工、包装、汽车制造等领域。用机器视觉代替传统的人工检测，极大地提高了产品质量和生产效率。

1.2 机器视觉系统的构成

机器视觉系统通过处理器分析图像，并根据分析结果得出结论。现今机器视觉系统有两种典型的应用。一种是检测，即由光学器件精确地观察目标并由处理器对部件的合格与否做出有效的判断；另一种应用是引导，即运用光学器件和软件相结合直接指导制造过程。完整的机器视觉系统一般包括如下组成部分：光源、镜头、相机、图像处理单元（或图像采集卡）、图像处理软件、监视器、通信/输入输出单元等。

从运行环境来看，机器视觉系统可以分为 PC-BASED 系统和嵌入式系统。PC-BASED 的系统具有开放性、高度的编程灵活性和良好的界面等优点，同时系统总体成本较低。一个完善的系统应包含高性能图像采集卡，可以接多个摄像镜头；配套软件方面，具备多个应用层次，如 Windows 环境下 C/C++ 编程用动态链接库 DLL、可视化控件 activeX 提供的图形化编程环境、面向对象的机器视觉组态软件，用户可以快速开发复杂高级的应用。在嵌入式系统中，视觉的作用更像一个智能化的传感器，集成了图像处理单元，通过串行总线和 I/O 与 PLC 交换数据。系统硬件一般利用高速专用芯片（ASIC）或嵌入式计算机进行图像处理，系统软件固化在图像处理器中，通过操作面板对显示在监视器中的菜单进行配置，或在 PC 上开发软件然后下载。嵌入式系统具有可靠性高、集成化、小型化、成本低的特点。

典型的 PC-BASED 的机器视觉系统通常由如图 1-1 所示的几部分组成。

光源及控制器 → 相机与镜头 → 图像采集处理装置 → 视觉处理软硬件

图 1-1　PC-BASED 的机器视觉系统基本组成

① 相机与镜头　这部分属于成像器件，通常的视觉系统都是由一套或者多套这样的成像系统组成。按照不同标准可分为标准分辨率数字相机和模拟相机，根据实际应用场合可选不同的相机，如线扫描 CCD 和面阵 CCD，单色相机和彩色相机。如果有多路相机，可以由图像采集卡切换来获取图像数据，也可以由同步控制同时获取多相机通道的数据。根据应用的需要，相机可能是输出标准的单色视频（RS-170/CCIR）、复合信号（Y/C）、RGB 信号，也可能是非标准的逐行扫描信号、线扫描信号等。镜头选择应注意：焦距、目标高度、影像高度、放大倍数、影像至目标的距离、畸变等。

② 光源　作为辅助成像器件，对成像质量的好坏往往能起到至关重要的作用。光源包括各种形状的 LED 灯、高频荧光灯、光纤卤素灯等。光源的照明效果直接影响输入数据的质量和应用效果。由于没有通用的机器视觉照明设备，针对每个特定的应用实例，要选择相应的照明装置，以达到最佳效果。光源可分为可见光和不可见光。常用的几种可见光源是白炽灯、日光灯、水银灯、钠光灯、LED 和激光。光源系统按其照射方法可分为背向照明、前向照明、结构光照明和频闪光照明等。其中，背向照明是被测物放在光源和相机之间，它的优点是能获得高对比度的图像。前向照明是光源和摄像机位于被测物的同侧，这种方式便于安装。结构光照明是将光栅或线光源等投射到被测物上，根据它们产生的畸变，解调出被测物的三维信息。频闪光照明是将高频率的光脉冲照射到物体上，可获得瞬间高强度照明，但相机曝光要求与光源同步。

③ 传感器　通常以光电开关、接近开关等的形式出现，用以判断被测对象的位置和状态，告知图像传感器进行正确的采集。

④ 图像采集卡　通常以插入卡的形式安装在 PC 中，图像采集卡的主要工作是把相机输出的图像输送给电脑主机。它将来自相机的模拟或数字信号转换成一定格式的图像数据流，同时它可以控制相机的一些参数，比如触发信号、曝光/积分时间、快门速度等。针对不同类型的相机，图像采集卡有不同的硬件结构，也有不同的总线形式，比如 PCI、PCI64、PCIe、Compact PCI、PCI04、ISA、USB 等，可以将图像迅速地传送到计算机存储器进行处理。有些采集卡有内置的多路开关，例如可以连接 8 个不同的相机，然后告诉采集卡采集哪一个相机抓拍到的信息。有些采集卡有内置的数字输入以触发采集卡进行捕捉，当采集卡采集到图像时数字输出口就触发闸门。

⑤ PC 平台　计算机是 PC-BASED 视觉系统的核心，在这里完成图像数据的处理和绝大部分的控制逻辑，对于检测类型的应用，通常都需要较高频率和多线程的 CPU，这样可以减少处理的时间。同时，为了减少工业现场电磁、振动、灰尘、温度等的干扰，必须选择工业级的电脑。

⑥ 视觉处理软件　机器视觉软件用来完成输入的图像数据的处理，然后通过一定的运算得出结果，这个输出的结果可能是 PASS/FAIL 信号、坐标位置、字符串等。常见的机器视觉软件以 C/C++图像库、ActiveX 控件、图形式编程环境等形式出现，可以是专用功能的（比如仅仅用于 LCD 检测、BGA 检测、模板对准等），也可以是通用目的的（包括定位、测量、条码/字符识别、斑点检测等）。

⑦ 控制单元（包含 I/O、运动控制、电平转化单元等）　一旦视觉软件完成图像分析（除非仅用于监控），紧接着需要和外部单元进行通信以完成对生产过程的控制。简单的控制可以直接利用部分图像采集卡自带的 I/O，相对复杂的逻辑/运动控制则必须依靠附加可编程逻辑控制单元/运动控制卡来实现必要的动作。

上述 7 个部分是一个基于 PC 式的视觉系统的基本组成，在实际的应用中，针对不同的场合可能会有不同的增减。

1.3　机器视觉系统的工作过程

机器视觉的应用一般包括以下几个过程。

① 图像采集：光学系统采集图像，图像转换成数字格式并传入计算机存储器。

② 图像处理：处理器运用不同的算法来提高对检测有重要影响的图像像素。

③ 特征提取：处理器识别并量化图像的关键特征，例如位置、数量、面积等。然后这些数据传送到控制程序。

④ 判决和控制：处理器的控制程序根据接收到的数据做出结论。例如：位置是否合乎规格，或者执行机构如何移动去拾取某个部件。

一个完整的机器视觉系统的主要工作流程如下：

① 工件定位传感器探测到物体已经运动至接近摄像系统的视野中心，向图像采集单元发送触发脉冲。

② 图像采集单元按照事先设定的程序和延时，分别向相机和照明系统发出触发脉冲。

③ 相机停止目前的扫描，重新开始新的一帧扫描，或者相机在触发脉冲来到之前处于等待状态，触发脉冲到来后启动一帧扫描。

④ 相机开始新的一帧扫描之前打开电子快门，曝光时间可以事先设定。

⑤ 另一个触发脉冲打开灯光照明，灯光的开启时间应该与相机的曝光时间匹配。

⑥ 相机曝光后，正式开始一帧图像的扫描和输出。

⑦ 图像采集单元接收模拟视频信号通过 A/D 将其数字化，或者是直接接收相机数字化后的数字视频数据。

⑧ 图像采集单元将数字图像存放在处理器或计算机的内存中。

⑨ 处理器对图像进行处理、分析、识别，获得测量结果或逻辑控制值。

⑩ 处理结果控制生产流水线的动作、进行定位、纠正运动的误差等。

大多数检测对象都是运动物体，系统与运动物体的匹配和协调动作尤为重要，所以给系统各部分的动作时间和处理速度带来了严格的要求。在某些应用领域，例如机器人、飞行物体制导等，对整个系统或者系统的一部分的重量、体积和功耗都会有严格的要求。

机器视觉系统在工业上的一个典型应用如图 1-2 所示。在生产流水线上，零件经过输送带到达触发器时，摄像单元立即打开照明，拍摄零件图像；随即图像数据被传递到处理器，处理器根据像素分布和亮度、颜色等信息，进行运算来抽取目标的特征：面积、长度、数量、位置等；再根据预设的判据来输出结果：尺寸、角度、偏移量、个数、合格/不合格、有/无等；通过现场总线与 PLC 通信，指挥执行机构（如气缸），弹出不合格产品。

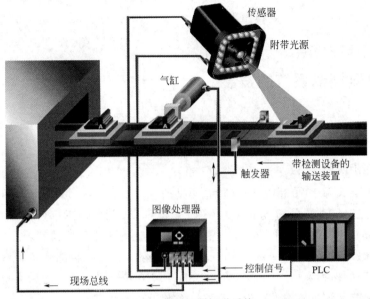

图 1-2 典型机器视觉系统

1.4 机器视觉系统的特点

机器视觉系统的特点如下。

① 非接触测量　对于检测对象不会产生任何损伤，从而提高系统的可靠性。在一些不适合人工操作的危险工作环境或人工视觉难以满足要求的场合，常用机器视觉来替代人工视觉。

② 较宽的光谱响应范围　例如使用人眼看不见的红外进行测量，扩展了视觉范围。

③ 具有连续性　机器视觉能够长时间稳定工作，使人们免除疲劳之苦。人类难以长时间对同一对象进行观察，而机器视觉则可以长时间地执行测量、分析和识别任务。

④ 性价比高　在大批量工业生产过程中，用人工视觉检查产品质量效率低且精度不高，用机器视觉检测方法可以大大提高生产效率和生产的自动化程度。随着硬件价格的下降，机器视觉系统的性价比越来越高，而且维护费用较低。

⑤ 易于集成　正是由于机器视觉系统可以快速获取大量信息，而且易于自动处理，也易于同设计信息以及加工控制信息集成，在现代自动化生产过程中，人们将机器视觉系统广泛地用于工况监视、成品检验和质量控制等领域。

⑥ 精度高　人眼在连续目测产品时，能发现的最小瑕疵为 0.3mm，而机器视觉的检测精度可达到 0.001mm。

⑦ 具有灵活性　视觉系统能够进行各种不同类型的测量。当应用对象发生变

化以后，只需软件做相应的变化或者升级以适应新的需求即可。

机器视觉系统比光学或机器传感器有更好的适应性。它们使自动机器具有了多样性、灵活性和可重组性。当需要改变生产过程时，对机器视觉来说"工具更换"仅仅是软件的变换而不是更换昂贵的硬件。当生产线重组后，视觉系统往往可以重复使用。

1.5 机器视觉系统的发展

1.5.1 机器视觉系统的发展历程

（1）起步阶段

机器视觉起源于 20 世纪 50 年代，早期研究主要是从统计模式识别开始，工作主要集中在二维图像分析与识别上，如光学字符识别 OCR（Optical Character Recognition）、工件表面图片分析、显微图片和航空图片分析与解释。20 世纪 70 年代美国麻省理工学院的 AI（Artificial Intelligence，人工智能）实验室正式开设"机器视觉"的课程，由国际著名学者 B. K. P. Horn 教授讲授，之后大批学者进入麻省理工学院参与机器视觉理论、算法、系统设计的研究。

（2）发展阶段

1965 年，Roberts 从数字图像中提取出诸如立方体、楔形体、棱柱体等多面体的三维结构，并对物体形状及物体的空间关系进行描述，开创了以理解三维场景为目的的三维机器视觉的研究。

研究者认为，一旦由白色积木玩具组成的三维世界可以被理解，则可以推广到理解更复杂的三维场景，于是研究的范围从边缘、角点等特征提取，到线条、平面、曲面等几何要素分析，一直延伸到图像明暗、纹理、运动以及成像几何等，并建立了各种数据结构和推理规则。

1982 年，Mar 提出"最小平均风险理论"（MAR 理论），认为视觉系统由三个层次组成，包括计算层、表达层和认知层，分别解决图像的计算表达、图像的三维重建和图像的物体识别。MAR 理论的核心是将计算机视觉与神经科学的认知过程相结合，以实现更加高级的计算机视觉系统。

20 世纪 80 年代至今，机器视觉获得蓬勃的发展，新概念、新方法、新理论不断涌现，如物体识别理论框架、主动视觉理论框架、视觉集成理论框架等。

（3）与人工智能结合

从技术发展来看，机器视觉和人工智能是密切相关的。早期使用人工神经网络、模糊逻辑和支持向量机等技术。卷积神经网络（CNN）和深度学习是新一代人工智能工具，其灵感来自人的大脑感知视觉信息的方式。人类历史上第一个卷积网络就是为了解决手写数字数据集的图像识别问题而开发的，其识别结果证明了人工智能超越了当时存在的所有其他方法。2012 年的 ImageNet 挑战赛中人工智能更证明了它的实力。

人工智能可以使用任何机器视觉系统的输入，包括激光雷达、传统相机和高光谱相机等。除了图像识别外，人工智能技术也被用于执行更复杂的任务，如目标检测和实例分割。现代机器视觉开发人员除了传统开发任务外，还有收集和准备数据、选择适合特定任务的模型架构以及训练模型以优化其性能等工作。以水果分拣机为例，技术人员利用先进的机器学习算法，帮助优化管理水果品质分类。相比传统检测，采用人工智能的检测方式识别产品的效率更高、更准确，而且鲁棒性好，不仅可以识别误入机器的危险异物，如石头、金属或玻璃等，还可以监控水果质量，剔除腐坏或劣质水果。

人工智能与机器视觉结合，其优势包括：

① 能发现观察者看不到的趋势和模式。

② 模型直接从数据中学习。

③ 应用范围非常广泛。

人工智能在机器视觉中的应用也存在一些问题：

① 耗时问题：大量数据需要由人工来收集和标记。

② 泛化问题：在新的、不可见的数据样本上执行相同的任务，将需要重新训练模型。

③ 算法难度大：多数人工智能算法不容易被操作人员所理解，使得错误分析更加困难。

④ 硬件成本高：使用先进算法的机器视觉系统需要多个 GPU（图形处理器，Graphics Processing Unit）单元。

到目前为止，机器视觉与人工智能的结合仍然是一个非常活跃的研究领域。

1.5.2　中国机器视觉系统的研究现状

随着中国企业生产自动化程度的提高，机器视觉在国内发展迅速。中国国际机器视觉展览会年年举办，得到了行业的极大关注。近年来，国内机器视觉领域的研究机构和厂商纷纷加大投入，一致看好这一自动化领域的新市场。

（1）机器视觉市场庞大

采用机器视觉可以完成人工很难实现的任务，特别是在需要高速、高精度要求的系统中。比如，电子制造业、汽车制造业、包装与印刷业、化工、能源、加工机械等行业都是机器视觉的用户或者潜在用户。从国际市场来看，机器视觉目前最大的应用领域是 3C（计算机、通信、消费电子）制造业。而中国目前已经成为全球主要的生产制造基地，全球一半以上的手机是中国制造，很多电子制造公司都在中国设有生产工厂，这些企业需要大量的机器视觉系统。

随着企业自动化程度的不断提高和对质量更加严格的控制要求，迫切需要机器视觉来代替人工检测。中国的工业生产正从依赖廉价劳动力转向更高程度的自动化生产，这带来了对自动化设备的大量需求。另外，中国早期的工业设备自动化程度普遍较低，因此，需要大量的更新换代，这些都构成了对包括机器视觉在内的自动化设备的庞大市场需求。

（2）机器视觉系统核心技术逐步国产化

机器视觉领域的厂商包括设备提供商和系统集成商。要将机器视觉系统中多个部件整合在一起，能在自动化生产线上发挥作用，还需要一个系统集成的过程。对现场环境的适应性如何、安装调试是否到位，甚至使用人员的素质高低，都会影响到机器视觉产品最终的质量。因此，系统集成商与设备提供商一样重要。2000年以前，国内系统集成商主要以代理国外产品为主，自主知识产权的图像算法研究是空白，国内企业的技术水平与国际上有很大的差距，以至于之前出现国外视觉系统以高价位占领中国整个自动化行业市场的现象；到2003年，国内开始陆续出现机器视觉软件包，其性能和速度正在逐步赶上国外软件，甚至有些图像处理工具在应用方面已经超过了国外产品。

（3）机器视觉在国内外的应用现状

在国外，机器视觉的应用普及主要体现在半导体及电子行业，其中大概50%都集中在半导体行业，例如，印刷电路板组装设备，电子封装设备，丝网印刷设备，表面贴装（SMT，Surface Mounted Technology）设备及自动化生产线设备，电子元件制造设备，半导体及集成电路制造设备，元器件成型设备等。机器视觉系统还在质量检测的各个方面得到了广泛的应用。

在中国，视觉技术的应用开始于20世纪90年代，因为行业本身就属于新兴的领域，再加上机器视觉产品技术的普及不够，导致以上各行业的应用几乎空白。到21世纪，大批海外视觉行业技术人员回国创业，视觉技术开始在自动化行业开发应用，如华中科技大学在印刷在线检测设备与浮法玻璃缺陷在线检测设备研发上的成功，打破了欧美在该行业的垄断地位。国内视觉应用技术已经日益成熟，随着配套基础建设的完善，技术、资金的积累，各行各业对采用图像和机器视觉技术的工业自动化、智能化需求开始广泛出现，国内有关大专院校、研究所和企业近年来在图像和机器视觉技术领域进行了积极探索和大胆尝试，逐步开始了大规模的工业应用，主要领域包括消费电子、制药、印刷、包装等领域，IC制造的高端应用也正逐步发展。

1.5.3 中国机器视觉系统的发展趋势

（1）对机器视觉的需求将呈上升趋势

我国集成电路产业具备市场、成本、人才回流等优势。由于众所周知的"卡脖子问题"，国家加大了对集成电路产业这一战略领域的规划力度，"信息化带动工业化"，走"新兴工业化道路"为集成电路产业带来了巨大的发展机遇，特别是高端产品和创新产品市场空间巨大，设计领域、国家战略领域、3C应用领域、传统产业类应用领域成为集成电路产业未来几年的重点投资领域。

中国的半导体和电子市场已具备相当规模，强大的半导体产业将需要更先进的技术做后盾，同时对于产品的高质量、高集成度的要求将越来越高。恰巧，机器视觉能帮助解决以上的问题，因此该行业将是机器视觉最好的用武之地。

（2）统一开放的标准是机器视觉发展的原动力

目前国内有数十家机器视觉产品厂商，与国外机器视觉产品相比，国内产品最大的差距并不单纯是在技术上，更是在品牌和知识产权上。目前国内的机器视觉产品正在从以代理国外品牌为主向自主研发产品的方向发展。未来，机器视觉产品的好坏不是只用单一因素来衡量，应该逐渐按照国际化的统一标准判定。依靠封闭的技术难以促进整个行业的发展，只有形成统一而开放的标准才能让更多的厂商在相同的平台上开发产品，这也是促进中国机器视觉朝国际化水平发展的原动力。

标准化将成为机器视觉发展的必然趋势。机器视觉是自动化的一部分，没有自动化就不会有机器视觉，机器视觉软硬件产品正逐渐成为现代化制造过程中不同阶段的核心系统，无论是用户还是软硬件供货商都将机器视觉系统作为生产在线信息收集的工具，这就要求机器视觉系统大量采用"标准化技术"。

（3）嵌入式的产品将成为主流

嵌入式的产品具有体积小、成本低、低功耗等特点，已逐渐取代板卡式产品。随着计算机技术和微电子技术的迅速发展，嵌入式系统应用领域越来越广泛。嵌入式操作系统绝大部分以 C 语言或 Python 语言为基础，其优点是可以提高工作效率、缩短开发周期，更主要的是开发出的产品可靠性高、可维护性好、便于不断完善和升级换代等。

（4）一体化解决方案是机器视觉的必经之路

当今，自动化企业正在倡导软硬一体化解决方案，机器视觉的厂商在未来也应该不单纯是只提供产品的供货商，而是逐渐向一体化解决方案的系统集成商迈进。

（5）与人工智能的结合

2017 年 7 月国务院印发《新一代人工智能发展规划》，将人工智能前所未有地提升到了国家战略层面，并提出"成为经济发展的新引擎"，期望其带动相关产业规模超过 5 万亿元。总地看来，机器视觉与人工智能的结合已广泛用于自动驾驶、医学影像诊断、安防监控、智能家居、机器人等领域，为人们带来更多的便利和效益。

工业机器视觉将进一步促进自动化技术向智能化发展。机器视觉的广泛应用已经形成了一个颇具规模的产业。整个行业形成了从光源、相机、镜头、板卡、软件到系统集成产品这样完整的产业链条。从应用的角度看，也形成了器件（软件）供应商、系统集成商、产品制造商、最终用户密切合作互动的局面。

在中国，尽管机器视觉市场的发展晚于欧美，但进入 21 世纪以来，呈现出加速发展的良好势头。机器视觉技术逐步走出实验室和军事领域，在我国各行各业得到了广泛的应用。到 2007 年，从事机器视觉行业的公司已多达数百家，它们在系统集成和自主产品开发方面硕果累累。部分国产机器视觉系统不仅价格低廉，而且在性能上已可与国外产品相媲美。

从应用的角度看，国内机器视觉的应用仍受制于成本、用户的认识以及自身的技术缺憾，离全面普及尚有较大距离。当前比较成功的应用主要集中于电子/半导体产品制造、食品粮油、特种印刷、医疗等行业，在地域上以华南珠三角、华东长三角、华北及京津地区为核心，这些地区既是机器视觉用户群密集区又是开发力量的密集区。

与发达国家相比，中国机器视觉产业的研发仍处于相对落后的水平，尤其在基础器件制造和核心算法方面，基础性的高端技术基本上掌握在外国厂商手中。在自身技术的提高、行业的拓展、用户的培养和引导方面，都需要做很细致艰苦的工作。只有为用户真正创造价值，才能真正实现机器视觉技术的价值。在中国成为世界制造中心的今天，经过各方面的不懈努力，中国机器视觉的辉煌和市场的兴旺指日可待。

1.6 机器视觉系统的应用领域

机器视觉的应用领域可以分为两大块：科学研究和工业应用。

机器视觉在科学研究领域的应用非常广泛，主要体现在以下几个方面：

① 生物学：机器视觉可以用于生物学中对细胞、组织和器官的图像分析和处理。例如，可以通过机器视觉技术对细胞形态、数量、大小和结构等进行自动化的分析和识别，从而加快生物学研究的进程。

② 医学：机器视觉可以用于医学影像的分析和诊断，例如对肿瘤、病变和器官的自动识别和分类，从而提高医学影像诊断的准确性和效率。

③ 天文学：机器视觉可以用于天文学中对天体图像的分析和处理，例如对星系、星云和行星的分析和识别，从而帮助天文学家更好地理解宇宙的演化和发展。

④ 材料科学：机器视觉可以用于材料科学中对材料结构、形态和性质的分析和处理，例如对材料晶体结构的自动识别和分类，从而帮助材料科学家更好地研究材料的性质和应用。

⑤ 环境科学：机器视觉可以用于环境科学中对环境图像的分析和处理，例如对地表覆盖、气象和海洋等环境要素的自动识别和分类，从而帮助环境科学家更好地了解环境的变化和演化。

总之，机器视觉在科学研究领域的应用是非常广泛的，可以帮助科学家更好地理解和探索自然现象，加快科学研究的进程。

工业应用方面主要是产品的在线检测，机器视觉所能提供的标准检测功能主要有：有/无判断（Presence Check）、面积检测（Size Inspection）、方向检测（Direction Inspection）、角度检测（Angle Inspection）、尺寸测量（Dimension Measurement）、位置检测（Position Detection）、数量检测（Quantity Count）、图形匹配（Image Matching）、条形码识别（Bar-code Reading）、字符识别（OCR）、颜色识别（Color Verification）等。

随着机器视觉技术的发展，机器视觉在以下行业中得到了广泛的应用。

① 国防。最早的视觉和图像分析系统就是用于侦察图像的处理分析和武器制导。现代高精度制导武器中基于可见光、红外线的制导，就是一套完整的机器视觉系统，通过传感器成像、弹载计算机分析图像，在复杂的背景中识别目标并给出制导指令。无人驾驶飞机、无人战车、无人艇也都借助机器视觉系统进行环境分析、路

径导引和攻击导向。在后方，危险的弹药库搬运操作也可以借助装备视觉系统的机械手进行。未来可能出现在战场上的机器人战士，也必然会装备有敏锐的视觉系统。

② 半导体/电子。面对越来越高的集成度、越来越密集的线路和元件、越来越快的制造速度，用机器视觉检测、定位、导引几乎是唯一的选择。目前在半导体的前道和后道工艺以及电子元器件制造及终端电子产品中，都可以看到机器视觉的应用；在 IC 制造业，如晶圆的雕刻、晶圆的切割方面，都需要定位与检测；在封装方面主要集中在对封装后器件的质量检验，主要包括一些测量与检测的功能，如激光打标后的字符质量检验。PCB（Printed Circuit Board，印制线路板）制造除了传统的自动定位（打孔机等）、自动检测（印刷机等）外，基于机器视觉技术的 AOI（自动光学检测）已成为高精度 PCB 制板不可缺少的检测设备，对 PCB 板的焊点质量、丝印质量以及钻孔对位进行检查，图 1-3 即为柔性电路板的质量检测。在电子元器件制造上，利用机器视觉进行检测和测量，除了原来的普通器件测量和检查外，LED、LCD 屏的检测成为重点，对 LED 和 LCD 的大小、形状、亮度、颜色以及校对标准进行测试。机器视觉大概有 50% 的应用集中在半导体和电子产品制造领域。

③ 计算机和外设。如外观质量、硬盘磁头倾斜度、连接器针脚排列的检测，扁平电缆印字符识别，柔性电缆宽度和裁切线测量等。

④ 制药。药品生产中外观质量检查、药品形状检查、厚度等尺寸检查、数量统计等。图 1-4 为检测药品的数目。

⑤ 包装。药品、化妆品包装中外观、条形码以及完整性的检测；食品包装中生产日期、条形码、密封性的检测。

图 1-3　柔性电路板的质量检测

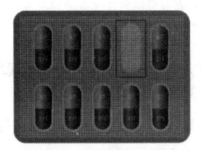

图 1-4　检测胶囊的数目

⑥ 机械制造业。机器视觉技术可以有效地用于产品的质量检测，快速检查产品表面缺陷，检查产品制造尺寸。机器视觉技术可实现三维测量和检测，还可以用于机械手的引导。

⑦ 印钞造币。钞票的印刷质量和数量有着严格的要求。机器视觉技术可以代替人对钞票印刷质量进行仔细的检查，以保证钞票的印刷质量，还可以对钞票的编号进行自动复核，对钞票数量进行快速无接触清点。如图 1-5 所示。

⑧ 物流。进行条码、标签、物品的识别与物品分拣，以及集装箱号码识别。

⑨ 烟草。机器视觉可用于烟草分级、异物剔除、包装质量检查。

⑩ 食品。瓶装液位高度检查；啤酒瓶外观的检测（高度、形状、颜色、B 标、瓶盖标签完整性、破损情况）；口服液瓶质检；罐装饮料外观检查（保质期、条形码）。

(a) 硬币外观检测

(b) 纸币号码检测

图 1-5　印钞造币的自动检测

⑪ 农产品分选。采用机器视觉技术，可以对农产品进行快速自动分级分拣。例如采用机器视觉中的色选技术，可以将大米中的黑粒、异物等剔除，以提高大米的等级，保障食品安全。

⑫ 交通系统。用于监控、车牌检测与安全检查以及智能交通管理。机器视觉可用于交通流量分析、车牌识别，在电子警察系统中，通过视觉检测技术对于车辆行为进行分析、判断违章、记录图像、识别车牌号码并记录。

⑬ 纺织。纺织原料中的异种纤维，如棉花中的麻绳、塑料纤维、干草等，严重影响纺织品质量。统计表明异种纤维给纺织业带来的损失远远高于同等重量的黄金价值。机器视觉中的色选技术可以有效剔除纺织原料中的杂质，提升产品质量。在纺织、印染过程中，机器视觉技术可以实时监控产品质量、检出疵点。

⑭ 邮政和快递。通过机器视觉系统自动识别信息，实现邮件自动分拣。

机器视觉的独特优点使得它在许多领域得到应用，甚至发挥着不可替代的作用，极大地提升了这些行业的技术水平。

1.7　机器视觉系统相关会议和期刊

1.7.1　机器视觉领域重要的国际会议

① IEEE Conference on Computer Vision and Pattern Recognition（CVPR）：该会议是计算机视觉领域最重要的会议，每年都会吸引来自全球的计算机视觉专家和学者参加。

② European Conference on Computer Vision（ECCV）：该会议是欧洲最重要的计算机视觉会议之一，每两年举办一次，涵盖了计算机视觉领域的各个方面。

③ International Conference on Computer Vision（ICCV）：该会议是计算机视觉领域的重要会议，每两年举办一次，也是计算机视觉领域的重要交流平台。

④ Asian Conference on Computer Vision（ACCV）：该会议是亚洲计算机视觉领域的重要会议之一，每两年举办一次，旨在促进亚洲地区计算机视觉研究的发展和交流。

⑤ IEEE International Conference on Robotics and Automation（ICRA）：该会议是机器人领域的重要会议之一，也涵盖了计算机视觉在机器人领域的应用和发展。

⑥ IEEE International Conference on Computer Vision Systems（ICVS）：该会议是

计算机视觉系统领域的重要会议之一，旨在促进计算机视觉系统的发展和应用。

⑦ IEEE International Conference on Image Processing（ICIP）：该会议是图像处理领域的重要会议之一，也涵盖了计算机视觉在图像处理中的应用和发展。

⑧ IEEE International Conference on Intelligent Robots and Systems（IROS）：该会议是智能机器人领域的重要会议之一，也涵盖了机器视觉在智能机器人中的应用和发展。

以上会议不仅是学术交流的平台，也是计算机视觉领域技术发展的重要推动力。

1.7.2　机器视觉领域重要的国际期刊

① IEEE Transactions on Pattern Analysis and Machine Intelligence（TPAMI）：该期刊是计算机视觉领域最重要的期刊之一，发布高质量的计算机视觉论文。

② International Journal of Computer Vision（IJCV）：该期刊是计算机视觉领域的重要期刊，发表高质量的计算机视觉论文。

③ Computer Vision and Image Understanding（CVIU）：该期刊涵盖了计算机视觉和图像理解领域的各个方面，发表高质量的论文。

④ Pattern Recognition（PR）：该期刊是模式识别领域的重要期刊。

⑤ Image and Vision Computing（IVC）：该期刊发表计算机视觉和图像处理方面的高质量论文。

⑥ Journal of Machine Learning Research（JMLR）：该期刊涵盖了机器学习领域的各个方面，也与计算机视觉领域有很多交叉。

⑦ IEEE Transactions on Image Processing（TIP）：该期刊发表图像处理领域的高质量论文。

1.7.3　机器视觉领域重要的国内期刊（均为 EI 检索）

① 计算机学报
② 软件学报
③ 电子学报
④ 自动化学报
⑤ 中国图象图形学报
⑥ 模式识别与人工智能
⑦ 光学精密工程

习　题

1. 智能手机可以识别二维码，写一篇短文描述其技术和方法。

2. 机器视觉在汽车制造领域有哪些应用，写一篇短文综述 5 个以上的应用案例。

3. 广场的监控录像有一段视频，写一篇短文描述如何通过这段视频找到你想找的人。

第2章　机器视觉系统的硬件

典型的机器视觉系统一般包括如下组成部分：光源、镜头、相机、图像处理单元（或图像采集卡）、图像处理软件、监视器、通信/输入输出单元等。本章对一些相关知识进行详细的介绍。

2.1　相机

2.1.1　相机的分类

相机是机器视觉系统中的核心部件。工业相机常见的分类方式有四种。

（1）按芯片技术分类

感光芯片是相机的核心部件，目前相机常用的感光芯片有 CCD 芯片和 CMOS 芯片两种。因此工业相机也可分为两类：

1）CCD 相机　CCD 是 Charge Coupled Device（电荷耦合器件）的缩写，CCD 上植入的微小光敏物质称作像元（Pixel），由许多排列整齐的电容组成，能感应光线，并将光学影像转变成数字图像。图像上每个像素点对应一个像元，CCD 上包含的像元数越多，其提供的画面分辨率也就越高。

2）CMOS 相机　CMOS 是 Complementary Metal-Oxide-Semiconductor（互补金属氧化物半导体）的缩写。CCD 与 CMOS 的主要差异在于将光转换为电信号的方式。对于 CCD 传感器，光照射到像元上，像元产生电荷，电荷通过输出电极传输并转化为信号输出。对于 CMOS 传感器，每个像元经光电转换后直接生成电压，再输出数字信号。

（2）按输出图像信号格式分类

1）模拟相机　模拟相机所输出的信号形式为标准的模拟量视频信号，需要配专用的图像采集卡才能转化为计算机可以处理的数字信息。模拟相机一般用于电视摄像和监控领域，具有通用性好、成本低的特点，但一般分辨率较低、采集速度慢，而且在图像传输中容易受到噪声干扰，导致图像质量下降，所以只能用于对图像质量要求不高的机器视觉系统。常用的相机输出信号格式有：

PAL（黑白为 CCIR），中国电视标准，625 行，50 场；

NTSC（黑白为 EIA），日本电视标准，525 行，60 场；

SECAM；

S-VIDEO；

分量传输。

2）数字相机　数字相机是在内部集成了 A/D 转换电路，可以直接将模拟量的图像信号转化为数字信息，不仅有效避免了图像传输线路中的干扰问题，而且由于摆脱了标准视频信号格式的制约，对外的信号输出使用更加高速和灵活的数字信号传输协议，可以做成各种分辨率的形式。常见的数字相机图像输出标准有：

IEEE1394（firewire）；

USB1.0/2.0/3.0；

DCOM3；

RS-644 LVDS；

Channel Link LVDS；

Camera Link LVDS；

千兆网。

（3）按像元排列方式分类

相机有两种主要的传感器架构：面扫描和线扫描。面扫描相机通常用于输出直接在监视器上显示的场合，场景包含在传感器分辨率内，高速运动物体一般用频闪照明，图像用触发采集。线扫描相机用于连续运动物体成像或需要连续的高分辨率成像的场合。线扫描相机的主要应用是对连续产品进行成像，比如纺织品、纸张、玻璃、钢板等。线扫描相机还适用于电子行业的非静止画面检测。

1）面阵相机　面阵相机的像元是按行列整齐排列的，每个像元对应图像上的一个像素点，一般所说的分辨率就是指像元的个数。面阵 CCD 相机是采取面阵 CCD 作为图像传感器的一种相机。面阵 CCD 是一块集成电路，如图 2-1(a) 所示，常见的面阵 CCD 芯片尺寸有 1/2in、1/3in、2/3in、1/4in 和 1/5in 五种。

(a) 面阵芯片　　　　　　　　　　(b) 线阵芯片

图 2-1　相机感光芯片

面阵相机拍摄影像时所有像元同时瞬间捕捉影像，且一次曝光完成。因此，这类相机拍摄速度快，对所拍摄景物及光照条件无特殊要求。面阵相机所拍摄的景物范围很广，不论是移动的还是静止的，都能拍摄。目前，绝大多数数码相机都属于面阵相机。

2）线阵相机　线阵相机的像元是一维线状排列的，即只有一行像元，如图 2-1 (b) 所示，每次只能采集一行图像数据，只有当相机与被摄物体在纵向相对运动时才能得到二维图像。所以在机器视觉系统中一般用于被测物连续运动的场合，尤其适合于运动速度较快、分辨率要求较高或拍摄幅面较大的情况。

线阵相机也被称作扫描式相机。如图 2-2 所示为线阵相机在生产线上的工作示意图，线阵相机的成像需要两个信号，一个是页面触发信号，感应零件的到来时刻，通常由光电传感器提供；另一个是行触发信号，与生产线的速度同步，每个信号触发一行图像的采集，根据产品的长度决定采集是否终止，通常由脉冲编码器提供。在这两个信号的作用下，线阵相机可以采集到一幅完整的二维图像。

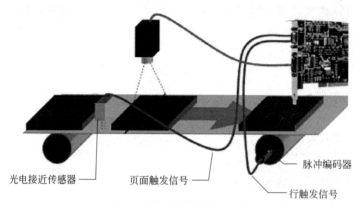

图 2-2　线阵 CCD 相机工作图

（4）按输出图像的颜色分类

1）单色相机　如图 2-3 所示，场景的光线进入镜头光圈照射在一个感光芯片上，在各个像元中生成电子。曝光结束后，这些电子从感光芯片中被读出，并由相机内部的微处理器进行处理，输出的就是一幅数字图像。这类相机又称为黑白或灰度相机。

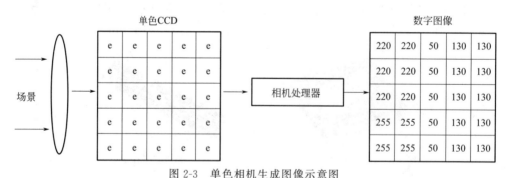

图 2-3　单色相机生成图像示意图

2）三芯片彩色相机　彩色相机的实现方法主要有两种，棱镜分光法和 Bayer 滤波法。

棱镜分光彩色相机利用光学透镜将入射光线的 R、G、B 分量分离，在三片传感器上分别将三种颜色的光信号转换成电信号（如图 2-4 所示），最后对输出的数字信号进行合成，得到彩色图像。

感光芯片将光子转换为电子，但光子的波长，也就是光线的颜色，却没有被转换为任何形式的电信号，因此单芯片实际上是无法区分颜色的。在这种情况下，可以采用一个分光棱镜和三个感光芯片，如图 2-5 所示，棱镜将光线中的红、绿、蓝三个基本色分开，使其分别投射在一个感光芯片上，每个感光芯片就只对一种基本色分量感光。这种解决方案在实际应用中的效果非常好，但缺点在于采用 3 个感光芯片加棱镜的搭配导致结构复杂、价格昂贵。

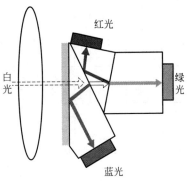

图 2-4　棱镜分光彩色相机

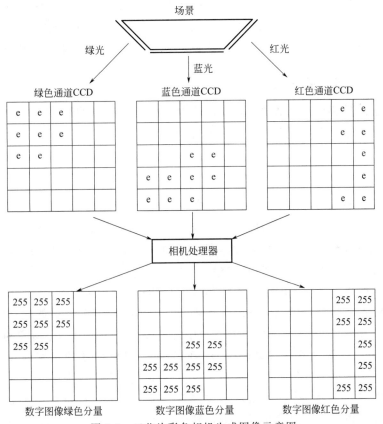

图 2-5　三芯片彩色相机生成图像示意图

3）单芯片彩色相机　如果在传感器像元表面增加 RGB 三色滤镜，如图 2-6 所示，该滤镜的色彩搭配形式为：一行使用蓝绿元素，下一行使用红绿元素，如此交替；换言之，每 4 个像素中有 2 个对绿色分量感光，另外两个像素中，一个对蓝色感光、一个对红色感光，从而使每个像素只含有红、绿、蓝三色中一种的信息。为使每个输出像素都含有 RGB 色彩信息，对这些像素的值使用"色彩空间插值法"，由其对应像元和其附近像元通过相关计算得到。由于这个设计理念最初由拜尔

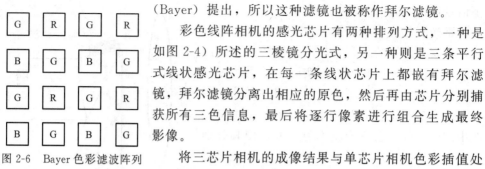

图 2-6　Bayer 色彩滤波阵列

（Bayer）提出，所以这种滤镜也被称作拜尔滤镜。

彩色线阵相机的感光芯片有两种排列方式，一种是如图 2-4）所述的三棱镜分光式，另一种则是三条平行式线状感光芯片，在每一条线状芯片上都嵌有拜尔滤镜，拜尔滤镜分离出相应的原色，然后再由芯片分别捕获所有三色信息，最后将逐行像素进行组合生成最终影像。

将三芯片相机的成像结果与单芯片相机色彩插值处理后的结果进行比较，人眼观感基本一致，但该结论仅对色彩对比简单、边界规则的图像成立。在实际应用中，即使最成熟的色彩插值算法也会在图片中产生低通效应，即条纹干扰，当相机采用非连续性取像方式读取影像，在拍摄细条纹（高频）时会产生不必要的干扰杂音，从而影响拍摄图像的清晰度。所以单芯片彩色相机生成的图片比三芯片彩色相机生成的图片模糊，这在图像中有超薄或纤维形物体的情况下尤为明显，但是单芯片彩色相机成本低很多。

2.1.2　相机的主要参数

选择合适的相机是机器视觉系统设计中的重要环节，相机不仅直接决定所采集到的图像分辨率、图像质量等，同时也与整个系统的运行模式相关。相机的主要特性参数如下。

（1）分辨率（Resolution）

分辨率是相机最为重要的性能参数之一，主要用于衡量相机对物象中明暗细节的分辨能力。相机每次采集图像的像素点数（Pixel），对于数字相机而言是直接与光电传感器的像元数对应的，对于模拟相机而言则是取决于视频制式，如：PAL 制为 768×576，NTSC 制为 640×480。

相机分辨率的高低，取决于相机中芯片上像素的多少，通过把更多的像素紧密地排放在一起，就可以得到更好的图像细节。分辨率的度量由每英寸点（Dot Per Inch）DPI 来表示，即每 2.54cm（1in）中含有多少点。如果一个图像的分辨率是 600DPI，表示每英寸横向或纵向都有 600 像素。单位尺寸的像素越多，图像越清晰。

像素当量，表示每个像素对应多少毫米，mm/像素，也可以用来表示相机的空间分辨率。以 500 万像素相机为例，其图像大小是 2600×1950，用它观测尺寸为 50mm×50mm 的工件，能达到的定位精度为 50mm/1950 像素 ≈ 0.026mm/像素。

就同类相机而言，分辨率越高，相机的档次越高。但并非分辨率越高越好，这需要仔细权衡得失。因为图像的分辨率越高，生成的图像的文件越大，对计算机的处理速度、内存和硬盘的容量以及相应的软件要求也就越高。

总之，仅仅依靠高分辨率还不能保证最佳的图像质量。图像质量与镜头性能、自动曝光性能、自动对焦性能等多种因素密切相关。

（2）最大帧率（Frame Rate）/行频（Line Rate）

相机采集传输图像的速率，对于面阵相机一般为每秒采集的帧数（fps，帧/秒），对于线阵相机为每秒采集的行数（Hz）。帧率高适合拍运动物体，帧率低适合拍静止物体。如果用帧率低的相机拍摄快速运动物体，会产生重影现象。通常要根据被测物的运动速度和大小、视场的范围、测量精度计算而得出需要多大帧率的相机。

（3）曝光方式（Exposure）和快门速度（Shutter）

线阵相机都是逐行曝光，可以选择固定行频和外触发同步的采集方式，曝光时间可以与行周期一致，也可以设定一个固定的时间；面阵相机有帧曝光、场曝光和滚动行曝光等几种常见方式。数字相机一般都提供外触发采图的功能。快门速度通常可到 $10\mu s$，高速相机还可以更快。

（4）像素深度（Pixel Depth）

即每一个像素数据的位数，由内置 A/D 转模芯片决定，常用的是 8bit，对于数字相机还有 10bit、12bit 等。

（5）固定图像噪声（Fixed Pattern Noise）

指不随像素点的空间坐标改变的噪声，其中主要是暗电流噪声。暗电流噪声是由于光电二极管转移栅的不一致而导致电流偏置，从而引起噪声。由于固定图像噪声对每幅图像都是一样的，可采用非均匀性校正电路或采用软件方法进行校正。

（6）动态范围

相机的动态范围表明图像中所包含的从"最暗"至"最亮"的范围。动态范围越大，所能表现的层次越丰富，所包含的色彩空间也越广。相机的动态范围是一个定值，不随外界条件而变化。

（7）光学接口

光学接口是指相机与镜头之间的接口，常用的镜头接口有 C 口、CS 口和 F口。表 2-1 提供了关于镜头安装及后截距的信息。

表 2-1　光学接口的比较

界面类型	后截距/mm	界面
C 口	17.526	螺口
CS 口	12.5	螺口
F 口	46.5	卡口

（8）光谱响应特性（Spectral Range）

是指该像元传感器对不同光波的敏感特性，一般响应范围是 $350\sim1000nm$，一些相机在传感器靶面前加了一个滤镜，滤除红外光线，如果系统需要对红外感光时可去掉该滤镜。

2.1.3　CCD 相机

CCD 是 1969 年由美国贝尔实验室（Bell Labs）的维拉·博伊尔（Willard

S. Boyle）和乔治·史密斯（George E. Smith）所发明的。当时贝尔实验室正在开发影像电话和半导体气泡式内存，将这两种新技术结合起来后，两人设计出一种装置，能沿着半导体的表面传递电荷，于是将其用来作为记忆装置，从缓存器用"注入"电荷的方式输入记忆，但随即发现光电效应能使该装置表面产生电荷，进而组成数字影像，CCD（Charge Couple Devices）就此诞生。

典型的 CCD 相机主要由 CCD、驱动电路、信号处理电路、接口电路、机械光学接口等构成，其原理框图如图 2-7 所示。

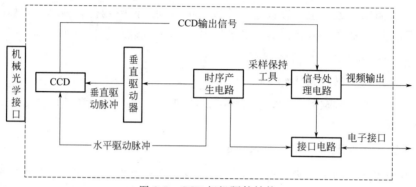

图 2-7　CCD 相机硬件结构

CCD：CCD 是图像传感器的核心部件，以电荷作为信号，在驱动脉冲的作用下，实现光电荷转换、存储、转移及输出等功能。

驱动电路：CCD 的驱动电路一般由晶振、时序信号发生器、垂直驱动器等构成，主要为 CCD 提供所需脉冲驱动信号。

信号处理电路：主要完成 CCD 输出信号的自动增益控制、视频信号的合成、AD 转换等功能。

接口电路：CCD 相机接口电路主要将来自外部的控制信号转换为相应的控制信号，并回馈至时序发生电路和信号处理电路，从而对相机工作状态进行有效的控制。

机械光学接口：主要提供与各种光学镜头的机械连接，从而实现光学镜头与CCD 耦合。

CCD 相机的主要特性如下。

（1）同步方式

对单台 CCD 相机而言，主要的同步方式有：内同步、外同步、电源同步等。

内同步：利用相机内置的同步信号发生电路产生的同步信号来完成同步信号控制。

外同步：通过外置同步信号发生器将特定的同步信号送入相机的外同步输入端，完成对相机的特殊控制需要。

电源同步：对于由多个 CCD 相机构成的图像采集系统，希望所有的视频输入信号是垂直同步的，以避免变换相机输出时出现图像失真。此时，可利用同一个外同步信号发生器产生的同步信号驱动多台相机，以实现多相机的同步图像采集。

（2）自动增益控制

CCD 相机通常具有一个对 CCD 的信号进行放大的视频放大器，其放大倍数称为增益。若放大器的增益保持不变，则在高亮度环境下将使视频信号饱和。相机的自动增益控制（AGC）电路可以随着环境内外照度的变化自动地调整放大器的增益，从而使相机能够在较大的光照范围内工作。

（3）背光补偿

通常，CCD 相机的 AGC 工作点是以整个视场信号的平均值来确定的。当视场中包含一个很亮的背景区域和一个很暗的前景目标时，所确定的 AGC 工作点并不完全适合于前景目标。当启动背景光补偿后，CCD 相机仅对前景目标所在的子区域求平均值来确定其 AGC 工作点，从而提高了成像质量。

（4）电子快门

CCD 相机都具备电子快门特性，电子快门不需任何机械部件。CCD 相机采用电子快门控制 CCD 的累积时间。当开启电子快门时，CCD 相机输出的仅是电子快门开启时的光电荷信号，其余光电荷信号则被释放。目前，CCD 相机的最短电子快门时间为百万分之一秒。

较高的快门速度对于运动图像会产生一个"停顿动作"效应，从而增加了相机的动态分辨率。但电子快门速度过快时，在 CCD 积分时间内，聚焦在 CCD 上的光通量减少，将会降低相机的灵敏度，需要补充外部光源。

（5）γ（伽马）校正

CCD 传感器将光图像转换为电信号，即所谓光电转换；电信号经传输后，在接收端由显示设备将电信号还原为光图像，即所谓电光转换。为了使接收端再现的图像与输出端原始图像一致，必须保证两次转换中的综合特性具有线性特征。

CCD 传感器上的光（L）和从相机出来的信号电压（V）之间的关系为 $V = L\gamma$。在一个标准的 TV 系统中，相机的 γ 系数为 0.45。对于机器视觉系统，γ 系数应为 1.0。

（6）白平衡

白平衡功能用于彩色 CCD 相机，用于实现相机图像对实际景物的精确反映。白平衡的英文为 White Balance，其基本概念是"不管在任何光源下，都能将白色物体还原为白色"，对在特定光源下拍摄时出现的偏色现象，通过加强对应的补色来进行补偿。一般分为手动白平衡和自动白平衡两种方式。CCD 相机的自动白平衡功能分为连续方式和按钮方式。处于连续方式时，相机的白平衡设置将随着景物色温的改变而连续地调整，范围为 2800～6000K。这种方式适宜于景物的色彩温度在成像期间不断改变的场合，可使色彩表现更加自然。但当景物中很少甚至没有白色时，连续的白平衡功能不能产生最佳的彩色效果。处于按钮方式时，可先将相机对准白色目标，然后设置自动方式开关，并保留在该位置几秒钟或至图像呈现白色为止。在执行白平衡后，重新设置自动方式开关以锁定白平衡设置，此时白平衡设置将存储于相机的存储器中。

（7）光谱响应特性

CCD 对近红外比较敏感，光谱响应可延伸至 1000nm。其响应峰值为绿光（550nm）。夜间监视时，可以用近红外灯照明，即使人眼看不清环境，在监视器上却可以清晰成像。由于 CCD 传感器表面有一层吸收紫外的透明电极，所以 CCD 对紫外不敏感。

2.1.4　CMOS 相机

1963 年，美国仙童半导体（Fairchild Semiconductor）的 Frank Wanlass 发明了 CMOS 制程工艺。到了 1968 年，美国无线电公司（RCA）成功研发出第一个 CMOS 集成电路。COMS 图像传感器最早出现于 1969 年，它是用 CMOS 工艺方法将光敏组件、放大器、A/D 转换器、内存、数字信号处理器和计算机接口电路等集成在一块硅片上的图像传感器件，具有结构简单、处理功能多、成品率高和价格低廉等特点。

COMS 图像传感器虽然比 CCD 出现早一年，但在相当长的时间内，由于它存在成像质量差、像素敏感单元尺寸小、填充率（有效像素单元与总面积之比）低、响应速度慢等缺点，只能用于图像质量要求较低的应用场合。早期的 CMOS 器件采用"无源像敏单元"（无源）结构，每个像素单元主要由一个光敏组件和一个像敏单元寻址开关构成，无信号放大和处理电路，性能较差。

1989 年以后，出现了"有源像敏单元"（有源）结构。它不仅有光敏组件和像敏单元寻址开关，而且还有信号放大和处理电路，提高了光电灵敏度，减小了噪声，扩大了动态范围，使它的一些性能和 CCD 接近，而在功能、功耗、尺寸和价格等方面要优于 CCD 图像传感器，所以应用越来越广泛。CMOS 传感器可以做得非常大并有和 CCD 传感器同样的感光度，而且 CMOS 传感器直接将像元产生的电子转变成电压信号，因此处理速度非常快，这个优点使得 CMOS 传感器对于高帧相机非常有用，帧速能达到 400～100 000 帧/s。

2.1.5　CCD 与 CMOS 相机的比较

CCD 与 CMOS 传感器是当前被普遍采用的两种图像传感器，CCD 和 CMOS 尽管在技术上有很大的差别，但基本成像过程都是按以下步骤：电荷产生（电荷的产生和收集）；电荷量化（将电荷转换成电压或电流信号进行存储）；信号输出。主要区别在于数据传送的方式不同。

如图 2-8 所示，CCD 传感器中每一行中每一个像素的电荷数据都会依次传送到下一个像素中，在最底端经由传感器边缘的放大器进行放大输出；而在 CMOS 传感器中，每个像素都会连接一个放大器及 A/D 转换电路，用类似内存电路的方式将数据输出。造成这种差异的原因在于：CCD 的特殊工艺可保证数据在传送时不会失真，因此各个像素的数据可汇聚至边缘再进行放大处理；而 CMOS 工艺的数据在传送距离较长时会产生噪声，因此必须先放大，再整合各个像素的数据。

由于数据传送方式不同，CCD 与 CMOS 传感器在效能与应用上也有以下

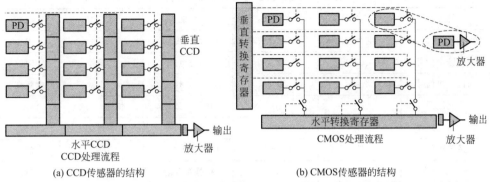

图 2-8　CCD 与 CMOS 区别（PD 为光敏二极管）

差异。

1）灵敏度差异　由于 CMOS 传感器的每个像素由四个晶体管与一个感光二极管构成（含放大器与 A/D 转换电路），使得每个像素的感光区域远小于像素本身的表面积，因此在像素尺寸相同的情况下，CMOS 传感器的灵敏度要低于 CCD 传感器。

2）成本差异　由于 CMOS 传感器采用半导体电路最常用的 CMOS 工艺，可以轻易地将周边电路（如 AGC、CDS、Timing generator 或 DSP 等）集成到传感器芯片中，可以节省外围芯片的成本；由于 CCD 采用电荷传递的方式传送数据，只要其中有一个像素不能运行，就会导致一整排的数据不能传送，因此控制 CCD 传感器的成品率比 CMOS 传感器困难许多，因而，CCD 传感器的成本会高于 CMOS 传感器。

3）分辨率差异　如上所述，CMOS 传感器的每个像素都比 CCD 传感器复杂，其像素尺寸很难达到 CCD 传感器的水平，因此，比较相同尺寸的 CCD 与 CMOS 传感器时，CCD 传感器的分辨率通常会优于 CMOS 传感器的水平。

4）噪声差异　由于 CMOS 传感器的每个感光二极管都需搭配一个放大器，而放大器属于模拟电路，很难让每个放大器所得到的结果保持一致，与只有一个放大器放在芯片边缘的 CCD 传感器相比，CMOS 传感器的噪声就会增加很多，影响图像品质。

5）功耗差异　CMOS 传感器的图像采集方式为主动式，感光二极管所产生的电荷会直接由晶体管放大输出，但 CCD 传感器为被动式采集，需外加电压让每个像素中的电荷移动，外加电压通常需要达到 12～18V。因此，CCD 传感器除了在电源管理电路设计上的难度更高之外（需外加 Power IC），高驱动电压更使其功耗远高于 CMOS 传感器的水平。

6）感光度差异　CCD 传感器通常能感应到的照度范围在 0.1～3Lux，是 CMOS 传感器感光度的 3～10 倍，所以 CCD 相机的图像质量通常要优于 CMOS 相机。Lux（勒克斯，lx）是照度的单位，指物体被照亮的程度，用单位面积所接收的光通量来表示。

CCD 相机与 CMOS 相机的主要参数对比如表 2-2 所示。

表 2-2 CCD 相机与 CMOS 相机的比较

特点	CCD	CMOS	性能	CCD	CMOS
输出的像素信号	电荷包	电压	回应度	高	中
芯片输出信号	电压(模拟)	数字	动态范围	高	中
相机输出信号	数字	数字	一致性	高	中到高
填充因子	高	中	快门一致性	快速，一致	较差
放大器适配性	不涉及	中	速度	中到高	更高
系统噪声	低	中到高	图像开窗功能	有限	非常好
系统复杂度	高	低	抗拖影性能	高	高
芯片复杂度	低	高	时钟控制	多时钟	单时钟
相机组件	多芯片＋镜头	单芯片＋镜头	工作电压	较高	较低

综上所述，CCD 传感器在灵敏度、分辨率、噪声控制等方面都优于 CMOS 传感器，而 CMOS 传感器则具有低成本、低功耗以及高整合度的特点。不过，随着 CCD 与 CMOS 传感器技术的进步，两者的差异有逐渐缩小的态势，例如，CCD 传感器一直在功耗上做改进，已广泛应用于移动通信市场；CMOS 传感器则在改善分辨率与灵敏度方面的不足，已应用于更高端的图像产品。

2.1.6 智能相机（Smart Camera）

典型的机器视觉系统是一种基于个人计算机（PC）的视觉系统，由光源、相机、图像采集卡、图像处理软件以及一台 PC 机构成。其中，图像的采集功能由相机及图像采集卡完成；图像的处理则是在图像采集/处理卡的支持下，利用软件在 PC 机中完成。基于 PC 的机器视觉系统尺寸庞大、结构复杂，其应用系统开发周期长，成本较高。智能相机的出现，向传统的基于 PC 的机器视觉系统提出了挑战。

（1）定义

智能相机（Smart Camera）是一种同时具有图像采集、图像处理和信息传递功能的嵌入式机器视觉系统（Embedded Machine Vision System）。它将图像传感器、数字处理器、通信模块和其他外设集成到单一的相机内，使相机能够完全替代传统的基于 PC 的计算机视觉系统，独立地完成预先设定的图像处理和分析任务。由于采用一体化设计，系统的复杂度降低，可靠性提高，同时尺寸大为缩小。智能相机的出现，拓宽了机器视觉技术的应用范围。

（2）智能相机的优势

智能相机具有易学、易用、易维护、安装方便等特点，可在短期内构建起可靠而有效的机器视觉系统。其技术优势主要体现在：

1）智能相机结构紧凑，尺寸小，易于安装在生产线和各种设备上，且便于装卸和移动；

2）智能相机实现了图像采集单元、图像处理单元、图像处理软件、网络通信装置的高度集成，通过可靠性设计，可以获得较高的效率及稳定性；

3）由于智能相机已固化了成熟的机器视觉算法，用户无需编程，就可实现有/无判断、表面/缺陷检查、尺寸测量、OCR/OCV、条形码阅读等功能，提高了应用系统的开发速度。

智能相机与基于 PC 的机器视觉系统在功能和技术上的差别主要表现为：

1）体积比较　智能相机与普通相机的体积相当，易于安装在生产线和各种设备上，便于装卸和移动；而基于 PC 的机器视觉系统一般由光源、CCD 或 CMOS 相机、图像采集卡、图像处理软件以及 PC 机构成，其结构复杂、体积相对庞大。

2）硬件比较　从硬件角度比较，智能相机集成了图像采集单元、图像处理单元、图像处理软件、网络通信装置等，经过专业人员进行可靠性设计，其效率及稳定性都较高；同时，由于其硬件电路均已固定，缺少了设计的灵活性。基于 PC 的机器视觉系统，用户可根据需要选择不同类型的产品，其设计灵活性较大。但当产品来自不同的生产厂家时，这种设计的灵活性可能会带来部件之间不兼容性或可靠性下降等问题。

3）软件比较　从某程度上来说，智能相机是一种比较通用的机器视觉产品，它主要解决的是工业领域上常规检测和识别应用，其软件功能具有一定的通用性。基于 PC 的机器视觉系统的软件完全或部分由用户直接开发，用户可针对特定应用开发专用算法。但由于用户的软件研发水平及硬件支持不同，导致由不同用户开发的同一种应用系统的差异较大。

(3) 智能相机技术

1）智能相机的结构　智能相机的发展经历了由简单到复杂，由低级到高级的过程。就现在的技术体系而言，智能相机由图像采集单元、图像处理单元、图像处理软件、图像通信装置等构成。图 2-9 为智能相机的结构框图。

图像采集单元：在智能相机中，图像采集单元相当于普通意义上的 CCD/CMOS 相机和图像采集卡。它将光学图像转换为模拟/数字图像，并输出至图像处理单元。

图像处理单元：图像处理单元类似于图像采集/处理卡。它可对图像采集单元的图像数据进行实时的存储，并在图像处理软件的支持下进行图像处理。

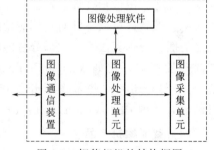

图 2-9　智能相机的结构框图

图像处理软件：主要在图像处理单元硬件环境支持下，完成图像处理功能。如几何边缘提取、Blob、灰度直方图、OCV/OVR、简单的定位和搜索等。在智能相机中，以上算法均封装成固定模块，用户可直接应用，无需编程。

图像通信装置：是智能相机的重要组成部分，主要完成控制信息、图像数据的通信任务。智能相机均内置以太网通信接口，并支持多种标准网络和总线协议，从而使多台智能相机构成更大的机器视觉系统。

2）智能相机的处理器　智能相机中的处理器是智能相机中所有智能的硬件基础。一般嵌入式系统可以采用的处理器类型有：通用处理器、定制的集成电路芯片（ASIC）、数字信号处理器（DSP）、多媒体数字信号处理器（Media DSP）及现场可编程逻辑数组（FPGA）。

通用处理器应用于图像处理任务简单的领域，或者和定制的图像处理芯片结合起来应用。ASIC 是针对具体应用定制的集成电路，可以集成一个或多个处理器内核以及专用的图像处理模块（如镜头校正、平滑滤波、压缩编码等），实现较高程度的并行处理，处理效率最高。但 ASIC 的开发周期较长，开发成本高，不适合中小批量生产的视觉系统。

智能相机中最常用的处理器是 DSP 和 FPGA。其中 DSP 由于处理能力强，编程相对容易，价格较低，在嵌入式视觉系统中得到较为广泛的应用。比如德国 Vision Components 的 VC 系列和 Fastcom Technology 的 iMVS 系列。由于 DSP 在图像和视频领域日见广泛的应用，不少 DSP 厂家近年推出了专用于图像处理领域的多媒体数字信号处理器（media processor）。典型产品有 Philip 的 Trimedia，TI 的 DM64X 和 Analog Device 的 Blackfin。

随着 FPGA 的价格下降，FPGA 开始越来越多地应用在图像处理领域，FPGA 可以在内部实现多个图像处理专用功能模块，为底层图像任务的并行处理提供一个较好的硬件平台。典型的 FPGA 器件有 Xilinx 的 Virtex II Pro 和 Virtex-4。

3）智能相机的通信接口　以太网接口是最常见的智能相机接口。除此之外，有些智能相机还提供 IEEE 1394、Camera Link、USB 和 RS 232 接口。

4）智能相机的图像处理软件　图像处理软件是计算机视觉系统的重要组成部分，是决定视觉系统可靠性和应用效果的关键因素。图像处理软件通常要完成 3 个层次的任务：图像预处理、特征提取及物体的分类和识别。根据用户的需求，智能相机配备的软件可以是针对具体应用的完整软件、具有图形开发接口的软件包或者成熟的图像处理算法库。大部分智能相机的制造商都提供基本的图像处理函数库和二次开发接口，比如 Vision Components 的 VCLIB、Matrox 的 Mil 及 Feith 的 Coake。另外还有一些带图形开发接口的软件包，比如德国 MV Technology 的 Halcon，美国 PPT Vision 的 Inspection Builder，IPD 的 Sherlock 等。

（4）智能相机产品

目前市场上的智能相机产品主要来自欧美，如德国 Feith 公司的 CanCam，德国 Vision Component 公司的 VC 系列，加拿大 Matrox 公司的 Irist 系列，美国 Cognex 公司的 InSight 相机，DVT 公司的 Legend 系列。

2.2　光学镜头

2.2.1　概述

镜头选择对于机器视觉能否发挥应有的作用是非常重要的。光学镜头是机器视觉系统中必不可少的部件，直接影响成像质量、影响算法的实现和效果。图 2-10

为常用光学镜头。

(a) 鱼眼镜头　　　　(b) 广角镜头　　　　　　(c) 长焦镜头

图 2-10　光学镜头

相机的镜头类似于人眼的晶状体。如果没有晶状体，人眼看不到任何物体；如果没有镜头，相机无法输出清晰的图像。在机器视觉系统中，镜头的主要作用是将成像目标聚焦在图像传感器的光敏面上。镜头对成像质量起着关键性的作用，对成像质量的几个最主要指标都有影响，包括：分辨率、对比度、景深及各种像差。

镜头种类繁多，机器视觉系统中的镜头有如下几种分类方式。

（1）根据有效像场的大小划分

日光下把摄影镜头安装在很大的伸缩暗箱前端，并在该暗箱后端安装一块很大的磨砂玻璃。当将镜头光圈开至最大，并对准无限远景物调焦时，在磨砂玻璃上呈现出的影像均位于一圆形面积内，而圆形外则漆黑，无影像。此有影像的圆斑称为该镜头的最大像场。在最大像场范围的中心部位，有一能使无限远处的景物形成清晰影像的区域，这个区域称为清晰像场。照相机或摄影机的靶面一般都位于清晰像场内，这一范围称为有效像场。由于视觉系统中所用相机的靶面尺寸有各种型号，所以在选择镜头时一定要注意镜头的有效像场应该大于或等于相机的靶面尺寸，否则成像的边角部分会模糊甚至没有影像。根据有效像场的大小，镜头可分为如表 2-3 所示类别。

表 2-3　根据有效像场大小的光学镜头分类

镜头类型		有效像场尺寸
电视摄像镜头	1/4in 摄像镜头	3.2mm×2.4mm（对角线 4mm）
	1/3in 摄像镜头	4.8mm×3.6mm（对角线 6mm）
	1/2in 摄像镜头	6.4mm×4.8mm（对角线 8mm）
	2/3in 摄像镜头	8.8mm×6.6mm（对角线 11mm）
	1in 摄像镜头	12.8mm×9.6mm（对角线 16mm）
电影摄影镜头	35mm 电影摄影镜头	21.95mm×16mm（对角线 27.16mm）
	16mm 电影摄影镜头	10.05mm×7.42mm（对角线 12.49mm）
照相镜头	135 型摄影镜头	36mm×24mm
	127 型摄影镜头	40mm×40mm
	120 型摄影镜头	80mm×60mm
	中型摄影镜头	82mm×56mm
	大型摄影镜头	240mm×180mm

（2）根据焦距划分

根据焦距能否调节，可分为定焦距镜头和变焦距镜头两大类。依据焦距的长短，定焦距镜头又可分为鱼眼镜头、短焦镜头、标准镜头、长焦镜头四大类。需要注意的是焦距的长短划分并不是以焦距的绝对值为首要标准，而是以像角的大小为主要区分依据。所以当靶面的大小不等时，标准镜头的焦距大小也不同。变焦镜头上都有变焦环，调节该环可以使镜头的焦距值在预定范围内灵活改变。变焦距镜头最长焦距值和最短焦距值的比值称为该镜头的变焦倍率。变焦镜头又可分为手动变焦和电动变焦两大类。

变焦镜头通过镜头镜片之间的相互位移，使镜头的焦距可在一定范围内连续变化，从而在无需更换镜头的条件下，通过 CCD 相机既可以获得成像目标的全景图像，又可获得局部细节的图像。变焦镜头的变焦范围一般有 6、8、10、12、16、20、50 倍等。变焦镜头由于具有可连续改变焦距值的特点，在需要经常改变摄影视场的情况下使用非常方便，所以在摄影领域应用非常广泛。但由于变焦距镜头的透镜片数多、结构复杂，所以最大相对孔径不能做得太大，以免图像亮度较低、图像质量变差；同时在设计中也很难针对各种焦距、各种调焦距离做像差校正，所以其成像质量无法和同档次的定焦距镜头相比。

变焦镜头一般由几片透镜组成。两个焦距分别为 f_1、f_2 且相距为 d 的透镜组成的复合透镜的焦距为：

$$f = \frac{1}{f_1} + \frac{1}{f_2} - \frac{d}{f_1 f_2} \tag{2-1}$$

由式(2-1)可以看出：通过改变两个透镜间的距离 d 可使镜头的焦距 f 连续可调。

变焦镜头由焦距组、变倍组、补偿组、固定组等构成。其中焦距组的主要作用是通过小范围内的轴向移动，实现镜头的焦距调整；变倍组主要通过轴向移动，达到焦距连续可调的目的；当变倍组前后移动进行焦距调整时，镜头的成像面将随之发生变化，补偿组可随变倍组的移动而进行相应的移动，使成像面保持在图像传感器的光敏面上；固定组的主要作用是保持一定的装座距离。

常用定焦镜头的焦距在 4～300mm 的范围内有很多等级，如何选择合适焦距的镜头是在机器视觉系统设计时要考虑的一个主要问题。一般是根据成像的放大率和物距这两个条件来选择合适焦距的镜头，相关计算公式如表 2-4 所示。

表 2-4　相关计算公式

放大率	$m = h'/h = L'/L$	焦距	$f = L/(1 + 1/m)$
物距	$L = f(1 + 1/m)$	物高	$h = h'/m = h'(L - f)/f$
像距	$L' = f(1 + m)$	像高	$h' = mh = h(L' - f)/f$

（3）根据光圈类型划分

镜头有手动光圈（manual iris）和自动光圈（auto iris）之分。配合相机使用，手动光圈镜头适合于亮度不变的应用场合。手动光圈由数片金属薄片构成。光通量靠镜头外径上的一个环调节。旋转此环可使光圈收小或放大。自动光圈镜头因亮度变更时其光圈自动调整，故适用于亮度变化的场合。自动光圈镜头有两类：一类是将一个视频信号及电源从相机输送到透镜来控制镜头上的光圈，称为视频输入型；另一类则利用相机上的直流电压来直接控制光圈，称为 DC 输入型。自动光圈镜头上的 ALC（自动镜头控制）调整用于设定测光系统，根据整个画面的平均亮度，也可根据画面中最亮部分（峰值）来设定基准信号强度，供给自动光圈调整使用。一般而言，ALC 已在出厂时设定，可不做调整，但是当拍摄景物中包含有一个亮度极高的目标时，明亮目标物的影像可能会造成"白电平削波"现象，而使得全部屏幕变成白色，此时可以调节 ALC 来变换画面。

另外，自动光圈镜头装有光圈环，转动光圈环时，通过镜头的光通量会发生变化，光通量一般用 F 表示，F 值越小，则光圈越大。

采用自动光圈镜头，对于下列应用情况是理想的选择：在诸如太阳光直射等非常亮的情况下，用自动光圈镜头可有较宽的动态范围；要求在整个视野有良好的聚焦时，用自动光圈镜头有比固定光圈镜头更大的景深。

（4）根据镜头接口类型划分

镜头和相机之间的接口有许多不同的类型，工业相机常用的包括 C 接口、CS 接口、F 接口、V 接口、T2 接口、莱卡接口、M42 接口、M50 接口等。接口类型的不同和镜头性能及质量并无直接关系，只是接口方式的不同，一般也可以找到各种常用接口之间的转接口。

F 接口镜头是尼康镜头的接口标准，所以又称尼康口，也是工业相机中常用的类型，一般相机靶面大于 1 英寸时需用 F 口的镜头。

V 接口镜头是专业镜头品牌施奈德镜头使用的标准。

（5）特殊用途的镜头

显微镜头（Micro）。指成像比例大于 10∶1，但由于现在相机的像元尺寸已经做到 3μm 以内，所以一般成像比例大于 2∶1 时也会选用显微镜头。

微距镜头（Macro）。指成像比例为（2∶1）～（1∶4）范围内的镜头。对图像质量要求不是很高的情况下，可采用在镜头和相机之间加近摄接圈或在镜头前加近拍镜达到放大成像的效果。

远心镜头（Telecentric）。是为纠正传统镜头的视差而特殊设计的镜头，它可以在一定的物距范围内，使得到的图像放大倍率不会随物距的变化而变化，这对被测物不在同一物面上是非常重要的应用。

紫外镜头（Ultraviolet）和红外镜头（Infrared）。常规镜头是针对可见光范围内使用而设计的。由于同一光学系统对不同波长的光线折射率的不同，导致同一点发出的不同波长的光成像时不会聚成一点，产生色差，常用镜头的消色差设计也是针对可见光范围的。紫外镜头和红外镜头即是专门针对紫外线和红外线设计的镜头。

2.2.2　镜头的基本结构

机器视觉系统中的镜头由一组透镜和光阑组成。图 2-11 为镜头的光学路线图。

透镜和光阑都是镜头的重要光学功能单元，透镜侧重于光束的变换（例如实现一定的组合焦距、减少像差等），光阑侧重于光束的取舍约束。

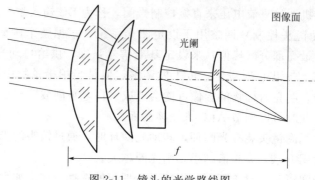

图 2-11　镜头的光学路线图

（1）透镜

透镜是进行光束变换的基本单元。透镜按材质不同有塑料透镜（plastic，P，通常是树脂透镜）和玻璃透镜（glass，G）两种。通常摄像头用的镜头构造有：1P、2P、1G1P、1G2P、2G2P、4G 等，透镜越多，成本越高，相对成像效果更出色。玻璃透镜比树脂透镜贵。一个品质好的摄像头应采用多层玻璃透镜。

透镜分为凸透镜和凹透镜。其中，凸透镜对光线有汇聚作用，也称为汇聚透镜或正透镜；凹透镜对光线有发散作用，也称为发散透镜或负透镜。由于正、负透镜具有相反的作用（如像差或者色散等），所以在透镜设计中常常将二者配合使用，以校正像差和其他各类失真。由于变焦镜头既要使镜头的焦距在较大范围内可调，又要保证能将成像目标焦距在图像传感器的光敏面上，因而变焦镜头一般由多组正、负透镜组成。

（2）光阑

光学系统中，只用光学零件的金属框内孔来限制光束有时是不够的，许多光学系统还设置一些带孔的金属薄片，称为"光阑"。光阑的通光孔通常呈圆形，其中心轴在镜头的中心轴上。光阑的作用就是约束进入镜头的光束成分，使有益的光束进入镜头成像，而有害的光束不能进入镜头。根据光阑设置的目的不同，光阑又可以进一步细分。

1）孔径光阑　也称有效光阑，它限制入射光束孔的大小。光阑的大小和位置对镜头成像的分辨率、亮度和景深都有影响。孔径光阑变小，亮度和分辨率就变低，景深则变大，图像大小不变。如照相机镜头上的圆形光阑（俗称光圈），光圈转动时带动镜头内的黑色叶片以光轴为中心做伸缩运动，调节入射光孔的大小，如图 2-12 所示。

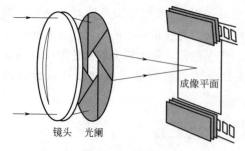

图 2-12　光阑示意图

孔径光阑由其前方光学系统所成的

像称为入射光瞳；由其后方光学系统所成的像称为出射光瞳。孔径光阑可与入射光瞳或出射光瞳重合，也可不重合。对单个透镜，透镜边框是孔径光阑，由于其前方和后方均无其他光学系统，故透镜边框既是入射光瞳也是出射光瞳。图 2-13 中表示孔径光阑与透镜面不重合时的入射光瞳和出射光瞳。图 2-13(a) 中孔径光阑 D 位于透镜 L 之前，在其前方无别的光学系统，故孔径光阑本身就是入射光瞳；D 由后方透镜 L 所成的像 D′ 就是出射光瞳。图 2-13(b) 中孔径光阑 D 位于透镜的后方，D 本身就是出射光瞳；D 由其前方透镜成的像 D′ 为入射光瞳。入射光瞳和出射光瞳为一对共轭面。

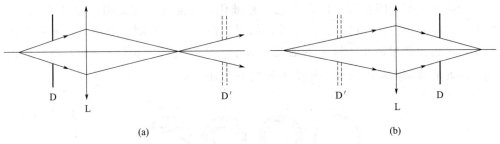

图 2-13　入射光瞳和出射光瞳

2）视场光阑　镜头中决定成像面大小的光阑称为视场光阑，它限制、约束着镜头的成像范围。镜头的成像范围受一系列物理的边框、边界约束，因此实际镜头大多存在多个视场光阑。例如，每个单透镜的边框都能限制斜入射的光束，因此它们都可以算作视场光阑；CCD、CMOS 或者其他感光器件的物理边界也限制了有效成像的范围，因此这些边界也是视场光阑。

3）消杂光光阑　镜头成像的过程中，除了正常的成像光束能到达像面外，仍有一部分非成像光束也到达像面，如镜筒内壁反射光，它们被统称为杂散光。杂散光对成像来说是非常有害的，相对于成像光束它们就是干扰、噪声，它们的存在降低了成像面的对比度。为了减少杂散光的影响，可以在设计过程中设置光阑来吸收阻挡杂散光到达像面，为此目的而引入的光阑都称为消杂光光阑。镜头的镜管通常被加工成螺纹状并漆以黑色漆，也可以消除杂光。

2.2.3　镜头主要参数

(1) 焦距 (Focal Length，*f*)

焦距是从镜头的中心点到焦平面上所形成的清晰影像之间的距离。焦距的大小决定着视角的大小，焦距数值小，视角大，所观察的范围也大；焦距数值大，视角小，观察范围小。根据焦距能否调节，可分为定焦镜头和变焦镜头两大类。

(2) 光圈 (Iris)/相对孔径

光圈和相对孔径是两个相关概念。由于不同镜头的光阑位置不同，焦距不同，入射孔径也不相同，用孔径来描述镜头的通光能力，无法实现不同镜头的比较。为了方便在取像时，计算曝光量和用统一的标准来衡量不同镜头孔径光阑的实际作用，用"相对孔径"来衡量镜头通光能力的大小。

镜头的光圈是通过开口大小来控制曝光量的。相对孔径，常用光圈孔径（D）和焦距（f）的比值来表示。相对孔径的大小表示镜头纳光的多少。相对孔径的倒数称为光圈系数（F）。一只 50mm 的焦距镜头，当光圈孔径为 25mm 时，镜头的相对孔径可用 1/2 表示；当光圈孔径为 35mm 时，用 1/1.4 表示镜头的相对孔径。为方便起见，通常把前者的光圈称为"f/2"或"F2"，后者称为"f/1.4"或"F1.4"。系数越小，表明孔径越大。

定焦镜头的光圈系数在国际上已经标准化，目前常用的光圈系数有 1.4、2、2.8、4、5.6、8、11、16、22、32 等，如图 2-14 所示。光圈系数越大，光孔直径越小，入射光通量越小。镜头的通光量大小与入射光孔面积（$S = \pi D^2 / 4$）成正比，因此光圈系数减小 $\sqrt{2}$ 倍，镜头的曝光率增加一倍。

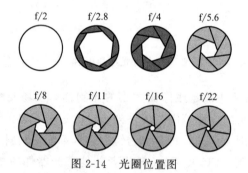

图 2-14　光圈位置图

例如，对于尼康 50mmF1.4 来说，它的光圈系数 F 等于焦距值 50mm 除以镜头的最大通光口径，$f(50)/D(35) = 1.4$。如果将这款镜头的光圈孔径缩小到 25mm，则光圈系数值为 F2，由于光圈是近似圆形的，F2 和 F1.4 的光圈面积相差一倍，因而进光量也相差了一倍。F1.4、F2、F2.8、F4、F5.6、F8、F11、F16 这些数值之间，每相邻两者之间的进光量都相差一倍，调整一级光圈就相当于增加或者减少一挡曝光量。

在机器视觉系统中，当外部环境光照度变化较大时，可采用自动光圈镜头；当光照度基本保持恒定时，可采用手动光圈镜头。为使 CCD 相机获得更为理想的曝光率，可相应增加光圈系数。例如：光圈系数在 2.8 和 4 之间增加系数 3.5，可使入射光通量变化半挡，即前一挡（f/2.8）的入射光通量是后一挡（f/3.5）光通量的 1.5 倍。

(3) 视野范围（FOV，Field of View）

视野范围和视场角都是用来衡量镜头成像范围的。视野范围是相机实际拍到区域的尺寸。在远距离成像中，例如望远镜、航拍镜头等场合，镜头的成像范围常用视场角来衡量，用成像最大范围构成的张角表示。在近距离成像中，常用实际物面的幅面表示（$V \times H$），也称为镜头的视野范围，如图 2-15 所示。

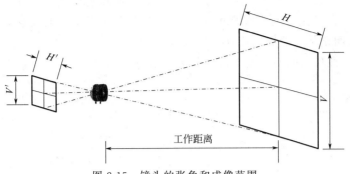

图 2-15　镜头的张角和成像范围

焦距的大小决定着视场角的大小。焦距数值小，视场越大，所观察的范围也大；焦距数值大，视场越小，观察范围小。由于焦距和视场是一一对应的，一个确定的焦距就意味着一个确定的视场，所以在选择镜头焦距时，应充分考虑观测细节和观测范围的权衡。如果要看细节，就选择长焦距镜头；如果看近距离大场面，就选择小焦距的广角镜头。

（4）工作距离（WD，Work Distance）

镜头第一个工作面到被测物体的距离称作镜头的工作距离。事实上镜头并不是对任何物距下的目标都能清晰成像，所以它允许的工作距离是一个有限范围。焦距的长短影响工作距离的远近。焦距越短，工作距离越近；焦距越长，工作距离越远。

（5）像面尺寸

一个镜头能清晰成像的范围是有限的，像面尺寸指它能支持的最大清晰成像范围，通常用直径表示。超过这个范围成像模糊，对比度降低。所以在给镜头选配CCD时，遵循"大的兼容小的"原则进行，如图 2-16 所示，就是镜头的像面尺寸大于或等于CCD尺寸。

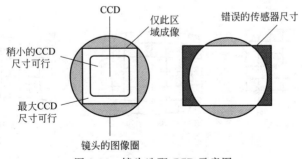

图 2-16　镜头选配 CCD 示意图

（6）像质

像质就是指镜头的成像质量，用于评价一个镜头的成像优劣。传函（调制传递函数的简称，用 MTF 表示）和畸变就是用于评价像质的两个重要参数。

由于衍射和相差的存在，物体经过透镜后，像会变得模糊，即像的对比度会下降，用 MTF（Modulation Transfer Function，调制传递函数）描述入射光线经光学系统成像后，对比度的衰减程度。为此引入"空间频率"的概念，即单位距离（每毫米）内明暗条纹的周期数（线对数），如图 2-17 所示，标记为：LP/mm。空间频率越高，成像后的对比度下降越严重。如图 2-18 所示为某个镜头中心视场的MTF 曲线。

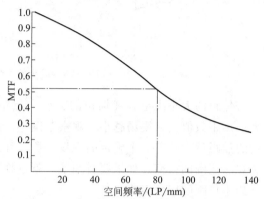

图 2-17　空间频率由低到高示意图　　　　图 2-18　某镜头中心视场的 MTF 曲线

　　图中横坐标是空间频率，纵坐标就是 MTF 值。由于实际成像中总有像差存在，成像的对比度总是下降的，作为对比度衰减因子的 MTF 总是小于 1。像面上任何位置的 MTF 值都是空间频率的函数。空间频率越高，MTF 值越低，意味着高频信息对比度衰减更快。例如图中 80LP/mm 的空间频率对应的 MTF＝0.52，即对于中心视场来说，空间频率为 80LP/mm 的信号成像对比度要下降大约一半（相对于 10LP/mm 来说）。

　　畸变：理想成像中，物像应该是完全相似的，即成像没有带来局部变形，如图 2-19（a）所示。但是实际成像中，往往有所变形，如图 2-19（b）、（c）。畸变的产生源于镜头的光学结构和成像特性。畸变可以看作是像面上局部的放大率不一致引起的，是一种放大率像差。

(a) 原图无畸变　　　　　　(b) 桶形畸变　　　　　　(c) 枕形畸变

图 2-19　成像的畸变

（7）工作波长与透过率

　　镜头是成像器件，它的工作对象就是电磁波。镜头在设计制造出来后，只能对一定波长范围内的电磁波进行成像，这个波长范围称为镜头的工作波长。常用镜头工作在可见光波段（360～780nm），除此之外还有紫外或红外镜头等。

　　镜头的透过率是与工作波长相关的一项指标，用于衡量镜头对光线的透过能力。为了使更多光线到达像面，镜头中使用的透镜一般都是镀膜的，镀膜工艺、镀膜材料的厚度和材料对光的吸收特性共同决定了镜头总的透过率。图 2-20（a）为普通镜头和红外镀膜镜头的透过率曲线，不同波长光线的透过率是不一样。

以红外镜头图 2-20（b）为例，由于可见光波长较短，无法穿透薄雾，导致雾天能见度非常低，而近红外光波长较长，可绕过微小颗粒，实现透雾的目的，配合镀膜增透技术，红外镜头在能见度极低的情况下也能实现远距离全天候监控，并且在正常以及透雾模式下保持焦面不偏移。

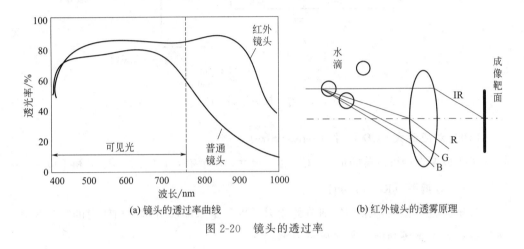

(a) 镜头的透过率曲线　　　　　　(b) 红外镜头的透雾原理

图 2-20　镜头的透过率

(8) 景深 (DOF, Depth of Field)

在进行拍摄时，调节镜头，使离相机一定距离的景物清晰成像的过程，叫对焦，景物所在的点，称为对焦点。因为"清晰"并不是一个绝对的概念，所以对焦点前后一定距离内的景物的成像都可以是清晰的，这个前后范围的总和，叫作景深。景深随镜头的光圈值、焦距、拍摄距离而变化。光圈越大，景深越小；光圈越小，景深越大。焦距越长，景深越小；焦距越短，景深越大。距离拍摄体越近时，景深越小；距离拍摄体越远时，景深越大。

(9) 接口 (Mount)

镜头需要与相机进行配合使用，两者之间的连接方式通常称为接口。为提高各生产厂家镜头之间的通用性和规范性，业内形成了数种常用的固定接口，例如 C、CS、F、V、T2、Leica、M42×1、M75×0.75 等。

在机器视觉系统中，光学镜头常用的接口为 C 型和 CS 型。C 型和 CS 型接口均是国际标准接口，其旋合长度、制造精度、靠面尺寸及后截距（即安装基准面至像面的空气光程）公差均应符合相关要求，如图 2-21 所示。二者均为 1in-32UN（1in、32 牙、螺距 0.794mm）英制螺纹连接口。C 型接口和 CS 型接口的螺纹连接是一样的，区别在于 C 型接口的后截距为 17.5mm，CS 型接口的后截距为 12.5mm，所以 CS 型接口的相机可以和 C 口及 CS 口的镜头连接使用，只是使用 C 口镜头时需要加一个 5mm 的接圈；C 型接口的相机不能用 CS 口的镜头，否则不但不能良好对焦，还有可能损坏图像传感器。

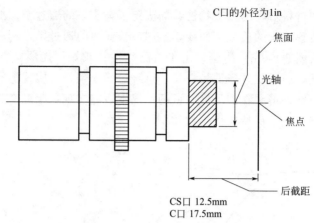

图 2-21　镜头侧面视图

（10）对应最大 CCD 尺寸（Sensor Size）

镜头成像直径可覆盖的最大 CCD 芯片尺寸，主要有：$1/2''$、$2/3''$、$1''$ 和 $1''$ 以上。

（11）分辨率（Resolution）

分辨率代表镜头记录物体细节的能力，以每毫米能够分辨黑白线对的数量为计量单位，分辨率越高的镜头成像越清晰。

（12）镜头的放大倍数（PMAG）

即芯片尺寸除以视野范围。

（13）数值孔径（Numerical Aperture，NA）

数值孔径等于物体与物镜间介质的折射率 n 与物镜孔径角的一半 $\dfrac{a}{2}$ 的正弦值的乘积，计算公式为 $NA = n\dfrac{\sin a}{2}$。数值孔径与镜头分辨率成正比，与放大率成正比，数值孔径越大，镜头分辨率越高，否则反之。

（14）后倍焦（Flange distance）

后倍焦是指镜头接口平面到芯片的距离。后倍焦直接影响镜头的配置。不同厂家的相机，即使接口一样也可能有不同的后倍焦。

镜头的主要参数示意图如图 2-22 所示。参数之间的几何关系如图 2-23 所示，其中，H_o 表示视野的高度；H_i 表示相机有效成像面的高度（即 CCD 像面的大小）；L_E 表示镜头像平面的扩充距离；D_i 表示后倍焦。

参数之间的计算关系如式（2-2）所示。

$$PMAG = \frac{Sensor\ Size(mm)}{Field\ of\ View(mm)} = \frac{H_i}{H_o} \tag{2-2}$$

根据表 2-4，焦距 $f = \dfrac{n \times PMAG}{1 + PMAG}$，$L_E = D_i - f = PMAG \times f$。

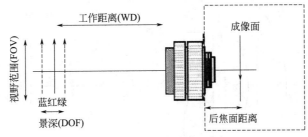

图 2-22　镜头参数示意图

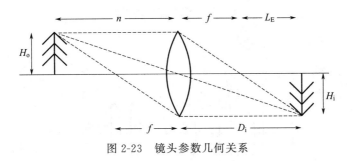

图 2-23　镜头参数几何关系

2.2.4　镜头相关技术

（1）调焦

对于镜头而言，不同物距的目标成像，像距不同。对于需要观察的目标，其成像面不一定与相机感光面重合。为了得到清晰的像，需要调整成像面的位置，使之与感光面重合，这个过程就是调焦。

常见的调焦方式有两种：

1）整组移动

这种方式调节整个镜头一起前后移动，带动像面随之移动，在像面与相机感光面重合时，成像最清晰。该方式不改变镜头的光学结构，镜头焦距没有变化。

2）单组移动

这种调焦方式，调节镜头中的某一组透镜，使它相对于其他透镜前后移动，也能带动像面平移，最终使像面与感光面重合，达到成像清晰的目的。该方式改变了镜头的光学结构，镜头焦距有所变化（一般不大）。

例如，透镜组对无穷远的目标。可以成像在图像面上（也是 CCD 感光面位置），后工作距离为 L'，现在要对近处目标成像，像面位置在图像$'$处，为了成像清晰需要调焦。

第一种方法，采取整组移动式调焦，使整个透镜组一起相对 CCD 往前移动，使后工作距离扩大到 L''，CCD 感光面与像面重合，成像清晰，如图 2-24 所示。

另一种方法，采取单组移动式调焦，只移动透镜组中的某一（或几个一起）单透镜，如图 2-25 所示。将第四透镜从位置 A 向前移动到 A'，对近距离的目标来说，成像面也回到与 CCD 重合的位置，使成像清晰。

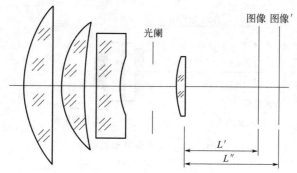

图 2-24　整组移动式调焦

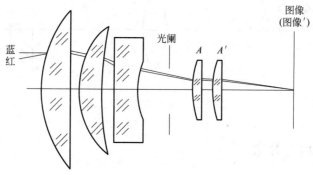

图 2-25　单组移动式调焦

（2）变焦

变焦是指镜头本身可以通过调节，使焦距有较大的变化范围（通常用焦距变化的倍数来衡量，例如 4 倍变焦指最大焦距是最小焦距的 4 倍）。这种镜头可以通过变焦，改变成像放大倍率（在"大场景"和"局部特写"之间随意转换），适应性强，使用范围很广。变焦是人眼所不具备的功能。

变焦的实现方式：通过光学系统中的两组（或更多）透镜相对移动，改变整个系统（镜头）的组合焦距，同时保证像面位置不动，使图像放大倍率改变而成像始终清晰。

它与单组移动式调焦是不同的。单组移动式调焦改变成像面的位置（虽然也会引起镜头焦距的微小改变）；而变焦改变镜头的焦距（一般都是数倍的改变），它要求稳定像面不动。

（3）自动光圈

调节镜头的光圈，实质上是改变了孔径光阑的孔径大小，从而改变了进光量，达到成像面亮度调节的目的。这个过程，可以手动完成，也可以通过电机驱动来完成，后一种实现方式就是自动光圈调节。

（4）远心（焦阑）镜头

普通工业镜头目标物体越靠近镜头（工作距离越短），所成的像就越大。使用普通镜头会存在一些问题：①如果被测物不在同一测量平面，造成放大倍率的不同；②镜头畸变大；③当物距变大时，对物体的放大倍数也改变；④镜头的解析度不高；⑤视觉光源的几何特性，造成图像边缘位置的不确定性。远心镜头是为纠正传统工业镜头的不足而特殊设计的镜头，它可以在一定的物距范围内，使图像放大倍率不会随物距的变化而变化，对于被测物不在同一物面上是非常重要的应用。远心镜头最大的优点就是大景深、低畸变。

远心镜头，分为物方远心镜头、像方远心镜头和两侧远心镜头。

物方远心镜头，即使物距发生改变，像距也发生改变，但像高没有改变，即测得的物体尺寸不变。物方远心镜头用于工业精密测量，畸变极小，高性能的镜头可以达到无畸变。物方远心光路如图 2-26 所示，孔径光阑位于镜头像方焦面上（"焦阑"因此得名），入瞳位于物方无限远处。这种光路的特点：物方入射主光线（实线）与光轴平行。

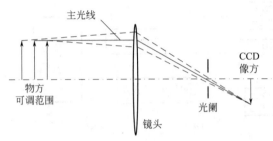

图 2-26 物方远心光路

像方远心镜头，即使 CCD 芯片的安装位置有变化，在 CCD 芯片上投影成像大小不变。像方远心镜头的优点是，使相机的芯片获得均匀的光线，因为只有平行于光轴的光线才能入射在 CCD 芯片前面的微型镜片上，从而使图像不会出现阴影。像方远心光路如图 2-27 所示，孔径光阑位于物方焦面上，出瞳位于像方无限远处，这样的光路称为像方远心光路。这种光路的特点是像方出射主光线与光轴平行。

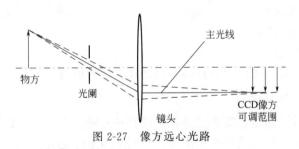

图 2-27 像方远心光路

两侧远心镜头，兼具上面两种镜头的优点。在工业机器视觉领域，一般只使用物方远心镜头。偶尔也有使用两侧远心镜头，但价格更高。

（5）自动调焦

自动调焦可根据不同的成像目标对镜头的焦距进行自动调整，从而确保在多种应用环境下均能实现精确对焦。

CCD 相机一般采用差分式对比传递函数方式进行自动调焦。这种方式通过提取图像信号中的高频分量作为调焦的评价函数。图 2-28 为典型的自动调焦系统，由物镜 L、分光棱镜 P、线阵图像传感器 CCD（A）和 CCD（B）、CCD 驱动器、信号处理电路、微型处理器、步时电机及驱动电路构成。其中，CCD（A）和 CCD（B）分别放在焦平面的前部（A 点）和后部（B 点），与焦平面相距一个小间隔 △。分光棱镜使同一视场的光分离，而后分别被 CCD（A）和 CCD（B）所接收。当两路 CCD 信号中的高频成分相等时表示对焦，不等时表示离焦。同时根据两路 CCD 输出信号中的高频分量判断是前离焦还是后离焦。

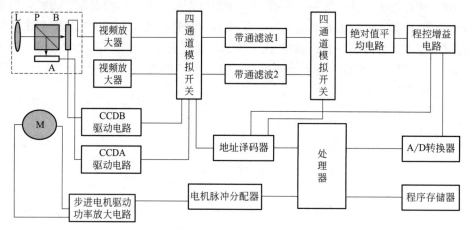

图 2-28　自动调焦系统

2.2.5　镜头的选择

合适的镜头选择对于机器视觉能否发挥应有的作用是非常重要的。选择镜头的过程，是将镜头各项参数逐步明确化的过程。作为成像器件，镜头通常与光源、相机一起构成一个完整的图像采集系统，因此镜头的选择应该考虑四个主要因素：

1）被检测物体类别和特性；

2）景深或者焦距；

3）工作距离；

4）运行环境。

分析这四个因素，可以针对具体应用选择合适的镜头。

（1）波长、变焦与否

镜头的工作波长和是否需要变焦是比较容易先确定下来的，成像过程中如果需要改变放大的倍率，可以采用变焦镜头，否则采用定焦镜头。

关于镜头的工作波长，常见的是可见光波段，也有其他波段。是否需要另外采取滤光措施？单色光还是多色光？能否有效避开杂散光的影响？把这几个问题考虑清楚，综合衡量后再确定镜头的工作波长。

（2）特殊要求优先考虑

结合实际的应用特点，可能会有特殊的要求，例如是否有测量功能，是否需要使用远心镜头，成像的景深是否很大等。景深是任何成像系统都必须考虑的。

光学系统的性能取决于允许的图像模糊程度，模糊可能源于物体平面或者图像平面的位置漂移。景深效果（DOF）是指由于物体移动导致的模糊。DOF 是完全在焦距范围内最大的物体深度，它也是保持理想对焦状态下物体允许的移动量（从最佳焦距前后移动）。当物体的放置位置比工作距离近或者远的时候，它就位于焦外了，这样解析度和对比度都会受到影响。基于这个原因，DOF 同指定的分辨率和对比度相配合。当景深一定的情况下，DOF 可以通过缩小镜头孔径来变大，同时也需要光线增强。

在很多情况下，比如说管道检测，可以使用变焦镜头获得较大的景深。变焦镜头和缩放镜头很类似，用在需要经常变换焦距的场合。这些镜头经常用电机驱动，可以保证在对焦平面上平滑移动。使用这样的镜头，整个管道都可以扫描到，通过调整焦距来发现每个缺陷。

（3）工作距离、焦距

工作距离和焦距往往结合起来考虑。可以采用这个思路：先明确系统的分辨率，结合 CCD 像素尺寸就能知道放大倍率，再结合空间结构约束就能知道大概的物像距离，进一步估算镜头的焦距。所以镜头的焦距是和镜头的工作距离、系统分辨率（及 CCD 像素尺寸）相关的。

（4）像面大小和像质

所选镜头的像面大小要与相机感光面大小兼容，遵循"大的兼容小的"原则——相机感光面不能超出镜头标示的像面尺寸，否则边缘视场的像质不佳。

像质的要求主要关注 MTF 和畸变两项。在测量应用中，尤其应该重视畸变。

（5）光圈和接口

镜头的光圈主要影响像面的亮度。但是在机器视觉系统中，最终的图像亮度是由很多因素共同决定的：光圈、相机增益、积分时间、光源等等。所以，为了获得必要的图像亮度有比较多的环节供调整。

镜头的接口指它与相机的连接接口，它们两者需匹配，不能直接匹配就需考虑转接。

（6）成本和技术成熟度

如果以上因素考虑完之后有多项方案都能满足要求，则可以考虑成本和技术成熟度，进行权衡择优选取。

例如，要给硬币检测成像系统选配镜头，约束条件：相机 CCD 2/3in，像素尺寸 $4.65\mu m$，C 口。工作距离大于 200mm，系统分辨率 0.05mm。光源采用白色 LED 光源。

基本分析如下：

1）与白色 LED 光源配合使用，镜头应该是可见光波段。没有变焦要求，则选择定焦镜头；

2）用于工业检测，所选镜头的畸变要求小；

3）工作距离和焦距

成像的放大率 $PMAG = \dfrac{4.65}{0.05 \times 1000} = 0.093$；

焦距 $f=L\dfrac{M}{M+1}=200\times\dfrac{0.093}{1.093}=17(\text{mm})$；

物距要求大于 200mm，则选择的镜头要求焦距应该大于 17mm；

4）选择镜头的像面应该不小于 CCD 尺寸，即至少 2/3in；

5）镜头的接口要求是 C 口，能配合相机使用。光圈暂无要求。

从以上几方面的分析计算可以初步得出这个镜头的"选型"：焦距大于 17mm，定焦，可见光波段，C 口，至少能配合 2/3in CCD 使用，而且成像畸变要小。按照这些要求，可以进一步地挑选，如果多款镜头都能符合这些要求，可以根据性价比选用。

2.3　图像采集卡的原理及种类

2.3.1　概述

图像采集卡（Image Grabber）又称为图像卡，它将相机的图像视频信号，以帧为单位，送到计算机的内存和 VGA 帧存，供计算机处理、存储、显示和传输等使用。在机器视觉系统中，图像卡采集到的图像，供处理器做出工件是否合格、运动物体的运动偏差量、缺陷所在的位置等判断并处理。图像采集卡是机器视觉系统的重要组成部分，如图 2-29 所示。图像经过采样、量化以后转换为数字图像并输入、存储到帧存储器的过程，叫作采集数字化。由于图像视频信号所带有的信息量非常大，所以图像无论是采集、传输、转换还是存储，都要求速度够高的图像信号传输速度。通用的传输接口不能满足要求，因此需要专业的图像采集卡。

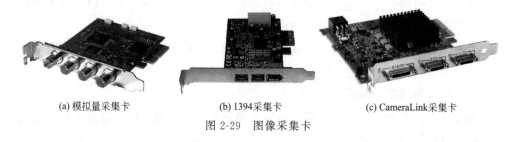

(a) 模拟量采集卡　　　　　(b) 1394采集卡　　　　　(c) CameraLink采集卡

图 2-29　图像采集卡

一般图像采集卡都是连接在台式机的 PCI/PCIe 扩展槽上，经过高速 PCI 总线直接采集图像到 VGA（Video Graphics Array）显存或主机系统内存。还可以利用 PC 机内存的可扩展性，实现所需数量的序列图像逐帧连续采集，进行序列图像处理分析。此外，由于图像可直接采集到主机内存，图像处理可直接在内存中进行，图像处理的速度随 CPU 速度的不断提高而提高，对主机内存的图像进行并行实时处理成为可能。

在电脑上通过图像采集卡可以接收来自视频输入端的模拟视频信号，对该信号进行采集、量化成数字信号，然后压缩编码成数字视频。大多数图像采集卡都具备硬件压缩的功能，在采集视频信号时首先在卡上对视频信号进行压缩，然后再通过 PCI 接口把压缩的视频数据传送给主机。通常 PC 视频采集卡采用帧内压缩的算法把数字化的视频存储成 AVI 文件，有些的视频采集卡还能直接把采集到的数字视频数据实时压缩成 MPEG-1 格式的文件。

由于模拟视频输入端可以提供不间断的信息源，视频采集卡要采集模拟视频序列中的每帧图像，并在采集下一帧图像之前把这些数据传入 PC 系统，实现实时采集的关键因素是每一帧图像所需的处理时间。如果每帧视频图像的处理时间超过相邻两帧之间的相隔时间，数据会丢失，即出现丢帧现象。采集卡把获取的视频序列先进行压缩处理，然后再存入硬盘，也就是说视频序列的获取和压缩是在一起完成的，免除了再次进行压缩处理的不便。不同档次的采集卡具有不同质量的采集压缩性能。

当图像采集卡的信号输入速率较高时，需要考虑图像采集卡与图像处理系统之间的带宽问题。在使用 PC 时，图像采集卡采用 PCI 接口的理论带宽峰值为 132MB/s。在实际使用中，PCI 接口的平均传输速率为 50～90MB/s，有可能在传输瞬间不能满足高传输率的要求。为了避免与其他 PCI 设备产生冲突时丢失数据，图像采集卡上应有数据缓存。

与用于多媒体领域的图像采集卡不同，用于机器视觉系统的图像采集卡需实时完成高速、大数据量的图像数据处理，因而具有完全不同的结构。在机器视觉系统中，图像采集卡必须与相机协调工作，才能完成特定的图像采集任务。除完成常规的 A/D 转换任务外，还应具备以下功能：

1）接收来自相机的高速数据流，并通过 PC 总线高速传输至机器视觉系统内存；

2）为了提高传输速率，许多相机具有多个输出信道，使几个像素可以并行输出。此时，图像采集卡需要对多信道输出的信号进行重新构造，恢复原始图像；

3）对相机及机器视觉系统中的其他模块（如光源等）进行功能控制。

2.3.2　图像采集卡的结构与技术参数

（1）图像采集卡的结构

图像采集卡种类很多，其特性、尺寸及类型各不相同，但其基本结构大致相同。图 2-30 为图像采集卡的基本组成模块，每一模块用于完成特定的任务。下面介绍各个部分主要构成及功能。其中，相机视频信号由多路分配器色度滤波器输入。

1）视频输入模块

作为图像采集卡的前端，视频输入模块是直接与视频源（相机）相连的部分。大部分图像采集卡提供了内置的多路分配器（multiplexer）。多路分配器是一种电子开关，允许用户将多路视频信号连接至同一图像采集卡。另外，多数单色图像采集卡均包含色度滤波器，这种设置避免了信号中的彩色部分产生干扰图案，使图像采集卡可在彩色图像信号中采集黑白信号。色度滤波器去除了彩色信息，有利于图像的精确采集与分解。经过视频输入模块后，视频信号输入至图像采集卡的 A/D 转换模块。

2）A/D 转换模块

A/D 转换模块为图像采集卡的核心部分，它与时序和采集控制模块（第 3 模块）密切相关。A/D 转换模块将输入的模拟视频信号转换为计算机可以识别的数

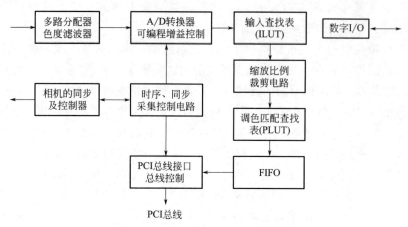

图 2-30　图像采集卡的基本组成模块

字信号。因为这种转换必须是实时的，因此必须采用专用的高速视频 A/D 转换器。根据图像采集卡的时序、同步电路及转换精度不同，这种 A/D 转换器的速度一般达到 20MHz 或更高。

3）时序和采集控制模块

包括图像采集卡中整个时序、同步、采集控制电路。其中，时序电路用于以固定频率（适用于标准视频格式）或可变频率（非标准视频格式）的操作。时序电路直接与图像采集卡的同步电路相连。为使图像采集卡的时序电路与输入视频信号同步，同步电路采用了模拟锁相环（PLL）电路或数字电路时钟同步（DCS）电路。

4）图像处理模块

本模块对 A/D 转换后的数字信号进行处理。查找表（LUT）也称为格式化 RAM，主要用于图像数据的处理。它由两部分构成：输入查找表（ILUT，Input Look-up Tables）和调色匹配查找表（PLUT）。输入查找表主要用于实时转换数据图像，或对数据图像灰度进行转换。尽管这些操作可通过软件方法由主机来完成，但通过图像采集卡的硬件可以获得更快的处理速度。调色匹配查找表常用于黑白图像采集卡，用以控制主机的彩色调色板，以避免软件应用中黑白图像的失真。

5）PCI 总线接口及控制模块

本模块主要通过 PCI 总线完成数字图像数据的传输。根据设计结构的不同，PCI 总线接口控制可以是总线控制器，也可以是从控制器。对于机器视觉系统，总线控制器需处理大量图像数据，并确保拥有足够的带宽。总线控制器应用 burst 模式，使传输速率可达到 132Mbytes/s。

6）相机控制模块

本模块提供相机的设置及其控制信号，包括：水平/垂直同步信号、像素时钟及复位信号等。以上所有信号均应符合相机的输入/输出格式。依据不同的应用需求，这些信号可支持多种类型的相机。

7）数字输入/输出（I/O）模块

本模块允许图像采集卡通过 TTL 信号与外部装置进行通信，用于控制相应外部事件。此功能常用于工业应用。

（2）图像采集卡的技术参数

1）图像传输格式

格式是视频编辑最重要的一种参数，图像采集卡需要支持系统中相机所采用的输出信号格式。在数字相机中，IEEE1394、USB2.0/3.0 和 CameraLink 几种图像传输形式应用较广泛。

2）图像格式（像素格式）

对于黑白图像，通常情况下，图像灰度等级可分为 256 级，即以 8 位表示。如果对图像灰度有更精确要求，可用 10 位、12 位来表示，如医学成像领域；对于彩色图像，可由 RGB（YUV）3 种色彩组合而成，根据其亮度级别的不同有 8-8-8、10-10-10 等格式。

3）传输通道数（Channel）

当相机以较高速率拍摄高分辨率图像时，会产生很高的输出速率，这需要多路信号同时输出，图像采集卡应能支持多路输入。一般情况下，有 1 路、2 路、4 路、8 路输入等。

4）分辨率

采集卡能支持的最大点阵反映了分辨率性能。一般低端采集卡能支持 768×576 点阵，而性能优异的采集卡支持的最大点阵可达 64k×64k。单行最大点数和单帧最大行数也可反映采集卡的分辨率性能。

5）采样频率

采样频率反映了采集卡处理图像的速度和能力。在进行高速度图像采集时，需要注意采集卡的采样频率是否满足要求。目前高档的采集卡的采样频率可达 65MHz。

6）传输速率

指图像由采集卡到达内存的速度。主流图像采集卡与主板间都采用 PCI 接口，理论传输速度为 132MB/s，PCI-E、PCI-X 是更高速的总线接口。

2.3.3 图像采集卡分类

图像采集卡种类繁多，可以按多种分类方式进行分类：按视频信号源，分为数字采集卡（使用数字接口）和模拟采集卡；按安装连接方式，分为外置采集卡（盒）和内置式板卡；按视频压缩方式，分为软压卡（消耗 CPU 资源）和硬压卡；按视频信号输入输出接口，分为 1394 采集卡、USB 采集卡、HDMI 采集卡、DVI/VGA 视频采集卡、PCI 视频卡；按其性能作用，分为电视卡、图像采集卡、DV 采集卡、电脑视频卡、监控采集卡、多屏卡、流媒体采集卡、分量采集卡、高清采集卡、笔记本采集卡、DVR卡、VCD 卡、非线性编辑卡（简称非编卡）；按用途可分为广播级图像采集卡、专业级图像采集卡、民用级图像采集卡。它们档次的高低主要取决于采集图像的质量不同。

（1）按图像采集卡的主要特性划分

1）彩色图像采集卡与黑白图像采集卡

彩色图像采集卡也可以采集同灰度级别的黑白图像，黑白图像采集卡却不能用于彩色图像的采集。

2）模拟图像采集卡与数字图像采集卡

模拟图像采集卡需要经过 A/D 转换模块把模拟信号转换为数字信号后进行传输，在一定程度上会影响图像质量。而数字图像采集卡只是把数字相机采集好的图像数据进行传输处理，对图像不会造成影响。模拟采集卡和模拟相机一般用于电视摄像和监控领域，具有通用性好、成本低的特点，但分辨率较低、采集速度慢，而且在图像传输中容易受到噪声干扰，导致图像质量下降，只用于对图像质量要求不高的视觉系统。目前监控广泛应用的相机是模拟信号相机，与此相应所采用的图像采集卡也是模拟图像采集卡。模拟图像采集卡上设有 A/D 转换芯片，其对输入信号以 4∶2∶2 格式进行采样，然后进行量化，将传入的视频信号转换为数字图像信号。近年监控相机逐步被数字相机如 GigE 相机所取代。

3）面阵图像采集卡和线阵图像采集卡

与面阵相机配套的采集卡是面阵图像采集卡，一般不支持线阵相机。配合线阵相机使用的是线阵图像采集卡。支持线阵相机的图像采集卡往往也支持面阵相机。

（2）按图像采集卡的用途划分

1）广播级图像采集卡

此类采集卡的特点是采集的图像分辨率高，支持高清和标准图像的采集，图像信噪比高。缺点是图像文件所需硬盘空间大。每分钟数据量至少要消耗 200MB，广播级模拟信号采集卡都带分量输入输出接口，多用于录制电视台所制作的节目。

2）专业级图像采集卡

分辨率与广播级类似，但压缩比稍微大一些，其最小的压缩比在 6∶1 以内，输入输出接口为 AV 复合端子与 S 端子，此类产品适用于多媒体软件应用。

3）民用级图像采集卡

它的动态分辨率较低，包括带采集功能的电视卡，1394 卡和一些价格低廉的图像卡等。

2.3.4 数据采集

（1）面阵相机的数据采集

面阵相机所输出的信号一般为一定电视制式的具有行、场同步的全电视信号，又称为电视信号，有多种电视制式，如 PAL、NTSC、SECAM 以及非标准制式等。视频信号的数据采集方式有如下两种。

1）以帧存储为核心的图像采集卡

图 2-31 是以存储器为核心的图像采集系统。其中，图像输入设备的主要任务是将图像信息转换为运算处理所需要的数字信号，其中包含有高速采样与模数转换等环节；图像输出设备的目的是将处理过的图像数据转换为人能理解的形式；图像处理系统的软件主要包括输入、输出、存储器管理和处理程序四部分；同步逻辑与控制电路是整个系统的神经中枢，主要用于协调各部分的工作。

图 2-32 所示以帧存储器为核心的图像采集卡的硬件原理框图。视频信号源一般为面阵相机输出的复合视频信号；该信号进入图像采集卡后分为两路，一路经同

步分离器分出行、场同步信号，使之与卡内时序发生器产生的行、场同步信号保持同相关系，并通过控制电路使卡上的各单元按视频信号的行、场电视制式的要求同步工作；另一路视频信号被 A/D 转换器数字化，并存储于图像采集卡的存储器内。当一帧信号存储完毕后，存储器被切换至计算机总线。通常情况下，图像采集卡会向处理器提出中断，以提示此时图像数据对计算机有效。在软件作用下图像卡可以方便地对数字图像进行存储和处理。

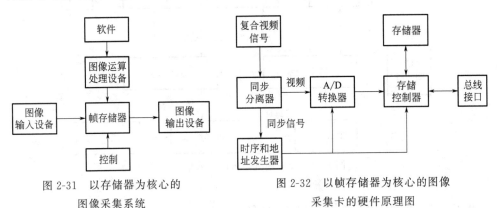

图 2-31　以存储器为核心的　　　　图 2-32　以帧存储器为核心的图像
　　　图像采集系统　　　　　　　　　　　　采集卡的硬件原理图

2）基于 PCI 总线的图像采集卡

数字视频产品通常需要对动态图像进行实时采集和处理，因此产品性能受图像采集性能的影响很大。由于早期图像采集卡是以帧存储器为核心，处理图像时需要读写帧存，对于动态画面还需要"冻结"图像，同时由于数据传输速率受限制，图像处理速度缓慢。

英特尔（Intel）公司于 1991 年提出了 PCI（Peripheral Component Interconnect）局部总线规范。PCI 总线支持 33MHz 的时钟频率，数据带宽达到 32 位，可扩展 64 位。传输带宽达到 133MB/s（33MHz × 32bit/s）到 264MB/s，设备间可通过局部总线完成数据的快速传输，从而较好地解决了数据瓶颈的问题。由于 PCI 总线的高速度，使基于 PCI 总线的图像采集卡成为市场中的主流产品。

为提供更快的数据传输速率，英特尔在 2001 年提出 PCI-Express（Peripheral Component Interconnect Express，PCIe）总线标准。PCIe 属于高速串行点对点双通道高带宽传输，所连接的设备分配独享通道带宽，不共享总线带宽。PCIe 有多种物理规格，从 PCIe x1 到 PCIe x16。PCIe 3.0 版本接口的比特率为 8Gbps，2022 年推出的 PCIe 6.0 标准，速度达到了 64GT/s，将适应数据量更大的相机。

（2）线阵相机的数据采集

在对线阵相机输出信号进行数据采集时，可采用具有内部静态存储器的数据采集卡，通过 PC 的扩展槽与计算机总线操作完成数据的采集以及 PC 的接口。

线阵相机输出信号的采集原理如图 2-33 所示。线阵相机输出的视频信号输入至采集卡的模拟信号输入端，线阵相机输出的同步脉冲 Φ_c 及像素同步脉冲 SP 分别输入至同步控制器，使同步控制器与相机输出同步；同步控制器接收接口软件及地址译码器产生的控制命令，产生与像素同步的启动 A/D 脉冲，A/D 转换器在相机输出像素的有效时间内进行 A/D 转换，转换完成后将数据存入存储器，同时使地址计数器加 1。而后同步控制器再接收下一个 SP 信号，进行下一个 CCD 像素的信号转换；经过 N 次转换后（N 为线阵 CCD 的总像素数），通知 PC，线阵相机的一行信号已转换、存储完毕；PC 通过接口软件控制同步控制器，将存储器内的数据读入至 PC 的内存。

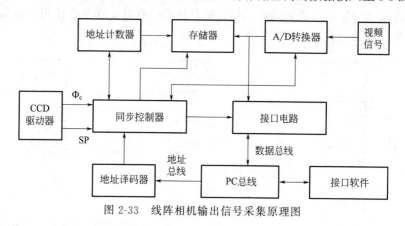

图 2-33　线阵相机输出信号采集原理图

2.3.5　与图像采集卡相关的技术名词

（1）DMA

DMA（Direct Memory Access）是一种总线控制方式，它可取代 CPU 对总线的控制，在数据传输时根据数据源和目的的逻辑地址和物理地址映射关系，完成对数据的存取，这样可以大大减轻数据传输时 CPU 的负担。

（2）LUT（Look-Up Table）

对于图像采集卡来说，LUT 实际上就是一张像素灰度值的映射表，它将实际采样到的像素灰度值经过一定的变换如阈值、反转、二值化、对比度调整、线性变换等，变成了另外一个与之对应的灰度值。这样可以起到突出图像的有用信息，增强图像对比度的作用。很多 PC 系列卡具有 8/10/12/16 甚至 32 位的 LUT，LUT 里的变换形式由软件来定义。

（3）Planar Converter

Planar Converter 能从彩色像素值中将 R、G、B 分量提取出来，然后在 PCI 传输时分别送到主机内存中三个独立的 Buffer 中，这样方便在后续的处理中对彩色信息的存取。在有些采集卡（如 PC2Vision）中，它也可用于多个黑白相机同步采集时将它们各自的像素值存于主机独立的 Buffer 中。

（4）Decimation

Decimation 实际上是对原始图像进行子采样，如每隔 2、4、8、16 行（列）取一行（列）组成新的图像。Decimation 可以大大减小原始图像的数据量，同时也降低了分辨率，有点类似于相机的 Binning。

（5）PWG

PWG（Programmable Window Generator）指在获取的相机原始图像上开一个

感兴趣的窗口，每次只存储和显示该窗口的内容，这样可以在一定程度上减少数据量，但不会降低分辨率。一般采集卡都有专门的寄存器存放有关窗口大小、起始点和终点坐标的数据，这些数据都可通过软件设置。

（6）非破坏覆盖（Resequencing）

Resequencing 可以认为是一种对多通道或不同数据扫描方式的相机所输出数据的重组能力，将来自图像靶面不同区域或像素点的数据重新组合成一幅完整的图像。

（7）Non-destructive overlay

overlay 是指在视频数据显示窗口上覆盖的图形（如弹出式菜单、对话框等）或字符等非视频数据。Non-destructive overlay 即 "非破坏性覆盖"，是相对于 "破坏性覆盖" 来说的，"破坏性覆盖" 指显示窗口中的视频信息和覆盖信息被存放于显存中的同一段存储空间内，而 "非破坏性覆盖" 指视频信息与覆盖信息分别存放于显存中两段不同的存储空间中，显示窗口中所显示的信息是这两段地址空间中所存数据的叠加。如果采用 "破坏性覆盖"，显存中的覆盖信息是靠 CPU 来刷新的，这样既占 CPU 时间，又会在实时显示时由于不同步而发生闪烁，如果采用 "非破坏性覆盖" 则可消除这些不利因素。

2.4　图像数据的传输方式汇总及比较

图像数据的传输方式一般可分为两种：

1）模拟（Analog）传输方式

如图 2-34 所示。首先，相机得到图像的数字信号，再通过模拟方式传输给采集卡，而采集卡再经过 A/D 转换得到离散的数字图像信息。RS-170（美国）与 CCIR（欧洲）是模拟传输的两种串口标准。模拟传输目前存在两大问题：信号干扰大和传输速度受限。因此机器视觉信号传输正朝着数字化的传输方向发展。

2）数字化（Digital）传输方式

数字化传输方式，是将图像采集卡集成到相机上。由相机得到模拟信号后经过图像采集卡转化为数字信号，然后再进行传输。如图 2-35 所示。

图 2-34　模拟（Analog）传输方式　　　　图 2-35　数字化（Digital）传输方式

图像数据的具体传输方式有以下几种。

（1）IEEE 1394

IEEE 1394 接口标准最早是由 Apple 公司开发的，最初称之为 FireWire（火线），是一种与平台无关的串行通信协议。IEEE 1394 是一种高速、实时串行的数字接口。它支持不经 HUB（集线器）的点对点的连接，最多允许 63 个相同速度的设备连接到同一总线上，最多允许 1023 条总线相互连接。

IEEE 1394 有两种标准：IEEE 1394a 和 IEEE 1394b。端子方面，IEEE 1394a 可分为小型 4 针和标准 6 针两种型号，两者不同之处在于是否有专门的电源线。采用 6 针端子的设备可以通过 IEEE 1394 供电，在 6 芯线缆中，两条线为电源线，可向被连接的设备提供电源，其他四条线被包装成两对双绞线，用来传输信号，如图 2-36 所示。电源的电压为 8～40V 直流，最大电流 1.5A。在 IEEE 1394 技术标准中，数据是通过双绞线以数据包的方式进行传送的，其中数据包包含了传送的数据信息和相应设备的地址信息。

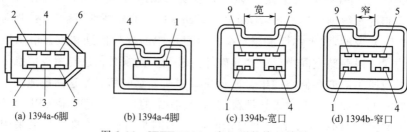

图 2-36　IEEE 1394 a 和 b 型的接口端子

IEEE 1394 标准通过所有连接设备建立起一种对等网络，因此，与 USB 技术不同，IEEE 1394 不要求 PC 端作为所有接入外设的控制器，不同的外设可以直接在彼此之间传递信息。此外，采用 IEEE 1394 技术，两台 PC 还可以共享使用同一个外设。IEEE 1394 在一个端口上最多可以连接 63 个设备，设备间采用树形或菊花链结构。设备间电缆的最大长度是 4.5m，采用树形结构时可达 16 层，从主机到最末端外设总长可达 72m。最新的 IEEE 1394b 标准可以实现 100m 范围内的设备互连。

IEEE 1394 的传输模式主要有"Backplane"和"Cable"两种，其中"Backplane"模式最快为 50Mbps，可以用于多数的带宽要求不是很高的应用环境，如 Modem（包括 ADSL、Cable Modem）、打印机、扫描仪等；而"Cable"模式可达 400Mbps，可以传输不经压缩的高质量资料电影，应用于一些实时传输视频流的数码设备中。IEEE 1394a 标准接口的数据传输速率理论上可达到 400Mbps；IEEE 1394b 接口的传输速率理论上则可达到 800Mbps。

（2）无线传输方式

无线图像传输所采用的技术体制可大致分为：模拟传输、数字传输/网络电台、GSM/GPRS、CDMA、数字微波（大部分为扩频微波）、WLAN（无线网）、COFDM（正交频分复用）等。

1）模拟传输是一种"古老"的技术，基本处于被淘汰的阶段，在此不再详细论述。

2）数字传输/网络电台，价格低，大多采用跳频扩频技术，但本质上为单载波调制；有效传输速率有限，一般在 512Kbps 以下，图像的分辨率和帧速都很低，无法保证图像的实时性。

3）GSM/GPRS、CDMA、4G/5G 等移动通信公网技术很成熟，但需要建设大量的基站。

　　4）数字微波（扩频微波），可以提供高速率链路，但均为单载波调制技术体制，仅仅在通视环境下应用，不能在阻挡环境中和移动中使用。

　　5）无线网技术（802.11b），在物理层采用了直接扩频技术（DSSS），在理想的传输条件下，可以提供约 1～5.5Mbps 有效速率，但因其是单载波调制，受此局限，只能在通视环境下应用，不能在阻挡环境中和移动中使用。

　　6）无线网技术（802.11a，802.11g），在物理层采用了 OFDM 多载波调制，但载波数量较少，如 802.11a 为 52 个子载波，而其频段是 5.8GHz。这样虽然其采用了 OFDM 多载波调制，但因其子载波少，频段高，在阻挡和移动环境下使用效果均不理想。它们只适用于办公室内无线局域网，定点用于室外需配置定向天线。COFDM（正交频分复用）调制技术是最新的无线传输技术，它是多载波调制技术，子载波数量达到 1704 载波（2K 模式），它真正在实际使用中实现了"抗阻挡""非视距""动中通"的高速数据传输（1～15Mbps）。

（3）USB 传输方式

　　USB 是英文 Universal Serial Bus 的缩写，中文含义是"通用串行总线"。1995年，USB 接口就出现在 PC 机上，最初的 USB1.1 接口传输速度仅为 12Mbps。随后 COMPAQ、Hewlett Packard、Intel、Lucent、Microsoft、NEC 和 PHILIPS 这 7 家厂商联合制定了 USB 2.0 接口标准。现已发展到 USB 4.0 版本。

　　USB 的传输速度不及 IEEE 1394，但也具有很多优点，包括可以热插拔、携带方便、标准统一、可以连接多个设备。最高可连接至 127 个设备。

（4）Camera Link 传输方式

　　Camera Link 是适用于数字相机与图像采集卡间的通信接口，专为机器视觉的高端应用设计的，其基础是美国 National Semiconductor 公司的驱动平板显示器的 Channel Link 技术，在 2000 年由几家专做图像卡和相机的公司联合发布，所以一开始就对接线、数据格式、触发、相机控制、高分辨率和帧频等做了考虑，对于机器视觉的应用提供了很多方便，例如数据的传输率非常高，可达 1Gbits/s，输出的是数字格式，可以提供高分辨率、高数字化率和各种帧频，信噪比也得到改善；而且根据应用的要求不同，提供了基本（Base）、中档（Medium）、全部（Full）等支持格式，可以根据分辨率、速度等自由选择；图像卡和相机之间的通信采用了 LVDS（Low Voltage Differential Signaling，低压差分信号）格式，速度快而且抗噪较好；图像卡和相机之间使用专门的 MDR26-pin 连接线，距离最远 10m，数据传输速率最高可达 2.38Gbps。为了提高信号传输距离和精度，设计了由 FPGA 内部发出图像数据，并通过 FPGA 进行整体时序控制；输出接口信号转换成符合 Camera Link 标准的低电压差分信号（LVDS）进行传输。

　　图 2-37 为 Camera Link 总线发送端与接收端的连接框图，也是该总线的基本模式。总线发送端，将 28 位并行数据转换为 4 对 LVDS 串行差分数据传送出去，还有一对 LVDS 串行差分数据线用来传输图像数据输出同步时钟；而总线接收端，将串行差分数据转换成 28 位并行数据，同时转换出同步时钟。这样不但减少了传输线的使用量，而且由于采用串行差分传输方式，还减少了传输过程中的电磁干扰。

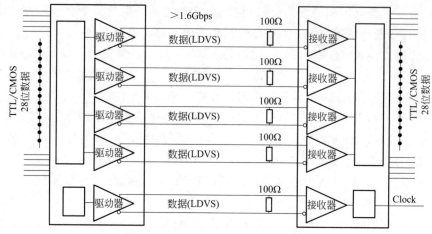

图 2-37 Camera Link 总线基本模式

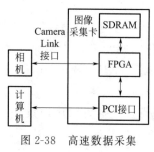

图 2-38 高速数据采集
系统基本框图

Camera Link 高速数据采集系统的基本框图如图 2-38 所示。FPGA（Field-Programmable Gate Array，现场可编程门阵列）给相机发出控制信号，相机中的数据通过 Camera Link 接口传送到图像采集卡；数据由 FPGA 读入，缓存在 SDRAM 中。在 FPGA 中根据用户的需求实现高速的图像处理，根据图像处理的结果由 FPGA 完成用户所需的控制。图像采集卡通过 PCI 接口和计算机相连接，通过计算机配置图像采集卡和相机，计算机也可以从采集卡中获得图像处理数据。

（5）GigE 传输方式

GigE Vision 是一种全球接口标准，旨在支持通过包括 GigE、10GigE 和 802.11 无线网络在内的以太网传输高速视频和相关控制数据。该标准是基于千兆以太网通信协议开发的，可通过现成可用的以太网电缆实现远距离快速图像传输，传输速率可达 125MB/s，传输距离可高达 100m。通过使用超 5 类和 6 类标准电缆和连接器，GigE Vision 可有效控制成本，具有高度可扩展性，并允许使用现有的以太网基础架构进行简单集成。

美国自动化成像协会（AIA）于 2006 年推出了 GigE Vision 标准，并已在全球范围内采用。大多数主要工业视频硬件和软件供应商都开发了符合 GigE Vision 标准的产品，来自不同供应商的产品均可互相操作。这意味着，相机、视频服务器、视频接收器都可以使用通用的以太网平台进行无缝协作。

GigE Vision 依靠 GenICam（一种用于不同类型相机的通用编程接口）来访问和控制相机和其他兼容成像设备的功能。GigE Vision 的安装简便性和高性能使其成为工业应用的理想选择。该标准还用于电信、军事、数据通信及机器视觉应用。

GigE Vision 与标准千兆以太网在硬件架构上基本一样，只是在底层的驱动软件上有所区别，主要是为了解决标准千兆网的两个问题：

1）数据包小，传输效率低。标准千兆网的数据包为 1440 字节，而 GigE

Vision 采用 "Jumbo packet" 包结构，其最大数据包可达 16224 字节。

2）CPU 占用率过高。标准千兆网采用 TCP/IP 协议，在部分使用 DMA（Direct Memory Access，直接内存存取）控制以提高传输效率的情况下，可做到传输速率 82MB/s 时 CPU 占用率为 15%。GigE Vision 驱动采用的是 UPD/IP 协议，采用完全的 DMA 控制，大大降低了 CPU 的占用率。在同等配置情况下可做到传输速率 108MB/s 时 CPU 占用率为 2%。

GigE Vision 视觉标准的主要特点有：

1）带宽可达到 1000Mbps；

2）在图像无损失的情况下，最远可传输 100m，每加一个中继可以延伸 100m，传输效率高；

3）标准的千兆网接口，不需要图像采集卡，电缆线成本低；

4）支持 POE 供电技术，在长距离传输数据时可解决电源线压降的问题；

5）带宽易于升级，包括 10M、100M、1000M、10000M 等；

6）通过交换机可以支持多播功能，多台计算机可以同时接收图像数据。

千兆网相机连接模式有两种，如图 2-39 所示。一种是一对一模式，即一个相机对应一个千兆网口。这种模式下，每台相机可以获得 125MB/s 的千兆网全带宽，但可连接相机的数量受限于 PCIe 插槽和千兆网口的数量。这种模式适合于高分辨率、高帧率的相机。另一种是树形模式，即多个相机共用一个千兆网交换机，再连接到一个千兆网口。这种模式下，借助千兆网交换机，可以任意增加相机数量，但所有相机共享 125MB/s 千兆网带宽。例如接入 3 台相机时，每台相机的带宽 = 125/3 = 42（MB/s），而且所有的相机和网卡必须在同一个 IP 子网下。这种模式适合于低分辨率或者帧率不高的相机。

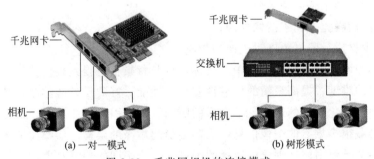

图 2-39　千兆网相机的连接模式

习　　题

1. 写一篇短文，分析镜头畸变的原理及校正方法。

2. 分析检测 4m 左右大幅面薄膜表面缺陷，要求 0.01mm 的检测分辨率，如何选择镜头、相机、采集卡和处理器？

3. 一种 4096×4096 像素的彩色面阵 CCD 相机，要分别实现 10fps、30fps 和 60fps 的图像传输，如何选择接口方式？分析比较哪种方式性价比最优。（fps 是帧率的单位，意思是"帧每秒"，10fps 就是指每秒 10 帧，也就是每秒拍摄 10 幅图像。）

第3章　机器视觉成像技术

3.1　光源

3.1.1　光源的作用

选择合适的照明是机器视觉系统应用成功与否的关键。光源直接影响到图像的质量，进而影响到系统的性能。光源的作用，就是获得对比鲜明的图像，具体来说：

1）将感兴趣部分和其他部分的灰度值差异加大；

2）尽量消隐不感兴趣部分；

3）提高信噪比，利于图像处理；

4）减少材质、照射角度对成像的影响。

适当的照明设计，能使图像中的目标信息与背景信息得到最佳分离，以降低图像处理算法的难度，提高系统的可靠性和综合性能。好的设计能够改善整个系统的检测分辨率，简化软件的运算。不合适的照明，则会引起很多问题，例如噪点和过度曝光会隐藏很多重要的图像信息；阴影会引起边缘的误检；信噪比的降低以及不均匀的照明会导致图像处理阈值选择的困难。对于不同的检测对象，必须采用不同的照明方式才能突出被检测对象的特征，有时可能需要采取几种方式的结合，而最佳的照明方法往往需要大量的试验。除了要有很强的综合知识外，还需要有一定的创造性。

光源设计，不仅需要调整光源本身的参数，还需要考虑应用场合的环境因素和被测物的光学属性。

通常，光源系统设计可控制的参数有：1）方向（Direction），主要有直射（Directed）和散射（Diffuse）两种方式，取决于光源类型和放置位置。2）光谱（Spectrum），即光的颜色，取决于光源类型和光源或镜头的滤光片性能。3）极性（Polarization），即光波的极性，镜面反射光有极性，而漫反射光没有极性。4）强度（Intensity），光的强度不够，会降低图像的对比度；而光强过大，则功耗大，还需要散热。5）均匀性（Uniformity），视觉系统的基本要求，光强随距离和角度变化会衰减。

3.1.2　光谱

从本质上看，光是电磁波中的一部分，波长约 390～700nm 的电磁波为可见光，只有这一部分的电磁波可以被人眼接收，形成光与色的感觉。

不同波长的光射入眼睛后产生不同的颜色感觉，具有单一波长的光称为单色光，各种波长的单色光分别形成人们可以见到的各种最纯净、最饱和的颜色。不同色光按波长从短到长排列形成光谱，长波端是红光，随着波长的减小依次变为橙、黄、绿、青、蓝、紫。

在表 3-1 中列出了一些典型波长所对应色光的颜色，供判断光色时参考。在光波的波段附近，比红光波长更长的电磁波称为红外光，比紫光波长更短的称为紫外光。虽然人眼看不到这两种光线，但是有些特殊的胶卷或光敏器件可以感受这些光线，从而形成红外摄影与紫外摄影。CCD 对红外光十分敏感，必须用红外滤光镜将其滤除（吸收），否则所拍摄的画面将严重偏红。平时所见的色光与"白"光都是由多种单色光组成的混合光，三棱镜可以将色光或白光的各种单色光分离开。

表 3-1　光谱色的分布与代表性波长　　　　　单位：nm

光色	紫	蓝	青	绿	黄	橙	红
波长范围	380～420	420～470	470～500	500～570	570～600	600～630	630～780
代表性波长	420	470	500	550	580	620	700

人们在拍摄与观赏照片时最常用的是称为"白"光的混合光。日光、白炽灯或普通荧光灯（俗称"日光灯"）所发出的"白"光是互不相同的，可以用混合光的光谱曲线描述它们的色彩属性。光谱曲线能够比较准确地描述光源的颜色属性。

3.1.3　光源的种类

光源分为自然光源与人工光源。

（1）自然光源

自然光源即太阳光源。它不仅是室外成像常用的主要光源，也是室内成像的重要光源。自然光源是变化的光源，在不同的季节、日期、时辰自然光源的强度和照射角度都不相同，所以图片的感光、造型以及影调和色彩的还原随时都会发生变化。根据光的照射情况，又可分为直射光和漫射光。

直射光是太阳直接照射到物体上的光线，它的强度很高。当侧射或逆射时，物体的感光区域十分明亮，在背光面有深暗的阴影和明显的投影。这种光线有利于表现物体的空间感、立体感，增强造型效果，但图像阶调层次的差距较大。如果感光和显影适当，仍然可以获得影像清晰，层次丰富，反差恰当的图片。所以直射光是自然光摄影的理想光源。

漫射光也叫散射光，是太阳透过大气、云雾射来的散漫光线。其强度低，没有明朗的射线，物体上缺少明暗反差，没有投影。常用来拍摄标本、模型等。

（2）人工光源

人工光源即灯光光源，人工光源大多在自然光照度很低和夜晚摄像时使用，或在强烈的阳光下补充阴暗部分的感光。人工光源最大的优点是可以随意控制光源的强度，根据拍摄目的任意调节光强、调节光的性质和光源的位置。人工光源的种类繁多，发光强度不等，色温不同。根据光源发光原理的不同，常见的人工光源有：荧光灯、卤素灯、气体放电光源、发光二极管（LED）和激光光源。

1）荧光灯

荧光灯是一种低气压汞蒸气弧光放电灯，通常为长管状，两端各有一个电极。灯内含有低气压的汞蒸气和少量惰性气体，灯管内表面涂有荧光粉层。荧光灯的工作原理是：电极释放出电子，电子与灯内的汞原子碰撞放电，将 60% 左右的输入电能转变成波长 253.7nm 的紫外线，紫外线辐射被灯管内壁的荧光粉涂层吸收，化为可见光释放出来。作为气体放电灯，荧光灯必须与镇流器一起工作。

荧光灯分为直管型荧光灯和紧凑型荧光灯。直管型荧光灯按启动方式可分为预热启动、快速启动和瞬时启动几种；按灯管类型可分为 T12、T8、T5 几种。紧凑型荧光灯是为了代替耗电严重的白炽灯开发的，具有能耗低，寿命长的特点。普通白炽灯的寿命只有 1000h，紧凑型荧光灯的寿命通常为 8000~10000h。

荧光灯的主要优点是发光效能高。一个典型的荧光灯所发出的可见光大约相当于输入电能的 28%。灯管的几何尺寸、填充气体和压强、荧光粉涂层、制作工艺以及环境温度和电源频率都会对荧光灯的发光效能产生影响。

荧光灯发出光的颜色很大程度上由涂在灯管内表面的荧光粉决定。不同荧光灯的色温变化范围很大，从 2900K 到 10000K。根据颜色大致可分为暖白色（WW）、白色（W）、冷白色（CW）、日光色（D）几种。通常情况下，暖白色（WW）、白色（W）、日光色（D）荧光灯显色性一般，冷白色（CW）、柔白色和高级暖白色（WWX）荧光灯可以提供较好的显色性，高级冷白色（CWX）荧光灯具有极佳的显色性。

荧光灯发出的光线比较分散，不容易聚焦，因此广泛用于比较柔和的照明，如工作照明。

2）卤素灯

卤素灯又称石英灯，是白炽灯的一个变种。与传统白炽灯比较，它在同样的功率下发光亮度高出 50%，因此它是取代传统白炽灯的新一代产品。如图 3-1 为卤素灯产品。

金属卤素灯最大的优点是发光效能高，寿命长。由于灯体的结构形式及所填充的金属卤化物的不同，金属卤素灯的发光效能、光线的色温以及显色性的变化很大。

金属卤素灯的工作特点是不能立即点亮，大约需要 5 分钟时间升温以达到全亮度输出。供电中断后，重新启用前需要 5~20min 时间来冷却灯泡。金属卤素灯对电源电压的波动较敏感，电源电压在额定值上下变化大于 10% 时就会造成光色的

图 3-1 卤素灯产品

变化，而且不同的工作位置也会影响光线的颜色和灯的寿命。

卤素灯的光线可以通过光纤传输，适合小范围的高亮度照明。卤素灯又名冷光源，因为通过光纤传输之后，出光的这一头是不发热的。适合于对环境温度比较敏感的场合，比如二次元量测仪（又叫影像测量仪，用来测量产品及模具的尺寸，测量对象包括位置度、同轴度、直线度、轮廓度、圆度等）的照明。但它的缺点是寿命只有 2000h 左右。

3）气体放电光源

气体放电光源是利用电流通过气体（或蒸气）而发光的光源，主要以原子辐射形式产生光辐射。按放电形式的不同，气体放电光源可分为辉光放电灯和弧光放电灯。辉光放电灯的特点是工作时需要很高的电压，但放电电流较小。一般电流在 $10^{-6} \sim 10^{-1}$ A 时，霓虹灯属于辉光放电灯。弧光放电灯放电电流较大，一般在 10^{-1} A 以上，照明工程广泛应用的是弧光放电灯。

弧光放电灯按管内气体（或蒸气）压力的不同，又可分为低气压弧光放电灯和高气压弧光放电灯。低气压弧光放电灯主要包括荧光灯和低压钠灯。高气压弧光放电灯包括高压汞灯、高压钠灯和金属卤化物灯等。相比之下，高气压弧光放电灯的表面积较小，但其功率较大，致使管壁的负荷比低气压弧光放电灯要高得多（往往超过 $3W/cm^2$）。

高压钠灯是由钠蒸气放电发光的放电灯。高压钠灯发光效能特别高，寿命长，对环境的适应性好，各种温度条件下都可以正常工作。缺点是尺寸大；光色较差，是一种不舒服的蓝白色冷光；显色性差，普通高压钠灯的显色指数只有 23%。普通高压钠灯大多用于道路照明等对发光效能和寿命要求高、而对光色和显色性要求不高的领域。

目前还有一类改进的高显色性高压钠灯，具有暖白色的光色，显色指数可达到 80% 以上。这种灯可以用于展示照明领域，节能效果明显。

4）发光二极管

发光二极管，简称 LED（Light Emitting Diode），是一种固态的半导体器件，是利用场致发光原理将电能直接转变成可见光的新型光源。场致发光是指由于某种物质与电场相互作用而发光的现象。

LED 的核心是半导体晶片。半导体晶片由两部分组成，一部分是 P 型半导体，在它里面空穴占主导地位，另一部分是 N 型半导体，主要是电子。将两种半导体连接起来，它们之间就形成一个"PN 结"。当电流通过导线作用于这个晶片时，电子就会被推向 P 区，在 P 区里电子跟空穴复合，就会以光子的形式发出能量，这就是 LED 发光的原理。而光的波长也就是光的颜色，是由形成 PN 结的材料决定的。

LED 光源的优点有：①体积小，重量轻，便于集成。②工作电压低，耗电少，驱动简便，计算机控制方便。③比普通光源单色性好，有多种颜色可选，包括红、绿、蓝、白，还有红外、紫外，针对不同检测物体的表面特征和材质，可选用不同颜色，也就是不同波长的光源，达到理想效果。④发光亮度高，发光效率高，亮度便于调节。⑤寿命长，可达到 10000～30000h；启动时间短，响应时间仅有几十纳秒。⑥由于 LED 光源是采用多颗 LED 排列而成，可以设计成复杂的结构，实现不同的光源照射角度。⑦结构牢固，能够经受较强的振荡和冲击。⑧发光的方向性很强，不需要使用反射器控制光线的照射方向。⑨光源体积较小，可以做成薄灯具，适用于安装空间紧凑的场合。

图 3-2 为三种人工光源性能指标的综合评价。

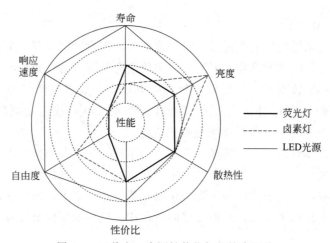

图 3-2　三种人工光源性能指标的综合评价

发光二极管是继白炽灯、荧光灯、高压放电灯之后的第四代光源。随着新材料和制作工艺的进步，发光二极管的性能正在逐步提高，应用范围越来越广。

5）激光光源

激光光源是利用激发态粒子在受激辐射作用下发光的光源，是一种相干光源。自从 1960 年美国的 T·H·梅曼制成红宝石激光器以来，各类激光光源的品种已达数百种，输出波长范围从短波紫外到远红外。激光光源按其工作物质（也称激活物质）分为固体激光光源（晶体和钕玻璃）、气体激光光源（包括原子、离子、分子、准分子）、液体激光光源（包括有机染料、无机液体、螯合物）和半导体激光光源四种类型。

激光光源具有下列特点：①单色性好。激光的颜色很纯，其单色性比普通光源高 10^{10} 倍以上。激光光源是一种优良的相干光源，可广泛用于光通信。②方向性强。激光光束的发散立体角很小，为毫弧度量级，比普通光或微波的发散角小 $2\sim3$ 数量级。③光亮度高。激光焦点处的辐射亮度比普通光源高 $10^8\sim10^{10}$ 倍。④相干性好。激光光束在波长、频率、偏振方向等都是一致的，步调相同使其具备非常强的干涉力。

在实际应用中无需对四个特点都提出很高的要求。例如：全息照相的主要要求是单色性和相干性好；激光通信主要要求是方向性、单色性和相干性好；激光测距主要要求是方向性好和高亮度；激光武器主要要求则是高亮度和方向性好等等。表 3-2 列出了几种人工光源之间的比较。

表 3-2　几种人工光源之间的比较

光源	荧光灯	卤素灯	LED	激光(LD)
颜色	白色、偏绿	白色、偏黄	红、黄、绿、白、蓝	由发光频率决定
寿命/h	$5000\sim7000$	$5000\sim7000$	$60000\sim100000$	100000 以上
亮度	较量	亮	使用多个 LED 达到很亮	很亮
响应速度	慢	慢	快	快
特点	发热少，扩散性好，适合大面积均匀照射	发热大，几乎没有光亮度和色温的变化	发热少，波长可以根据用途选择，制作形状方便，运行成本低，耗电小	单色性好，方向性好，亮度高，功耗小

3.1.4　选择光源应考虑的系统特性

判断机器视觉系统中光源的优劣，必须了解什么是光源需要解决的问题。光源不仅仅是使检测部件能够被摄像头"看见"。选择光源时，应该考虑如下系统特性。

(1) 对比度

对比度对机器视觉系统来说非常重要。光源系统最重要的任务就是使被观察对象的图像特征与需要忽略的图像特征之间产生最大的对比度，从而易于区分特征。传统的对比度指图像明暗区域中最亮的白和最暗的黑之间亮度层级的测量，而在机器视觉系统中，对比度被定义为在特征区域与其周围的区域之间有足够的亮度差别。好的光源系统应该能够保证检测的图像特征突出于其背景。

(2) 亮度

当有两种光源可供选择时，最佳的选择是更亮的那个。当光源亮度不够时，相机的信噪比不够。亮度不够，图像的对比度必然不够，在图像上出现噪声的可能性也随之增大。光源的亮度不够，必然要加大光圈，从而减小了相机的景深；同时，自然光等随机光对系统的影响也会增大。

(3) 鲁棒性

测试光源优劣的方法就是看光源是否对部件的位置敏感度最小。将光源放置在摄像头视野的不同区域或不同角度时，图像应该不会随之变化。方向性很强的光源增大了高亮区域发生镜面反射的可能性，这不利于后续的特征提取。

在实际工作中，合适的光源要与其在实验室中具有相同的工作效果；能够凸显需要寻找的图像特征；能够产生最大的对比度；亮度足够；对放置的位置变化不敏感。

（4）光源可预测性

当光源入射到物体表面的时候，光源的反应是可以预测的。光线可能被吸收或被反射。光线可能被完全吸收（黑金属材料，表面难以照亮）或者被部分吸收（造成了颜色的变化及亮度的不同）。不被吸收的光就会被反射。"入射光的角度等于反射光的角度"这一定律使图像效果可以通过控制光源来实现。

（5）物体表面反射特性

如果光源按照可预测的方式传播，机器视觉照明复杂化的原因就源于物体表面的变化。正因为物体表面的不同，需要研究视野中的物体表面特征和反射特性，控制好哪个角度的光源反射到透镜上以及其反射的程度，解决"如何才能让物体显现？""如何才能应用光源使光线反射到镜头中？"的问题。影响反射效果的因素有：光源的位置、物体表面的纹理、物体表面的几何形状以及光源的均匀性。

1）表面纹理

物体表面可能产生高度反射（镜面反射）或者高度漫反射。物体表面的光滑度，即纹理特征，决定了物体是镜面反射还是漫反射。

2）表面形状

一个球形表面反射光线的方式与平面物体是不相同的。物体表面的形状越复杂，其表面的光线变化也随之而复杂。对于一个抛光的镜面表面，光源需要在不同的角度照射，因为从不同角度照射可以减小光影。

3）光源均匀性

均匀的光源会补偿物体表面的角度变化，即使物体表面的几何形状不同，光源在各部分的反射也是均匀的。不均匀的光会造成不均匀的反射。光源在摄像头视野范围内应该是均匀的。图像中暗的区域就是缺少反射光，而亮点就是此处反射太强了。不均匀的光源会使视野范围内部分区域的光比其他区域多，从而造成物体表面反射不均匀。

（6）照明结构特性

设计光源的结构及安装位置，应使图像达到检测所需的对比度。通过结构设计技术，解决物体是如何被照明以及光源是如何反射及散射等问题。

（7）寿命特性

光源一般需要持续使用。为使图像处理保持一致的精确性，机器视觉系统必须长时间获得稳定一致的图像。如果配合专用控制器间歇使用，可大幅降低光源的工作温度，其寿命可延长数倍。

3.1.5 照明技术分类

机器视觉光源是影响机器视觉系统输入的重要因素，由于没有通用的机器视觉照明设备，所以针对每个特定的应用场合，要选择相应的照明装置。常用的照明技术有：直射照明、背光照明、同轴（共轴）照明、漫反射照明、暗场照明及结构光。

（1）直射照明

光直接射向物体得到清晰的影像。当需要得到高对比度图像时，直射照明很有效。但当光线照在光亮的材料上时，会引起镜面反光。直射照明一般采用条形、环状或点状照明。环灯是一种常用的通用照明方式，其很容易安装在镜头上，可给漫反射表面提供足够的照明。

（2）背光照明

背光照明是将光源放置在相对于摄像头的物体的背面。这种照明方式下图像分析的不是发射光而是入射光。背光照明产生了很强的对比度。应用背光技术的时候，物体表面特征可能会丢失。例如，可以应用背光技术测量硬币的直径，但是却无法判断硬币的正反面。

（3）同轴照明

同轴照明是与摄像头的轴向有相同方向的光照射到物体的表面。同轴照明使用一种特殊的半反射镜面将光线反射到摄像头中，只反射垂直于透镜的光线。同轴照明技术对于实现扁平物体且有镜面特征的表面很有用。此外该技术还可以使表面角度变化部分高亮，因为不垂直于摄像头的表面反射光不会进入镜头，从而造成表面较暗。

（4）漫反射照明

漫反射照明应用于有反射性或者表面有复杂角度的物体表面，利用半球形的均匀光源，以减小影子及镜面反射。这种照明方式对于电路板照明非常有用，可以达到170°立体角范围的均匀照明。

（5）暗场照明

当使用相机拍摄玻璃、镜子等高光物体时，如果在视野内能看见光源就认为是亮域照明，相反的在视野内看不到光源就是暗域照明。因此光源是亮域照明还是暗域照明与光源的位置有关。典型的暗域照明应用于物体表面有突起的部分或物体表面纹理发生变化的场合。

（6）结构光

结构光是一种投影在物体表面的有一定几何形状的光（如线形、圆形、正方形）。典型的结构光涉及激光或光纤光源。结构光可以用来测量相机到光源的距离，多用于3D成像。

根据期望的图像效果，可以选择不同入射角度的光源。高角度照射，图像整体较亮，适合表面不反光物体；低角度照射，图像背景为黑，特征为白，可以突出被测物轮廓及表面凹凸变化；多角度照射，图像整体效果较柔和，适合曲面物体检测；背光照射，图像效果为黑白分明的被测物轮廓，常用于尺寸测量；同轴光照射，图像效果为明亮背景上的黑色特征，用于反光强烈的平面物体检测。不同角度光源的示意图如图 3-3 所示。

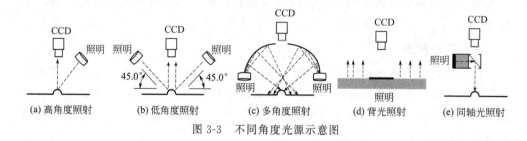

图 3-3　不同角度光源示意图

除了以上几种常用照明技术，在一些特殊场合，比如在线阵相机中需要亮度集中的条形光照明；在精密尺寸测量中与远心镜头配合使用的平行光照明技术；在高速在线测量中减小被测物模糊的频闪光照明技术；减少杂光干扰的偏振照明技术等。在实际应用中，为了使视野下不同的特征表现不同的对比度，可能需要多重照明技术。

3.2　灰度照明技术

在图像采集过程中，鉴于对光源的不同应用，成像技术主要有灰度照明和彩色照明两种。

目前，图像处理领域最常用的方法是二值化（黑白）处理。二值化处理，俗称黑白处理，即将 256 个亮度等级的灰度图像通过适当的阈值转化为二值化图像，图像像素点的灰度值设置为 0 或 255（以 8 位 AD 转换为例），整个图像呈现出明显的黑白效果。对二值化图像做进一步处理时，图像的性质只与像素点的位置有关，不再涉及像素的灰度值，数据的处理量和压缩量减小，使处理变得简单。

如果某特定物体有均匀一致的灰度值，并且处在一个其他灰度值的均匀背景下，使用阈值法就可以得到比较好的分割效果。如果物体同背景的差别表现不在灰度值上（比如纹理不同），可以将这个差别特征转换为灰度的差别，再利用阈值选取技术来分割该图像。

为了有效地通过二值化方法分割图像，拍摄图像最重要的是如何获得被测物与背景的明暗差异。

3.2.1　直射照明和漫射照明

灰度照明分为直射照明和漫射照明两种。

所谓直射照明就是光源的反射光直接进入相机镜头。漫射照明，亦称散乱光照明，就是光源的反射光不直接进入镜头，而是经过多级反射后进入镜头。两种照明的光路具体形式如图 3-4 所示。

对同一物体的拍摄，在直射照明和漫射照明两种照明方式下所得到的图像差别是比较大的。如图 3-5 所示，对芯片引脚和硬币，分别用直射和漫射两种照明方式下拍摄图像。由图可知，漫射方式下清晰地呈现了芯片引脚的缺失，但直射方式可以清晰地呈现硬币轮廓特征。

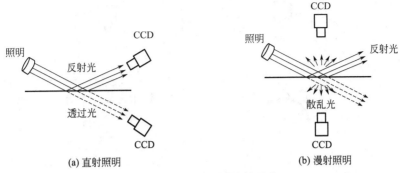

(a) 直射照明　　　　　　　　　(b) 漫射照明

图 3-4　直射照明和漫射照明

直射方式(8个引脚不够清晰)　　　　漫射方式(可以清晰地观察8个引脚)

直射方式(可以清晰地呈现轮廓特征)　　漫射方式(轮廓特征不清晰)

图 3-5　同一物体在直射和漫射两种照明方式下所获得的图像

3.2.2　背向照明和前向照明

前向照明，是将光源置于物体的前面，主要是照射物体的表面缺陷、表面划痕和重要的细节特征。背向照明，即透射照明，是将光源置于物体的后面，突出不透明物体的阴影或观察透明物体的内部。通常一些被检测物件，经过透射照明得到的图像，更容易从背景图像中分离所需要的目标特征。图 3-6 显示的是前向照明和背向照明的原理图。

透射照明是将被测物体置于相机和光源之间，该照明方式的优点是可将被测物体的边缘轮廓清晰地勾勒出来。获得的图像中，由于光线被遮挡所以被测物为黑色，未被遮挡的背景为白色，黑白分明，易于进行图像分析。不同的应用场合下被测物体的材质和厚度不同，对光的透过特性（透明度）也不相同。透射光根据其波长的长短，对物体的穿透能力亦各异。光的波长越长，对物质的透过力越强；光的波长越短，在物体表面的扩散率越大。即红光的穿透力最强，紫光的穿透力最差。

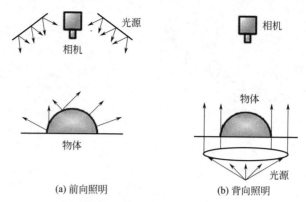

(a) 前向照明   (b) 背向照明

图 3-6　前向照明和背向照明

透射照明有中心照明和斜射照明两种形式。

① 中心照明：这是最常用的透射式照明法，其特点是照明光束的中轴与相机的光轴在同一条直线上。

② 斜射照明：这种照明光束的中轴与相机的光轴不在一条直线上，而是与光轴形成一定的角度斜射到物体上，因此称斜射照明。

例如，在读取人民币编号时常采用透射照明的方式来获得图像。图 3-7 显示了不同背光量条件下所获得的人民币编号。由图可知，随着背光量的增大，文字与背景分离越明显，越容易进行后续的字符识别处理。

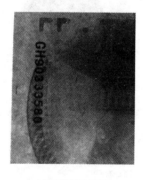 

(a) 背光量为30%   (b) 背光量为60%

图 3-7　读取人民币编号的照明方式

3.3　彩色照明技术

3.3.1　光的三原色和色彩的三原色

光的三原色为：R（红色）、G（绿色）、B（蓝色）。而色彩三原色为：C（青色）、M（品红）、Y（黄色）。光的三原色和色彩的三原色之间呈互补关系，如图 3-8 所示。

彩色照明技术，是利用光的三原色和色彩的三原色之间互补关系原理的照明技术。

光的三原色红、绿、蓝即 R、G、B，这三种色光组合起来，可以形成几乎所有颜色的光线。将这三种色光依次叠加，光线会越加越亮，两两混合可以得到更亮的中间色光。三种等量组合可以得到白光。

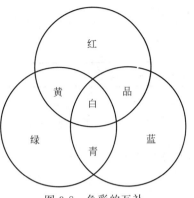

图 3-8　色彩的互补

$(R)+(G)=(Y)$；$(G)+(B)=(C)$；$(R)+(B)=(M)$；$(R)+(G)+(B)=(W)$。

颜色是物体化学结构所固有的光学特性。一切物体呈现色彩都是通过对光的客观反映而实现的。所谓"减色"，是指加入一种原色色料就会减去入射光中的一种原色色光（补色光），如图 3-9 所示。因此，在色料混合时，从复色光中减去一种或几种单色光，呈现另一种颜色的方法称为减色法。

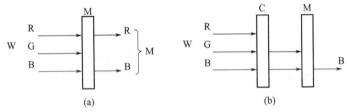

图 3-9　色彩减色原理图

当一束白光照射品红滤色片时，如图 3-9（a）所示。根据补色的性质，品红滤色片吸收了 R、G、B 三色光中 G，而将剩余 R 和 B 透射出来，从而呈现了品红色。图 3-9（b）为青和品红二原色色料等比例叠加的情况，当白光照射青、品红滤色片时，青滤色片吸收了 R，品红滤色片吸收了 G，最后只剩下了 B，也就是说，青色和品红色色料等比例混合呈现出蓝色，表达式为：$(C)+(M)=(B)$。同样，青、黄二原色色料等比例混合得到绿色，即 $(C)+(Y)=(G)$；品红、黄二原色色料等量混合得到红色，即 $(M)+(Y)=(R)$；而青、品红、黄三种原色色料等比例混合就得到黑色，即 $(C)+(M)+(Y)=(Bk)$。

3.3.2　颜色的反射与吸收

自然界中的物体都呈现一定的颜色。这些颜色是由于光作用于物体才产生的。从颜色角度来看，物体可以分成两类：一类是能向周围空间辐射光能量的自发光体，即光源，其颜色取决于它所发出光的光谱成分；另一类是不发光体，其本身不能辐射光能量，但能不同程度地吸收、反射或透射投射其上的光能量而呈现颜色。这里主要讨论不发光体颜色的形成原理。

无论哪一种物体，只要受到外来光波的照射，光就会和组成物体的物质微粒发生作用。入射的光线一部分被物体吸收，一部分被物体反射，还有一部分穿透物体，继续传播，如图 3-10 所示。图中 Φ_i 为入射光通量；Φ_τ 为透射光通量；Φ_ρ 为

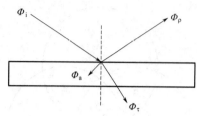

图 3-10　光照射物体光路原理图

反射光通量；Φ_a 为物体吸收的光通量。

（1）透射

透射是入射光经过折射穿过物体后的出射现象。能够透射光的物体为透明体或半透明体，如玻璃、滤色片等。若透明体是无色的，除少数光被反射外，大多数光均透过物体。为了表示透明体透过光的程度，通常用入射光通量与透射光通量之比 τ 来表征物体的透光性质，τ 称为光透射率。

$$\tau = \frac{\Phi_\tau}{\Phi_i} \tag{3-1}$$

（2）吸收

物体对光的吸收有两种形式：如果物体对入射白光中所有波长的光都等量吸收，称为非选择性吸收。例如白光通过灰色滤色片时，一部分白光被等量吸收，使白光能量减弱而变暗。如果物体对入射光中某些色光的吸收程度大，或者对某些色光根本不吸收，这种不等量吸收称为选择性吸收。物体呈现颜色是因为其表面反射光线的结果，反射光的波长使观察者产生了相应的颜色视觉，而其余光线被物体吸收。例如，蓝色物体反射蓝色光，吸收红、橙、绿和紫色光。红色物体反射红色光吸收橙、黄、绿、蓝和紫色光。如图 3-11 所示。白色与黑色对光线的反射和吸收不同于其他颜色。白色物体几乎反射所有颜色的光，而黑色物体则吸收所有颜色的光。

另外，物体呈现色彩的效果还与物体表面状态有关。例如，物体可以呈球面或平面，阴暗或明亮，透明、不透明或半透明。还可具有金属光泽、珠光、荧光或磷光的效果。观察角度发生变化，色彩效果也会不同。

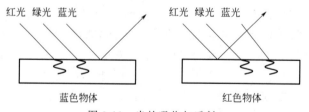

图 3-11　光的吸收与反射

（3）反射

这里所指的反射是选择性反射。非透明体受到光线照射后，由于其表面分子结构差异而形成选择性吸收，将可见光谱中某一部分波长的光吸收了，而将剩余的色光反射出来。

不透明体反射光的程度，可用光反射率 ρ 来表示。光反射率等于反射光通量与入射光通量之比。

$$\rho = \frac{\Phi_\rho}{\Phi_i} \tag{3-2}$$

物体对光的反射有三种形式：理想镜面的全反射、粗糙表面的漫反射和半光泽表面的吸收反射。

理想的镜面能够反射全部的入射光。完全漫反射体朝各个方向反射光的亮度是相等的。实际生活中绝大多数彩色物体，既不是理想镜面，也不是完全漫反射体，而是介于二者之间，称为半光泽表面。

在机器视觉的照明方式中，运用彩色照明技术，巧妙地选择色光及运用补色的原理，对常规照明方式难以拍摄的物体，也可以取得优质的图像。例如，为检验晶片的破损，在红光和绿光两种彩色照明的条件下会得到相差较大的效果。图 3-12 (a) 为红光照明下所得到的图像，晶片破损清晰可见，但导线模糊一片；图 3-12 (b) 为绿光照明下所得到的图像，晶片破损清晰可见，但导线也很清晰，容易对晶片的检测造成干扰。

(a) 红光照明　　　　　　　　(b) 绿光照明

图 3-12　用不同色光检查晶片

3.3.3　金属的反射特性

不同材料的金属，对不同色光的反射率不同，其反射特性如图 3-13 所示。

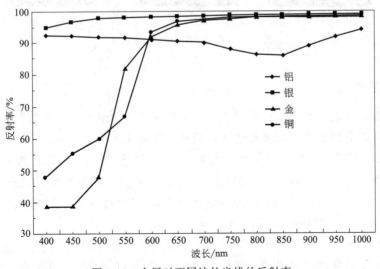

图 3-13　金属对不同波长光线的反射率

从图 3-13 中看出，银和铝对各种色光的反射率基本一致，反射率均较高；金和铜对色光的反射率基本一致，而且在 400～600nm 区间发生了较大的变化，尤其在紫外区间反射率较低。金属对不同色光的反射规律，可以为光源的设计和选型提供有益的参考。

如图 3-14 所示，铜色导线上涂有银色涂层，用图（a）红光照明可清晰地检测电极的模式，但银涂层则不明显。用图（b）蓝光照明，则可以呈现银涂层的模式，涂层缺陷瑕疵清晰可见，这是借助了蓝光对银敏感而对铜不敏感的特性。

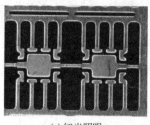

(a) 红光照明   (b) 蓝光照明

图 3-14　铜电极上的银涂层检测

图 3-15(a) 为一块芯片图像，BGAP（Ball Grid Array Package，球栅阵列封装，一种集成电路的封装技术）圆点呈现白色，线条呈金黄色。图 3-15(b) 为红光照射下所得到的图像，可看到中间的导线。图 3-15(c) 为蓝光照射下所得到的图像，可拍摄到熔点的圆球，而且没有导线的干扰。

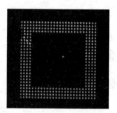

(a) 芯片在白光下的成像   (b) 红光照射   (c) 蓝光照射

图 3-15　用红光和蓝光拍摄芯片

3.3.4　显色性

显色性，指物体在某种光源照射下所呈现出来的颜色与太阳光照射下该物体呈现的颜色相符合的程度，即光源能否正确地呈现物体颜色的性能。光源的显色指数用 Ra 表示。显色性高的光源对颜色表现较好，所见到的颜色也接近自然色；显色性低的光源对颜色表现较差，所见到的颜色偏差较大。国际照明委员会 CIE 把太阳的显色指数定为 100，各类光源的显色指数各不相同，如：高压钠灯显色指数 $Ra=23$，荧光灯管显色指数 $Ra=60\sim90$。

显色分两种：忠实显色和效果显色。忠实显色，表示能正确表现物质本来的颜色，需使用显色指数高的光源，其数值接近 100，显色性最好。效果显色，表示要鲜明地强调特定色彩，通常利用加色的方法来加强显色效果。采用低色温光源照射，能使红色更加鲜艳；采用中等色温光源照射，使蓝色具有清凉感；采用高色温光源照射，使物体有冷的感觉。

显色指数的高低，就表示物体在待测光源下"变色"或"失真"的程度。例如，在日光下观察一幅画，然后拿到高压汞灯下观察，就会发现，某些颜色变了。如粉色变成了紫色，蓝色变成了蓝紫色。因此，在高压汞灯下，物体失去了"真实"颜色。如果在黄色光的低压钠灯下观察，则蓝色会变成黑色，颜色失真更厉害，显色指数更低。光源的显色性是由光源的光谱能量分布决定的。日光、白炽灯具有连续光谱，连续光谱的光源均有较好的显色性。

除连续光谱的光源具有较好的显色性外，由几个特定波长的色光组成的混合光源也有很好的显色效果。例如将 450nm 的蓝光、540nm 的绿光、610nm 的橘红光以适当比例混合所产生的白光，具有良好的显色性，用这样的白光去照明各色物体，都能得到很好的显色效果。

光源显色性优劣用显色指数 Ra 值区分：当 Ra 值为 100～75 时，显色优良；当 Ra 值为 75～50 时，显色一般；当 Ra 值为 50 以下时，显色性差。表 3-3 列出了几种光源的显色指数。

表 3-3　各种光源的显色指数

光源	显色指数	光源	显色指数
白炽灯	95～99	日光灯	65～80
卤钨灯	85～99	高压钠灯	21～23
碘钨灯	90～100	LED	≥80
三基色荧光灯	85		

显色性在彩色照明技术中得到了广泛的应用。如图 3-16(a) 为自然光下三个啤酒瓶盖的拍摄图像。图 3-16(b) 为啤酒瓶盖在不同颜色光照下，由于色光（红色、白色、蓝色和绿色）显色性的不同，所得到的图像各不相同。

图 3-16　不同光照下图像的显色

3.3.5　白平衡

白平衡是机器视觉领域一个非常重要的概念，通过白平衡可以解决色彩还原和色调处理等问题。

（1）色温

在了解白平衡之前还要理解另一个非常重要的概念——色温。

设想在一个全黑的房间中加热一个黑铁块，随着铁块温度的升高，铁块将依次呈现暗红色、橙黄色、黄色、暖白色、白色，因此可以用铁块的温度描述它所发出的光色。更严格地，将一个置于黑暗中（无可见光照射）的黑色中空球体（它可以全部吸收各种热辐射）称为绝对黑体。在球体上开一个洞，加热此球体时，可以用黑体所达到的温度表示从洞中所看到球体内所发光的颜色，称为"黑体辐射的色温"。色温用绝对温标（绝对温标的 0 度相当于摄氏温标的 273 度）计量，单位为 K。图 3-17 显示出理想的黑体辐射的各种色温与相应的光谱曲线。日光、白炽灯、日光灯等实际的光源都只是在不同程度上接近黑体，因此采用最接近的黑体色温表示这些实际光源的外观颜色，称为光源的"相关色温"，简称"色温"。在相机中也常用色温代替光源的类型来设置白平衡。

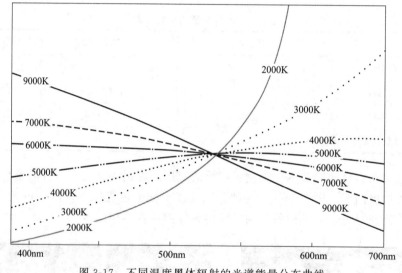

图 3-17　不同温度黑体辐射的光谱能量分布曲线

色温现象在日常生活中非常普遍，钨丝灯所发出的光由于色温较低表现为黄色调，天然气的火焰是蓝色的，原因是色温较高。万里无云的蓝天的色温约为10000K，阴天约为 7000～9000K，晴天日光直射下的色温约为 6000K，日出或日落时的色温约为 2000K，烛光的色温约为 1000K。色温越高，光色越偏蓝；色温越低则偏红。

（2）白平衡调整

白平衡就是针对不同色温条件下，通过调整相机内部的色彩电路使拍摄出来的影像抵消偏色，使所成影像依然为白色，从而更接近人眼的视觉习惯。

大多情况下使用白色的调白板（卡）来调整白平衡，是因为白色调白板（卡）可最有效地反映环境的色温。

调整白平衡的方法大体分粗调、精细调整和自动跟踪（ATW）三种。粗调指在预置情况下改变色温滤光片，使色温接近 3200K 的出厂设置；精细调整是指在色温滤光片的配合下通过相机白平衡调整功能，针对特定环境色温得到一个更为精确的调整结果；自动跟踪是指依靠相机的自动跟踪功能，根据画面的色温变化随时调整。

预置功能是相机以 3200K 色温条件下设置的蓝、绿、红感光平衡。

精细调整白平衡的方法是，在拍摄环境中用顺着拍摄方向的调白板（卡）来调整白平衡。也可以利用一块透过性良好的标准白板，把它置于紧贴镜头的前面，在拍摄环境中对着光源照明方向或对着主拍摄方向来调整白平衡。

白平衡自动跟踪功能（ATW）是随着被摄取景物的色温变化而实时调整。

3.4 偏振技术

光是在电磁波中属于横波（振动方向与传播方向垂直）。日光、烛光、日光灯及钨丝灯发出的光都叫自然光。这些光都是大量原子、分子发光的总和。虽然某一个原子或分子在某一瞬间发出的电磁波振动方向一致，但各个原子和分子发出的振动方向各不相同，因此自然光是各个原子或分子发光的总和，并且电磁波的振动在各个方向上的概率是相等的。

自然光在穿过某些物质，经过反射、折射、吸收后，电磁波的振动被限制在一个方向上，其他方向振动的电磁波被大大削弱或消除。这种在某个确定方向上振动的光称为偏振光。偏振光的振动方向与光波传播方向所构成的平面称为振动面。

所谓起偏，即将自然光转变为偏振光；而检验某束光是否是偏振光，即所谓检偏。将自然光转变为偏振光的物体叫起偏器；用以判断某束光是否偏振光的物体叫作检偏器。偏振片是一种常用的起偏器和检偏器，它只能透过沿某个方向的光矢量。透光方向称为偏振片的偏振化方向或透振方向。

偏振技术的核心是偏振片，偏振片允许平行于透振方向的光通过，而垂直于这个方向的光则被吸收。偏振镜就是利用这个原理，极有效地消除了强反射光线及散色光，使光线变得柔和，景物清晰自然。图 3-18 就是偏振片获得偏振的原理图。图 3-18（a）由于两个偏振片允许通过的方向相通，最终可以穿过这个方向的光线；图 3-18（b）由于两个偏振片允许通过光的方向相反，最终没有穿过任何的光线。

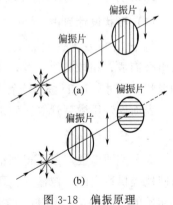

图 3-18　偏振原理

以上现象可以换一种描述：光源通过第一个偏振片后，就相当于被一个"狭缝"卡住了，只是振动方向跟"狭缝"方向平时的光波才能通过。光源通过偏振片后虽然变成了偏振光，但由于光源中沿各个方向振动的光波强度相同，所以，不论第一个偏振片转到什么方向，都会有相同强度的光透射过来。再通过第二个偏振片去观察就不同了：不论旋转哪个偏振片，两偏振片透振方向平行时，透射光最强；两偏振片的透振方向垂直时，透射光最弱。

图 3-19 显示了没采用偏振技术和采用偏振技术所得到的图像。偏振片可以消除光反射产生的影响从而突出表面的细节。偏振片可以直接安装在镜头上或者光源的一侧，或两者同时使用，同时使用时两个偏振片的光轴需要互相垂直。

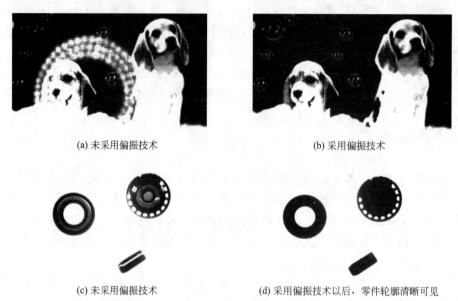

(a) 未采用偏振技术　　　　　　　　　　　　(b) 采用偏振技术

(c) 未采用偏振技术　　　　(d) 采用偏振技术以后，零件轮廓清晰可见

图 3-19　偏振技术使用前后的比较

3.5　LED 光源的特性

3.5.1　LED 照明和传统照明的比较

LED 照明与传统照明比较，具有如下优点：

（1）形状设计自由

每个 LED 发光管截面是正方形或圆柱形，一个 LED 光源是由多个 LED 发光管组合而成，相较其他光源，可做成更多的形状，可以针对用户的需求来设计光源的形状和尺寸。LED 按发光管出光面特征分圆形、方形、矩形、面发光管、侧向管、表面安装用微型管等。LED 元件的体积也非常小，更加便于布置和设计。

（2）使用寿命长

为了使图像处理单元得到精确的、重复性好的测量结果，照明系统必须保证长时间地提供稳定的图像输入。研究表明，LED 工作 10 万小时以后，其光的衰减只为初始的 50% 左右。LED 光源如果连续长时间工作，其亮度会开始衰减，但远比其他形式光源的衰减要小。如果选择用控制系统使 LED 间断性工作，抑制发光管的发热，可将其寿命延长一倍。

（3）响应速度快

LED 发光管响应时间很短，与普通白炽灯的响应时间毫秒级相比，LED 的响应时间仅为纳秒级。响应时间的意义是能够保证多个光源之间或一个光源不同区域之间的工作切换。采用专用电源给 LED 光源供电时，达到最大照度的时间小于 10ms。

（4）可自由选择颜色

除了光源的形状以外，欲得到稳定图像的另一因素就是光源的颜色。相同形状的光源，由于颜色的不同得到的图像也会有很大的差别。实际上，如何利用光源颜色的技术特性得到最佳对比度的图像效果一直是光源开发的主要方向。LED 能够实现多种颜色的照明，通过改变电流大小可以变色，如小电流时为红色的 LED，随着电流的增加，可以依次变为橙色、黄色，最后为绿色。

（5）综合成本低

据研究表明，LED 消耗的能量较同光效的白炽灯会减少 80％。其他类型的光源不仅耗电是 LED 光源的 2～10 倍，而且几乎每月更换，浪费了维修工程师许多宝贵的时间。投入使用的光源越多，在器件更换和人工维护方面的花费就越大，因此选用寿命长的 LED 光源从长远看是很经济的。

（6）环保性能好

LED 因为体积小、能耗小，在节能方面有良好的效果。LED 光谱中没有紫外线和红外线，既没有热量，也没有辐射，眩光小，而且废弃物可回收，没有污染，不含汞元素，为冷光源，可以安全触摸，属于典型的绿色环保照明光源。

（7）电压

LED 使用低压电源，供电电压在 6～24V 之间，根据产品不同而异。

LED 突出的优点令其在机器视觉的照明中得到了广泛的应用。

3.5.2 LED 特性和分类

（1）LED 的特性

每一种光源都有其自身的特点。无论是白炽灯、荧光灯、金卤灯、无极荧光灯、无汞荧光灯还是 LED，都具有自身的光电性能、安全性能、环保性能及性价比。LED 具有很强的潜在优势，应用场合及市场份额迅速扩大，但也不能片面认为 LED 将来会完全取代传统光源。随着照明科技的发展，对未来照明光源的评价不仅仅是着眼于光效范畴，还应强调照明效果、光的舒适性、光的生物效应、光的安全性评价，以及环保性能、资源消耗的评价。

LED 的性能主要包括电特性、光特性和光安全性能三个方面。类似于其他光源，LED 特性主要包括光通量、发光效率、辐射通量、辐射效率、光强和光谱参数等。

1）电特性参数

LED 是一个由半导体无机材料构成的单极性 PN 结二极管，其电压与电流之间的关系称为伏安特性。LED 电特性参数包括正向电流、正向电压、反向电流和反向电压，LED 必须在合适的电流电压驱动下才能正常工作。通过 LED 电特性的测试可以获得 LED 的最大允许正向电压、正向电流及反向电压、电流，此外也可以测定 LED 的最佳工作电功率。

① 允许功耗 P：允许加于 LED 两端正向直流电压与流过它的电流之积的最大值。超过此值，LED 发热、损坏。

② 最大正向直流电流 I_F：允许加的最大的正向直流电流。超过此值可损坏二极管。

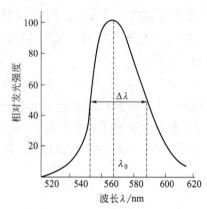

图 3-20　LED 的光谱分布图

③ 最大反向电压 V_R：允许加的最大反向电压。超过此值，二极管可能被击穿损坏。

④ 工作环境最高温度：LED 可正常工作的环境温度范围。低于或高于此温度范围，LED 将不能正常工作，效率大大降低。

2）光特性参数

① 峰值波长：某一个 LED 所发出的光并不是单一波长，其波长大体按图 3-20 所示。由图可见，该 LED 所发出的光中波长 λ_0 的光强最大，该波长为峰值波长。

② 发光强度 IV：LED 单位时间内发射的总电磁能量称为辐射通量 P，也就是光功率。对于 LED 光源，我们更关心的是照明的视觉效果，即光源发射的辐射通量中能引起人眼感知的那部分当量，称作为光通量 Φ。光通量 Φ 与辐射通量 P 之间的关系为

$$\Phi = \int_{\lambda_1}^{\lambda_2} P(\lambda) V(\lambda) \mathrm{d}\lambda \tag{3-3}$$

式中，$P(\lambda)$ 为光源光谱辐射通量；$V(\lambda)$ 为人眼的视觉光谱光视效率函数；λ_1 和 λ_2 为上、下限波长。光通量和辐射通量具有相同的量纲，在国际单位制中，辐射通量的单位是瓦（W），而光通量的单位为流明（lm）。

发光强度表示光通量的空间密度，用符号 IV 表示，单位是坎德拉（cd）。坎德拉表示光源在 1 球面度立体角内均匀发出 1lm 的光通量。即：1cd＝1lm/1Sr＝1（流明/球面度）。LED 的发光强度 IV 可表达为

$$IV = \frac{\mathrm{d}\Phi}{\mathrm{d}\omega} \tag{3-4}$$

式中，$\mathrm{d}\Phi$ 为光通量，单位为 lm；$\mathrm{d}\omega$ 是点光源在某一方向上所张的立体角元，单位为 Sr。

通常发光强度是空间角度的函数。如图 3-21 所示。中垂线（法线）的坐标为相对发光强度（即发光强度与最大发光强度的之比）。显然，法线方向上的相对发光强度为 1，离开法线方向的角度越大，相对发光强度越小。

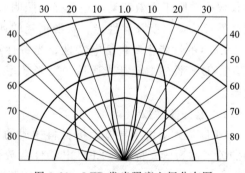

图 3-21　LED 发光强度空间分布图

（2）LED 的分类

1）按发光管发光颜色分

按发光管发光颜色分，可分成红色、橙色、绿色（又细分为黄绿、标准绿和纯绿）、蓝光等。另外，有的发光二极管中包含 2 种或 3 种颜色的芯片。

根据发光二极管出光处是否掺有散射剂、有色还是无色，上述各种颜色的发光二极管还可分成有色透明、无色透明、有色散射和无色散射四种类型。散射型发光二极管可做指示灯用。

2）按发光管出光面特征分

按发光管出光面特征分，可分为圆形、方形、矩形、面发光管、侧向管、表面安装用微型管等。圆形灯按直径分为 $\phi 2mm$、$\phi 4.4mm$、$\phi 5mm$、$\phi 8mm$、$\phi 10mm$ 及 $\phi 20mm$ 等。国外通常把 $\phi 3mm$ 的发光二极管记作 T-1；把 $\phi 5mm$ 的记作 T-1（3/4）；把 $\phi 4.4mm$ 的记作 T-1(1/4)。

3）按发光二极管的结构分

按发光二极管的结构分有全环氧包封、金属底座环氧封装、陶瓷底座环氧封装及玻璃封装等结构。

4）按发光强度和工作电流分

按发光强度和工作电流分为普通亮度的 LED（发光强度 100mcd）；发光强度在 10~100mcd 间的叫高亮度发光二极管。

一般 LED 的工作电流在十几毫安至几十毫安，而低电流 LED 的工作电流在 2mA 以下。大功率 LED 的工作电流则更大。

除上述分类方法外，还有按芯片材料分类及按功能分类的方法。

3.6 LED 光源的结构设计

一般以光源的结构和形状对光源的设计进行分类，一般有环形、条形、面形、拱形、同轴、点光源等 6 大类，根据检测对象的不同，可以灵活应用在正面照明或背面照明。正面照明用于检测物体表面特征，背面照明用于检测物体轮廓或透明物体的纯净度。

3.6.1 环形光源

环形光源将 LED 按圆周排列，发出的光线向内汇聚，适合面阵相机的照明，多用于金属工件刻印字符、光滑表面划痕、瓶口尺寸或裂纹、平面工件表面质量等检测。光源的尺寸和光线角度的选择依赖于被测工件的光学性质。根据出光口是否加漫射板，环形光源可分为直射环形和漫射环形。按照角度不同可分为高角度环形和低角度环形。

（1）环形高角度直射光源

每个 LED 的光轴和环形灯外壳之间的夹角，若小于 30°（具体型号可能会稍有变化），则称之为高角度环形直射光源，如图 3-22 所示，这是一种明视野照明方式，被测物体表面大部分反射光都能进入摄像头，故背景呈白色，用于物体表面突出特征的检测。采用该照明方式，可用于金属齿轮的外形检测，如图 3-23 所示。

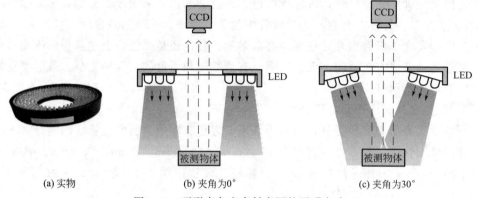

(a) 实物　　　　　　　　(b) 夹角为0°　　　　　　　　(c) 夹角为30°

图 3-22　环形高角度直射光源的照明方式

图 3-23　金属齿轮的外形检测

（2）环形低角度直射光源

每个 LED 的光轴和环形灯外壳之间的夹角，若大于 60°（具体型号可能会稍有变化），则称之为环形低角度直射光源，如图 3-24 所示，这种方式称为暗场照明，被测物体表面大部分反射光都不进入相机，故背景呈黑色，只有物体高低不平处或瑕疵的反射光进入相机，从而实现高对比度成像。

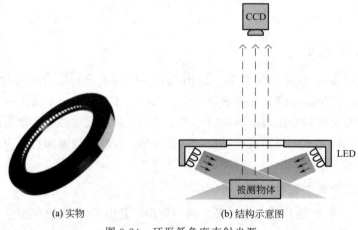

(a) 实物　　　　　　　　　　(b) 结构示意图

图 3-24　环形低角度直射光源

较低的照射角度，有利于突出边缘轮廓。这种照明方式多用于金属表面、晶片或玻璃底基上的划痕检测、刻印文字的读取、工件边缘轮廓检查等。采用该照明方式，可实现电池底部刻印的检测，如图 3-25 所示。

图 3-25　电池底部刻印的检测

（3）环形低角度漫射光源

该照明方式如图 3-26 所示。该照明方式可用于高反光的塑料盒定位孔的检测，如图 3-27 所示。

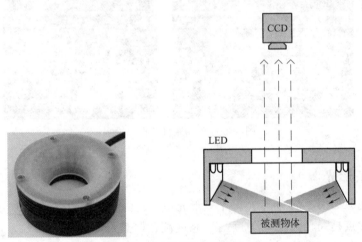

图 3-26　环形低角度漫射光源

(a) 直射照明(定位孔成像被干扰)　　(b) 环形低角度漫射照明(定位孔准确成像)

图 3-27　塑料盒定位孔的检测

（4）平面环形光源

LED光轴平行于环形平面，经过多次漫射，再通过漫射板投射到物体表面，形成非常均匀柔和的照明方式，如图3-28所示。该照明方式可用于镜面玻璃瓶口破损的检测，图3-29所示。

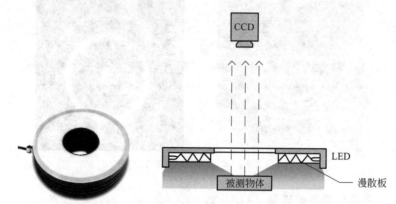

图3-28　水平照射环形光源的照明方式

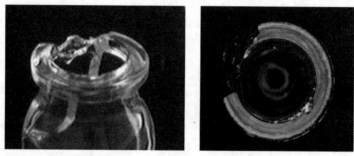

图3-29　玻璃瓶口破损的检测

3.6.2　条形光源

条形光源如图3-30所示，多个条形光源可自由组合，照射角度也可自由调整。条形光源优点是局部光均匀度高、亮度高、散热好、使用寿命长、产品稳定性高、安装简单、角度随意可调、尺寸设计灵活，其照明方式如图3-31所示。条形照明有3种应用场合：条形直射、条形漫射和条形聚光。

图3-30　条形光源

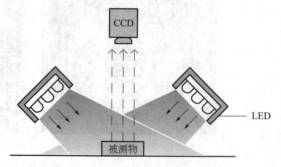

图3-31　宽幅检测条形光源的照明方式

条形直射和条形漫射常用于宽幅检测，区别在于是否在出光口加漫射板，可用于商品的印字检测，图 3-32 所示。

(a) 直射照明有眩光　　　　　　　(b) 对称条形光源消除眩光

图 3-32　印字检测

条形聚光也称线扫描照明，是配合线扫描相机使用的。线扫描相机每次采集一条线，且曝光时间短，对光源亮度要求很高。对光源和相机来说，有效的工作区域都是一个窄条，要保证光源照射最亮的窄条与相机芯片要完全平行，否则只能拍到相交叉的一个亮点。所以线光源有两个特别的要求：均匀性和直线性。光源需要采用聚光镜，使光线集中照到一条线上，这样才能准确控制图像的均匀性。出光部分的直线性，取决于 LED 发光角度的一致性、聚光透镜的直线性以及线光源外壳的直线性。其照明方式如图 3-33 所示。

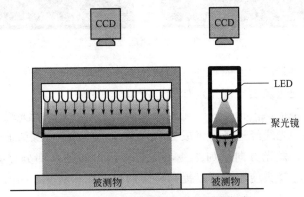

图 3-33　线扫描条形光源的照明方式

线扫描照明，除 LED＋聚光镜方式外，还有光纤＋聚光镜、高频荧光灯＋聚光镜等两个方案。其中前者亮度特高，成本也较高，需要定期更换卤素灯泡；后者成本低，但要使用高频电源（≥30kHz）。

3.6.3　面形光源

面形光源，顾名思义就是光线以平面方式呈现，一般有漫射背光源和平行光源 2 种形式。

漫射背光照明的发光部分为漫射面，如图 3-34 所示，能将物体透光部分与不透光部分区分开来，透光的地方呈白色，不透光部位呈黑色，如此可以获得黑白对比强、稳定的成像。通常背光源用来检测物体轮廓、通明物体的纯净度、透明物体的伤痕、异物混入等情况，图 3-35 所示为啤酒瓶底异物检测的成像案例。选择背光光源，需要提供比物体更大的光源发光面，并在物体的后方设置光源空间，还要求均匀性好，穿透力强。穿透力强光源首选红外光源，因为波长长，穿透力更强。

(a) 实物图　　　　　　　　　　　　(b) 照明形式

图 3-34　背光源的照明方式

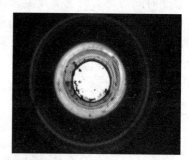

图 3-35　啤酒瓶底异物检测

　　但是对于一些带圆弧面的工件，如球体、螺钉等，此时漫射背光源的光线在边缘互相干扰，出现边缘发虚现象，如图 3-36(a) 所示。

　　平行光源就是提供平行光线的光源，太阳光是最好的平行光束。实际上，从透镜焦平面上发出的光线经透镜后将成为一束平行光，对于带圆弧面轮廓检测，使用平行光作背光源，发光方向更加统一，不会将倒角和圆弧部分照亮，图像边缘锐利，同时配合远心镜头使用，可以提高检测的稳定性和精度，如图 3-36(b) 所示。

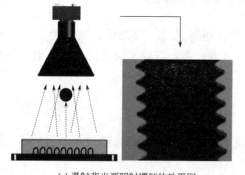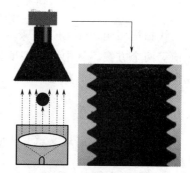

(a) 漫射背光源照射螺钉的效果图　　　　　　(b) 平行光源照射螺钉的效果图

图 3-36　平行光照明与背光照明的对比图

3.6.4　拱形光源

　　拱形光源如图 3-37 所示，又称为圆顶型散射光源或 Dome 灯，它不是直接照射，而是通过半球型的内壁多次漫反射照到被测物体，可以完全消除阴影，实现全空间区域的漫射光照明，对于凹凸不平的表面检测有特殊作用，主要用于球形或曲面物体缺陷检测、金属、镜面或玻璃等具有光泽物体的表面检测。检测咖啡豆包装上面的文字时，如果采用直射光源，会出现许多眩光，如图 3-38(a) 所示；而采用无影环形光源，包装上面的文字清晰可辨，如图 3-38(b) 所示。

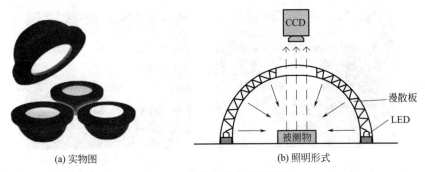

(a) 实物图　　　　　　　　　　　(b) 照明形式

图 3-37　拱形光源的照明方式

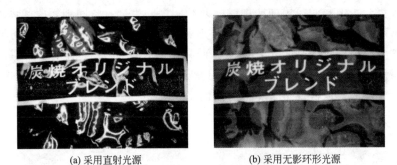

(a) 采用直射光源　　　　　　　(b) 采用无影环形光源

图 3-38　检测咖啡豆包装上面的文字

3.6.5　同轴光源

同轴光源照明是指光线平行地穿越固定式同轴镜头的垂直面，如图 3-39 所示，同轴光源前面带半反射镜，LED 光线通过半反射镜后成为与镜头同轴的光线，形

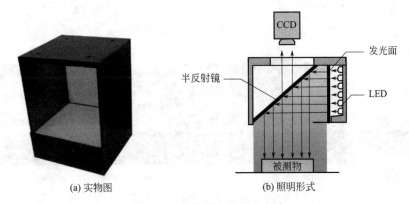

(a) 实物图　　　　　　　　　　　(b) 照明形式

图 3-39　同轴光源的照明方式

成二次光源，光线主要趋于平行，有少量非平行光成分，利用该照明方式观察非常平整或抛光的表面效果很理想，对光洁表面上的异常特征成像突出，主要用于金属、玻璃等光洁表面的划痕检测、芯片和硅片的破损检测等，例如图 3-40 所示轴承外侧的伤痕检测。同时，同轴照明的光源位于光路的侧面，这种照射方式可以减少光路的复杂性，避免了光源的放置给光路带来不必要的影响。

(a) 直射照明有眩光　　　　　　　(b) 同轴光源消除眩光

图 3-40　轴承外侧伤痕检测

为了进一步消除光洁镜面曲面的眩光和阴影的干扰，将同轴光源和拱形光源组合起来，形成更柔和的漫射光线，尽可能消除直射光进入镜头，称为同轴组合光源，这种光源结构较为复杂，常见的有两种形式，如图 3-41 所示。用室内光、同轴光、拱形光以及同轴组合光，分别为抛光圆柱体成像，其效果如图 3-42 所示，同轴组合光能清晰地再现整个完整的曲面。

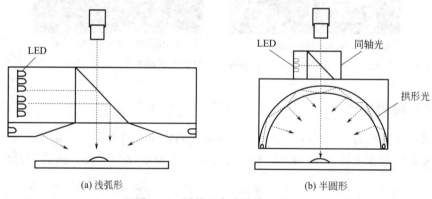

(a) 浅弧形　　　　　　　　　　　(b) 半圆形

图 3-41　同轴组合光结构示意图

   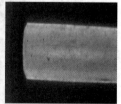

(a) 室内光照　　(b) 只用拱形光　　(c) 只用同轴光　　(d) 同轴组合光

图 3-42　同轴组合光与其他光源的对比

3.6.6　点光源

点光源的发光部分为一个很小的圆面，近似一个点，如图 3-43(a) 所示，用来照射非常小的零件，在需要重点照明或补光照明场合，也可以与其他照明方式配合使用。

点光源一般与同轴镜头配合使用。把上述同轴照明中呈 45°放置的半反射镜，移植到镜头里面，如图 3-43(b)、(c) 所示。点光源一般用于细小元件的外观检测，是否有裂缝、破损。例如触点外观的检测，如图 3-44 所示。

(a) 点光源　　　　　　　　(b) 同轴镜头　　　　　　　　(c) 点光源安装

图 3-43　LED 点光源

(a) 触点实物　　　　　　　　　　　(b) 成像效果

图 3-44　触点外观检测

3.6.7　光源的选型

在选择光源时首先需要考虑五个技术方面的因素：方向、光谱、偏振性、强度、均匀性。然后根据了解的相关信息，包括：①检测内容，如外观检查、尺寸测量、定位等；②被测物的形态、颜色、材料、运动状态等；③相应的限制条件，如工作距离、工作条件、工作环境和相机类型等，选择合适的光源类型。最后再根据预算、使用习惯、品牌知名度等对不同品牌的相同或类似产品进行比较选择。

在选择光源时，都习惯性地有一个假设前提：这个光源是稳定可靠的。因为光源、相机、镜头这类机器视觉系统前端产品通常是在接近理想的清洁或者良好的环境中使用的。但是，工业现场生产线上的光源经常是在有毒、高温、强湿、肮脏的环境中运行，有时还要承受振动和热应力，因此工业用光源需要在设计、选料、生产的时候考虑到特殊的使用环境并使其能适应这种环境。

选择光源的一些技巧：

- 当需要前景与背景更大的对比度时，可以考虑用黑白相机与彩色光源；
- 对于环境光的问题，可以尝试用单色光源，再搭配一个滤镜；
- 对于反光的曲面物体，可以用拱形光源；
- 对于反光的平的物体，但表面粗糙，可以用同轴光源；
- 如果检测物体表面的轮廓，可以用低角度光源；
- 检测塑料的时候，可以用紫外或红外光源；
- 当需要通过反射的表面看物体特征时，可以用低角度线光源；
- 当单个光源不能有效解决问题时可以用组合光源。

选择 LED 光源颜色方面，一般有红、绿、蓝、白、红外和紫色等颜色：

- 红色用得最多，红色 LED 成本低，并且黑白 CCD 芯片对 660nm 红色光线最敏感。
- 蓝色波长短，适合检测金属物体表面质量。
- 紫外的波长更短，其散射性更好。
- 白色是中性颜色，适合拍彩色图片，或者被测物体的颜色在变化。
- 绿色的亮度很高，且波长和蓝色接近，所以有时可用绿色代替蓝色。
- 红外用于半透明物体检测。

使用相同颜色的光或相近颜色的光源照射可以使被照射部分变亮；使用相反颜色的光源照射则使被照射部分变暗。

不同波长的光对物质的穿透力（穿透率）不同。波长越长，对物体的穿透力愈强，波长越短，对物体表面的扩散率愈大。

习　　题

1. 分析玻璃瓶口破损的检测方法，考虑用何种光源和检测原理。

2. 分析检测钢制光滑圆柱表面的瑕疵，包括裂纹和锈斑，如何设计光源和检测方法？

3. 分析纸张的凹凸感如何成像和检测。

4. 分析人脸识别技术中，如何设计照明方式以消除阴影并突出特征？

第4章 机器视觉核心算法

4.1 图像预处理

由于噪声、光照等外界环境以及成像设备本身的原因，原始数字图像质量不是非常理想，因此，在对图像进行边缘检测、图像分割等操作之前，都需要对原始数字图像进行预处理。图像预处理的作用，一是改善图像的视觉效果，二是提高边缘检测或图像分割的质量，突出图像的特征，便于更有效地对图像进行识别和分析。

图像增强（Image Enhancement）是图像预处理的基本方法之一，除此之外，图像预处理的操作还有数字化、几何变换、归一化、平滑、复原等步骤。

根据图像增强方法所在的空间不同，可分为基于空间域的增强方法和基于频率域的增强方法两类。"空间域"是在图像平面对像素直接处理，可以是一幅图像内的像素点之间的运算处理，也可以是数幅图像间的相应像素点之间的运算处理。"频率域"处理技术以图像的傅立叶变换为基础，在图像的变换域对图像进行间接处理。

具有代表性的空间域图像增强方法有均值滤波和中值滤波，它们可用于去除或减弱噪声。

基于频率域的图像增强处理，一般来说，图像的边缘和噪声对应傅立叶变换中的高频部分，所以低通滤波能够平滑图像，去除噪声；图像灰度发生突变的部分与频谱的高频分量对应，所以采用高频滤波器衰减或抑制低频分量，能够对图像进行锐化处理。

本节主要介绍空间域图像增强方法中的均值滤波与中值滤波。在此之前，先介绍空间滤波的基本知识。

4.1.1 空间滤波基础

空间滤波（Spatial Filtering）是采用滤波处理的图像增强方法。其理论基础是空间卷积，目的是改善图像质量，包括去除高频噪声与干扰、图像边缘增强、线性增强以及去模糊等。

如图 4-1 所示，空间滤波的基本步骤为：①建立一个掩模；②在待处理的图像中逐点移动掩模 mask；③在每一点（x,y）处做相应的运算。以 $M \times N$ 大小的图像 f 为例，用 $m \times n$ 大小的掩模 mask 进行线性滤波，结果如式(4-1)所示。

$$g(x,y) = \sum_{s=-a}^{a} \sum_{t=-b}^{b} w(s,t) f(x+s, y+t) \tag{4-1}$$

其中，$m = 2a+1$，$n = 2b+1$，a、b 为非负整数；$x = 0，1，2，\cdots，m-1$；$y = 0，1，2，\cdots，n-1$。

线性滤波处理也被称为"mask 与图像的卷积"。需要注意的是，模板中心距离原图像边缘的距离不小于 $\frac{n-1}{2}$ 个像素。

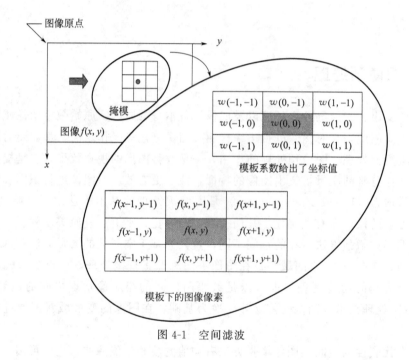

图 4-1　空间滤波

4.1.2　均值滤波

均值滤波包括邻域平均法、加权平均法和选择式掩模平滑法等几种方法。

（1）邻域平均法

1）基本理论

最简单的平滑滤波是将原图中一个像素的灰度值与它周围邻近 8 个像素的灰度值相加，然后将求得的平均值（除以 9）作为新图中该像素的灰度值。它采用模板计算的思想，模板操作实现了邻域运算，即某个像素点的结果不仅与本像素灰度有关，而且与其邻域点的像素灰度值有关。在实际应用中，可以根据不同的需要选择不同的模板尺寸，如 3×3、5×5、7×7、9×9 等，最常见的邻域平均法的模板为

$$\frac{1}{9}\begin{bmatrix} 1 & 1 & 1 \\ 1 & 1 & 1 \\ 1 & 1 & 1 \end{bmatrix}$$

邻域平均法是以图像模糊为代价来减小噪声的，且模板尺寸越大，削弱噪声的效果就越显著。采用邻域平均法就是用邻近像素的平均值来代替噪声点，使邻域中灰度接近均匀，起到平滑灰度的作用，邻域平均法是一种最简单的平滑方法。

2）结果与分析

对含有高斯噪声的原始图像图 4-2(a)，利用邻域平均法的不同尺寸模板进行平滑，图（b）～（d）显示的是分别使用了 3×3、5×5、9×9 模板平滑后的图像。可以看出，当所用平滑模板尺寸增大时，对噪声的消除效果也有所增强，但同时会带来图像的模糊，边缘细节逐步减少，且运算量增大的问题。在实际应用中，可以根据不同的应用场合选择合适的模板大小。

(a) 含有高斯噪声的原始图像

(b) 3×3 邻域平均法的平滑图像

(c) 5×5 邻域平均法的平滑图像

(d) 9×9 邻域平均法的平滑图像

图 4-2　不同模板的邻域平均法的平滑结果图

（2）加权平均法

1）基本理论

对于同一尺寸的模板，可对不同位置的系数采用不同的数值。一般认为，离模板中心近的像素应对滤波结果有较大贡献，所以接近模板中心的系数可较大，而模板边界附近的系数应较小。在实际应用中，为保证各模板系数均为整数以减少计算量，常取模板周边最小的系数为 1，而取内部的系数成比例增加，中心系数最大。

常用的模板有 $\frac{1}{10}\begin{bmatrix} 1 & 1 & 1 \\ 1 & 2 & 1 \\ 1 & 1 & 1 \end{bmatrix}$、$\frac{1}{5}\begin{bmatrix} 0 & 1 & 0 \\ 1 & 1 & 1 \\ 0 & 1 & 0 \end{bmatrix}$ 等。

还有一种常用模板是根据二维高斯分布来确定各系数值，称为高斯模板。

高斯模板为 $\frac{1}{16}\begin{bmatrix} 1 & 2 & 1 \\ 2 & 4 & 2 \\ 1 & 2 & 1 \end{bmatrix}$。

相对于邻域平均的卷积，加权平均也成为归一化卷积，使卷积核中的所有数之和相加等于1。在实际应用中，可以根据具体的局部图像结构来确定卷积模板，使加权值成为自由调节参数，应用比较灵活，但模板不能分解，计算效率不高。

2）结果与分析

图 4-3 显示的是利用模板 $\frac{1}{48}\begin{bmatrix} 0 & 1 & 2 & 1 & 0 \\ 1 & 2 & 4 & 2 & 1 \\ 2 & 4 & 8 & 4 & 2 \\ 1 & 2 & 4 & 2 & 1 \\ 0 & 1 & 2 & 1 & 0 \end{bmatrix}$ 的 5×5 加权平均法对含有噪声的

图像进行平滑的结果。从图中可以看出，与邻域平均法相比较，加权平均法使处于掩模中心位置的像素比其他像素的权值要大，使距离掩模中心较远位置的像素参与平滑的贡献降低，这样就减小了平滑带来的图像模糊效应，所以比邻域平均法平滑后的图像的边缘细节要相对清晰。

(a) 原始图像　　　　(b) 邻域平均法平滑后的图像　　　　(c) 加权平均法平滑后的图像

图 4-3　5×5 加权平均法与邻域平均法的平滑实验结果对比

（3）选择式掩模平滑法

1）基本理论

邻域平均法和加权平均法在消除噪声的同时，都存在平均化带来的缺陷，使尖锐变化的边缘或线条变得模糊。考虑到图像中目标物体和背景一般都具有不同的统计特性，即具有不同的均值和方差，为保留一定的边缘信息，可采用一种自适应的局部平滑滤波方法，这样可以得到较好的图像细节，它的优势是尽量不模糊边缘轮廓。

选择式掩模平滑法也是以模板运算为基础，以 5×5 的模板为例。以中心像素 (i,j) 为基准点，制作4个五边形、4个六边形、一个边长为3的正方形共9种形状的屏蔽窗口，分别计算每个窗口内的平均值及方差。由于含有尖锐边沿的区域，方差必定比平缓区域大，因此采用方差最小的屏蔽窗口进行平均化，这种方法在完成滤波操作的同时，又不破坏区域边界的细节。这种采用 9 种形状的屏蔽窗口，分别计算各窗口内的灰度值方差，并采用方差最小的屏蔽窗口进行平均化方法，也叫作自适应局部平滑方法。如图 4-4 所示，列出了 9 种屏蔽窗口的模板。

```
0 0 0 0 0      0 0 0 0 0      0 1 1 1
0 1 1 1 0      1 1 0 0 0      0 1 1 1
0 1 1 1 0      1 1 1 0 0      0 0 1 0
0 1 1 1 0      1 1 0 0 0      0 0 0 0 0
0 0 0 0 0      0 0 0 0 0      0 0 0 0 0
   (a)            (b)           (c)

0 0 0 0 0      0 0 0 0 0      1 1 0 0 0
0 0 0 1 1      0 0 0 0 0      1 1 1 0 0
0 0 1 1 1      0 0 1 0 0      0 1 1 0 0
0 0 0 1 1      0 1 1 1 0      0 0 0 0 0
0 0 0 0 0      0 1 1 1 0      0 0 0 0 0
   (d)            (e)           (f)

0 0 0 1 1      0 0 0 0 0      0 0 0 0 0
0 0 1 1 1      0 0 0 0 0      0 0 0 0 0
0 0 1 1 0      0 0 1 1 0      0 1 1 0 0
0 0 0 0 0      0 0 1 1 1      1 1 1 0 0
0 0 0 0 0      0 0 0 1 1      1 1 0 0 0
   (g)            (h)           (i)
```

图 4-4　9 种屏蔽窗口的模板

根据上面 9 种屏蔽窗口的模板分别计算各模板作用下的均值 ［式(4-2)］ 及方差 ［式(4-3)］。

$$M_i = \frac{\sum\limits_{k=1}^{N} f(i,j)}{N} \tag{4-2}$$

$$\sigma_i = \sum\limits_{k=1}^{N} \left[f^2(i,j) - M_i^2 \right] \tag{4-3}$$

式中，$k = 1, 2, 3, \cdots, N$，N 为掩模对应的像素个数。

将计算得到的 σ_i 进行排序，最小方差 $\sigma_{i\min}$ 所对应的掩模的灰度级均值作为平滑的结果输出。将 5×5 的窗口在整个图像上滑动，利用上述方法就能实现对每个像素的平滑。

2）结果与分析

图 4-5 显示的是分别利用邻域平均法、加权平均法和选择式掩模法 3 种平滑方法对同一幅图像进行平滑的结果对比。由图可以看出，邻域平均法虽然能够消除部分噪声干扰，但对图像的模糊效应非常明显；加权平均法通过改变距离掩模中心像素的权值，能够相对减少其他像素对图像平滑的影响，从而降低图像的模糊效应；选择式掩模平滑根据物体与背景的不同统计特性，选择方差最小的屏蔽窗口进行平均化处理，这样在完成滤波操作的同时又能较好地保留图像的边缘细节信息，尽量避免了边缘轮廓的模糊现象。

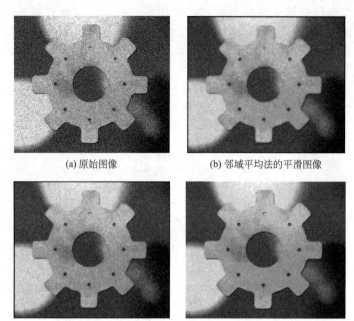

(a) 原始图像　　　　　　　　(b) 邻域平均法的平滑图像

(c) 加权平均法的平滑图像　　　　(d) 选择式掩模法的平滑图像

图 4-5　3 种平滑方法的平滑效果对比图

4.1.3　中值滤波

（1）中值滤波的基本理论

中值滤波是由 Tukey 首先提出的一种典型的非线性滤波技术。它在一定的条件下可以克服线性滤波器如最小均方滤波、均值滤波等带来的图像细节模糊，而且对滤除脉冲干扰及图像扫描噪声非常有效。由于在实际运算过程中不需要图像的统计特征，因此使用方便。

传统的中值滤波一般采用含有奇数个点的滑动窗口，用窗口中各点灰度值的中值来代替指定点的灰度值。对于奇数个元素，中值是指按大小排序后中间的数值；对于偶数个元素，中值是指排序后中间两个元素灰度值的平均值。中值滤波也是一种典型的低通滤波器，主要用来抑制脉冲噪声，它能够彻底滤除尖波干扰噪声，同时又具有能较好地保护目标图像边缘的特点。但它对点、线等细节较多的图像却不太合适。

标准一维中值滤波器的定义为：

$$y_k = \text{med}(x_{K-N}, x_{K-N+1}, \cdots x_K, \cdots, x_{K+N-1}, x_{K+N}) \tag{4-4}$$

式中，med 表示取中值操作。中值滤波的滤波方法是对滑动滤波窗口（2N+1）内的像素做大小排序，滤波结果的输出像素值规定为该序列的中值。例如，如图 4-6 所示，原图像的灰度值为图 4-6(a)；取 3×3 滑动窗口，从小到大，对灰度值排序：198，200，201，202，205，206，207，208，212；中值为窗口内第 5 个像素值，即 205；处理后的图像如图 4-6(b) 所示。

二维中值滤波的窗口形状和尺寸设计对滤波的效果影响较大。针对不同的图像内容和不同的应用要求往往采用不同的形状和尺寸。常用的二维中值滤波窗口有线状、方形、圆形、十字形及圆环形等，窗口尺寸一般选为 3，也可以根据滤波效果逐渐增大尺寸，直到获得满意的滤波效果。常用的滤波器为 $N \times N$ 中值滤波器、十字形中值滤波器和 $N \times N$ 最大值滤波器，其他类型的滤波器也可以根据此方法来类推。

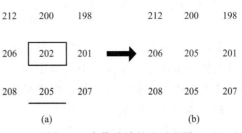

图 4-6　中值滤波处理过程图

中值的计算在于对滑动窗口内像素的排序操作。要进行排序，就必须对序列中的数据像素做比较和交换，数据元素之间的比较次数是影响排序速度的一个重要因素。较快的排序串行算法是基于冒泡排序法，若窗口内像素为 m 个，则每个窗口排序需要做 $m(m-2)/2$ 次像素的比较操作，时间复杂度为 $O(m^2)$。此外，常规的滤波算法使窗口每移动一次，就要进行一次排序，这种做法实际上包含了大量重复比较的过程。若一幅图像的大小为 $N \times N$，则整个计算需要 $O(m^2 N^2)$ 时间，当窗口较大时计算量很大，较费时。

（2）快速并行中值滤波方法的基本理论

为进一步改进中值滤波方法的实现速度，针对 3×3 中值滤波，介绍一种快速的并行中值滤波方法，避免了大量的重复比较操作，每一窗口排序需要 $O(m)$ 时间，整个计算需要 $O(mN^2)$ 时间，易于在硬件处理器上实现并行处理。

为便于说明，将 3×3 窗口内的各像素分别定义为 P_i，像素排列如表 4-1 所示。

表 4-1　3×3 窗口内像素排列

行/列	第 0 列	第 1 列	第 2 列
第 0 行	P_0	P_1	P_2
第 1 行	P_3	P_4	P_5
第 2 行	P_6	P_7	P_8

首先对窗口内的每一列分别计算最大值、中值和最小值，这样就得到 3 组数据，分别为最大值组、中值组和最小值组。

最大值组

$$Max_0 = \max[p_0, p_3, p_6], Max_1 = \max[p_1, p_4, p_7], Max_2 = \max[p_2, p_5, p_8] \tag{4-5}$$

中值组

$$Med_0 = \mathrm{med}[p_0, p_3, p_6], Med_1 = \mathrm{med}[p_1, p_4, p_7], Med_2 = \mathrm{med}[p_2, p_5, p_8] \tag{4-6}$$

最小值组

$$Min_0 = \min[p_0, p_3, p_6], Min_1 = \min[p_1, p_4, p_7], Min_2 = \min[p_2, p_5, p_8] \tag{4-7}$$

式中，max 表示取最大值操作；med 表示取中值操作；min 表示取最小值操作。

由此可以看到，最大值组中的最大值与最小值组中的最小值一定是 9 个像素中的最大值和最小值。除此，中值组中的最大值至少大于 5 个像素：本列中的最小值和其他两列中的中值和最小值；中值组中的最小值至少小于 5 个像素：本列中的最大值和其他两列中的最大值和中值。同样，最大值组中的中值至少大于 5 个像素，最小值组中的中值至少小于 5 个像素。令最大值组中的最小值为 $Maxmin$，中值组中的中值为 $Medmed$，最小值组中的最大值为 $Minmax$，则滤波结果的输出像素值 $Winmed$ 应该为 $Maxmin$、$Medmed$、$Minmax$ 中的中值。

$$Maxmin = \min[Max_0, Max_1, Max_2] \tag{4-8}$$

$$Medmed = \text{med}[Med_0, Med_1, Med_2] \tag{4-9}$$

$$Minmax = \max[Min_0, Min_1, Min_2] \tag{4-10}$$

$$Winmed = \text{med}[Maxmin, Medmed, Minmax] \tag{4-11}$$

采用该方法，中值的计算仅需做 17 次比较，与传统算法相比，比较次数减少了近 2 倍，且该算法十分适用于在实时处理器上做并行处理。

(3) 结果与分析

图 4-7 所示中值滤波的平滑效果图。从处理结果可以看出，此方法能够非常好地将椒盐噪声去除掉，可见中值滤波方法对于椒盐噪声或脉冲式干扰具有很强的滤除作用。因为这些干扰值与其邻近像素的灰度值有很大的差异，经过排序后取中值的结果就将此干扰强制变成与其邻近的某些像素值一样，从而达到去除干扰的效果。但是由于中值滤波方法在处理过程中会带来图像模糊，所以对于细节丰富，特别是点、线和尖顶细节较多的图像不适用。

(a) 原始图　　　　　　　　　(b) 中值滤波后的图像

图 4-7　中值滤波的平滑结果图

4.2　频域图像增强

4.2.1　基本步骤

频域处理是在图像的频率范围内，对图像进行运算，然后通过逆变换获得图像处理效果。频域处理把图像看成一种二维信号，对其进行基于二维傅立叶变换的信号增强。采用低通滤波法，可去掉图中的噪声；采用高通滤波法，则可增强边缘等高频信号，使模糊的图片变得清晰，例如天体图像或医学图像的增强。

频域图像增强处理的流程如图 4-8 所示。图 4-8 中，在频域各种滤波处理的前后，进行了傅立叶变换以及傅立叶反变换。这两个变换的过程就是将空间的信息转化为在频率上的表示，然后将频率上的表示转化为空间上的表示，两种变换是互为逆变换的。通过傅立叶正、反变换的处理，使得频率域上的处理可以用于图像的增强和滤波。

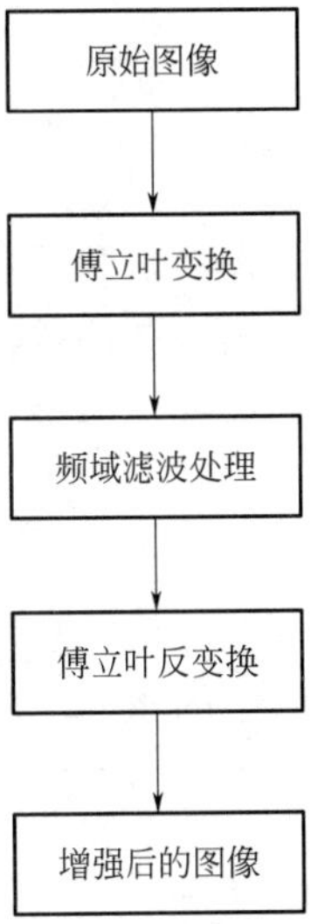

图 4-8　频域图像增强处理的流程

4.2.2　傅立叶变换

傅立叶变换是线性系统分析的基本工具，能从空间域和频率域两个角度来考虑问题并来回切换，选用适当的方法解决问题。傅立叶变换广泛应用在图像的滤波、复原等都有应用。

(1) 傅立叶级数

在自然科学和工程技术，时常会遇到各种周期现象，在数学上都可以用周期函数来描述。数学家傅立叶提出了将复杂的周期函数表示为简单的正弦或余弦周期函数的方法，即傅立叶级数。

$$f(x) = \frac{a_0}{2} + \sum_{n=1}^{\infty}(a_n\cos nx + b_n\sin nx) \tag{4-12}$$

$$a_n = \frac{1}{\pi}\int_{-\pi}^{\pi}f(x)\cos nx\,\mathrm{d}x \quad (n = 0,1,2,3,\cdots)$$
$$b_n = \frac{1}{\pi}\int_{-\pi}^{\pi}f(x)\sin nx\,\mathrm{d}x \quad (n = 0,1,2,3,\cdots) \tag{4-13}$$

在上述公式中，函数 $f(x)$ 是以 2π 为周期的周期函数。

(2) 傅立叶级数与傅立叶变换的联系

如果 $f(x)$ 满足傅立叶积分定理的条件，式(4-14)的积分运算称为 $f(x)$ 的傅立叶变换，式(4-15)的积分运算叫作 $F(u)$ 的傅立叶逆变换。$F(u)$ 叫作 $f(x)$ 的像函数，$f(x)$ 叫作 $F(u)$ 的像原函数。式中，$\mathrm{j}=\sqrt{-1}$，u 为函数 $f(x)$ 变换后的空间频率。

$$F(u) = \int_{-\infty}^{\infty}f(x)e^{-\mathrm{j}2\pi ux}\,\mathrm{d}x \tag{4-14}$$

$$f(x) = \frac{1}{2\pi}\int_{-\infty}^{\infty}F(u)e^{\mathrm{j}2\pi ux}\,\mathrm{d}u \tag{4-15}$$

在图像处理领域中，常有的傅立叶变换是二维傅立叶变换。令 $f(x,y)$ 为实变量 x、y 的连续函数且在 $(-\infty,+\infty)$ 内绝对可积，$f(x,y)$ 的傅立叶变换的定义为

$$F(u,v) = \int_{-\infty}^{\infty}\int_{-\infty}^{\infty}f(x,y)e^{-\mathrm{j}2\pi(ux+vy)}\,\mathrm{d}x\,\mathrm{d}y \tag{4-16}$$

$$f(x,y) = \int_{-\infty}^{\infty} \int_{-\infty}^{\infty} F(u,v) e^{j2\pi(ux+vy)} \, du \, dv \qquad (4\text{-}17)$$

$F(u,v)$ 是两个实频率变量 u 和 v 的复值函数，频率 u 对应于 x 轴，频率 v 对应于 y 轴。其物理解释为：输入信号 $f(x,y)$ 可被分解成不同频率余弦函数的和，每个余弦函数的幅值由 $F(u,v)$ 唯一确定；$f(x,y)$ 在某点的函数值是不同频率的余弦函数在该点函数值的和。

在线性移不变系统中，设 $f(x,y)$、$g(x,y)$ 的傅立叶变换分别为 $F(u,v)$、$G(u,v)$，则有

$$\Gamma\{f(x,y) * g(x,y)\} = F(u,v)G(u,v) \qquad (4\text{-}18)$$

这是线性系统分析中重要的卷积定理。意味着空域中卷积的傅立叶变换等于在频域中的相乘。通过卷积定理可把空域和频域联系起来，并从两方面来研究图像。

由原图像的频谱重构图像时，其空间某点的值可表示为

$$A = \sqrt{G_{\mathrm{e}}^2(u,v) + G_{\mathrm{o}}^2(u,v)} \qquad (4\text{-}19)$$

$$\Phi = \arctan\left[\frac{G_{\mathrm{o}}(u,v)}{G_{\mathrm{e}}(u,v)}\right] \qquad (4\text{-}20)$$

其中，$G_{\mathrm{e}}(u,v)$ 和 $G_{\mathrm{o}}(u,v)$ 分别为傅立叶变换的实部和虚部，A 为振幅，Φ 为相位。傅立叶变换中，忽略幅值信息，进行反变换所得的图像可辨认出图像的轮廓，而忽略相位信息，进行反变换所得的图像则不可辨认。

数字图像处理中，图像的傅立叶变换可由二维离散傅立叶变换（DFT）完成，根据傅立叶变换的可分离性，可得

$$f(m,n) = \frac{1}{N} \sum_{i=0}^{N-1} \left[\frac{1}{\sqrt{N}} \sum_{k=0}^{N-1} f(i,k e^{-j2\pi\left(n\frac{k}{N}\right)}) \right] e^{-j2\pi\left(m\frac{i}{N}\right)} \qquad (4\text{-}21)$$

这样，二维傅立叶变换就可以由两次一维变换实现。但采用上式完成傅立叶变换时，所需复数加法和复数乘法操作次数为 N^2，计算量很大。为此，可用一维快速傅立叶变换实现二维变换，其计算效率可提高近 100 倍。

4.2.3　低通滤波器

原始图像的二维函数被分解为不同频率的信号后，高频的信号携带了图像的细节部分信息（比如图像的边界），低频的信号包含了图像的背景信息。图像的频域增强方法中，利用傅立叶变换得到频谱函数后，关键是选取滤波器。高通滤波器强化图像高频分量，可使图像中物体轮廓清晰，细节明显；低通滤波器则反之。

低通滤波法，滤除高频成分，保留低频成分，在频域中实现平滑处理。低通滤波能起到突出背景或平滑图像的增强作用。常用的低通滤波包括理想低通滤波器、巴特沃思（Butterworth）低通滤波器、高斯低通滤波器等。

低通滤波的数学表达式如式(4-22)所示。

$$G(u,v) = F(u,v)H(u,v) \qquad (4\text{-}22)$$

式中　$F(u,v)$——含有噪声的原图像的傅立叶变换；

　　　$H(u,v)$——传递函数，也称转移函数（即低通滤波器）；

　　　$G(u,v)$——经低通滤波后输出图像的傅立叶变换。

滤波后，经傅立叶逆变换可得平滑图像。

（1）理想低通滤波器

一个理想二维低通滤波器的传递函数由下式表达：

$$H(u,v)=\begin{cases}1 & D(u,v)\leqslant D_0 \\ 0 & D(u,v)>D_0\end{cases} \tag{4-23}$$

式中，D_0 是一个规定的非负的量，称为理想低通滤波器的截止频率；$D(u,v)$ 是从点 (u,v) 到频率平面的原点 $(u=v=0)$ 的距离，即

$$D(u,v)=(u^2+v^2)^{1/2} \tag{4-24}$$

理想低通滤波器的平滑效果是明显的，但总是存在图像模糊的现象。并且，随着 D_0 减小，其模糊程度将更严重。这表明，图像中的边缘信息包含在高频分量中。

（2）巴特沃思低通滤波器

巴特沃思滤波器是以巴特沃思近似函数作为滤波器的传递函数，是一种物理上可以实现的低通滤波器。n 阶截止频率为 D_0 的巴特沃思低通滤波器的传递函数为

$$H(u,v)=\frac{1}{1+[D(u,v)/D_0]^{2n}} \tag{4-25}$$

这里，D_0 的确定按如下原则：当 $H(u,v)$ 下降至原来的 $1/2$ 时，$D(u,v)$ 值为截止频率 D_0。巴特沃思低通滤波器传递函数 $H(u,v)$ 的图像如图 4-9 所示。由于 $H(u,v)$ 存在一个平滑的过滤带，结果图像比理想低通滤波器要好。

（3）高斯低通滤波器

高斯低通滤波器是图像处理中常用的一种平滑滤波器。其传递函数为

$$H(u,v)=e^{-\left[\frac{D(u,v)}{D_0}\right]^n} \tag{4-26}$$

其图形如图 4-10 所示。由于它的连续性，其平滑效果同巴特沃思低通滤波器。

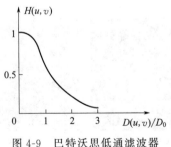

图 4-9　巴特沃思低通滤波器

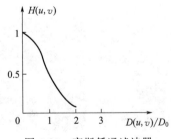

图 4-10　高斯低通滤波器

图 4-11 是对钢管采集图像采用低通滤波器的效果图，图（a）为原始图像，存在明显的噪点；图（b）为理想低通滤波后的图像，可以发现管口部分有波纹现象，这是理想低通滤波器特有的振铃效应；图（c）为巴特沃思低通滤波后的图像，可以看出噪声得到明显的改善。

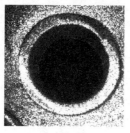 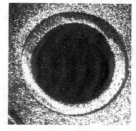 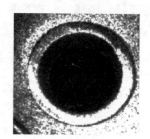

(a) 原始图像　　　　　(b) 理想低通滤波　　　　(c) 巴特沃思低通滤波

图 4-11　低通滤波的效果图

4.2.4　陷波滤波器

去除某些频率分量的滤波器称为带阻滤波器，陷波滤波器是带阻滤波器的一种，其阻带很窄，也称点阻滤波器，常用于去除固定频率分量或阻带很窄的场合。在工业现场或天文研究的图像传输中，通常会因电磁干扰出现周期性的噪声，可通过频率域滤波来显著地减少，陷波滤波器是处理此类噪声的有效工具。

陷波滤波器阻止（或通过）事先定义的频率，可以由上节所述的理想型、巴特沃思、高斯低通滤波器实现。

通过观察傅立叶变换后的频谱图，可以看出图像的能量分布，如果频谱图中暗点数更多，那么图像是比较柔和的（因为各点与邻域差异不大，梯度较小），反之，如果频谱图中亮点数多，那么实际图像一定是边界分明的。将频谱移频到圆心可以观察有周期性规律的干扰信号，例如正弦干扰会导致频谱图上除了中心以外还存在以某一点为中心，对称分布的亮点集合，这个集合就是干扰噪声产生的，这时就可以在该位置放置陷波滤波器来消除干扰。

图 4-12(a) 为电磁干扰下的传输图像，图 4-12(b) 为其傅立叶频谱，观察频谱，发现除中心外，还有若干尖峰亮点，在每个尖峰处设一陷波带阻滤波器 $H(u,v)$，将可能的干扰模式屏蔽，如图 4-12(c) 所示，最终发现中间 4 个区域使用理想型低通滤波，可以将电磁干扰造成的斜纹消除，如图 4-12(d) 所示。

(a) 原图　　　　(b) 傅立叶频谱　　(c) 滤除特定频率的噪声　　(d) 复原图

图 4-12　陷波滤波器滤除电磁干扰

除消除噪声之外，陷波滤波器在缺陷检测中，还起到检测特殊形状的缺陷的作用。图 4-13(a) 是多晶硅表面图像，在磨削过程中因刀具振颤产生横纹，在复杂背景中很难通过常规方法检测出来，考虑采用理想型陷波滤波器，去除背景成分，得到图 4-13(d) 所示的复原图，消除了背景的干扰，再通过常规的图像分割技术，就可以计算横纹的形状和位置。

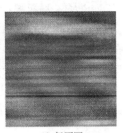

(a) 原图   (b) 幅值谱   (c) 滤除背景   (d) 复原图

图 4-13 陷波滤波器检测缺陷

4.3 数学形态学及其应用

数学形态学是一门建立在集论基础上的学科，是几何形态学分析和描述的有力工具。1964 年法国的 Matheron 和 Serra 在积分几何的研究成果上，将数学形态学引入图像处理领域，并研制了基于数学形态学的图像处理系统。1982 年出版的专著 *Image Analysis and Mathematical Morphology* 是数学形态学发展的重要里程碑，表明数学形态学在理论上趋于完备及应用上不断深入。数学形态学蓬勃发展，由于其并行快速，易于硬件实现，已引起了人们的广泛关注。目前，数学形态学已在计算机视觉、信号处理与图像分析、模式识别、计算方法与数据处理等方面得到了极为广泛的应用。

数学形态学的基本思想是用具有一定形态的结构元素去度量和提取图像中的对应形状以达到对图像分析和识别的目的，形态学算子主要以几何方式进行设计，这种描述方式更适合视觉信息的处理和分析。它以图像的形态特征为研究对象，设计了一整套概念、变换和算法，用来描述图像的基本特征和基本结构。数学形态学的基本运算有 4 个：膨胀、腐蚀、开运算和闭运算。基于这些基本运算还可以推导和组合出各种数学形态学实用算法。

最初 Maheron 和 Serra 提出的数学形态学研究以二值图像为对象，称为二值形态学；此后，Serra 和 Sternberg 等把二值形态算子推广到灰度图像，发展了灰度形态学理论和方法。

4.3.1 二值形态学

二值形态学中的运算对象是集合。设 A 为图像集合，B 为结构元素，数学形态学运算是用 B 对 A 进行操作。在形态学中，结构元素是最重要最基本的概念。结构元素本身也是一个图像矩阵。它在形态变换中的作用相当于信号处理中的"滤波窗口"。对每个结构元素可以指定一个原点，它是结构元素参与形态学运算的参考点。

（1）腐蚀与膨胀

对图像集合 A 中的每一点 x，腐蚀和膨胀的定义为腐蚀运算：$A\Theta B=\{x:B+x\subset A\}$ 或 $A\Theta B=\bigcap\{A-b:b\in B\}$

膨胀运算：$A\oplus B=\{A^c\Theta(-B)^c\}$

用 $B(x)$ 对 A 进行腐蚀的结果就是把结构元素 B 平移后使 B 包含于 A 的所有点构成的集合。腐蚀使图像缩小，如果结构元素是 3×3 的像素块，腐蚀将使物体的边界沿周边减少一个像素；腐蚀可以把小于结构元素的物体（毛刺、小凸起）去除，这样选取不同大小的结构元素，就可以在原图像中去掉不同大小的物体；如果两个物体之间有细小的连通，那么当结构元素足够大时，通过腐蚀运算可以将两个物体分开。

例如，若 $A=\begin{matrix}0&1&0&1&0\\0&1&1&0&1\\0&1&1&1&0\end{matrix}$，$B=\begin{matrix}1&0\\1&1_\circ\end{matrix}$ （$1_\circ$ 表示结构元素 B 的原点位置），则

$$A\Theta B=\begin{matrix}0&0&0&0&0\\0&0&1&0&0\\0&0&1&1&0\end{matrix}$$

对图 4-14(a) 的二值图像进行腐蚀操作，如图 4-14(b) 和 (c) 所示，两者所使用的结构元素不同，图 4-14(b) 为使用 3×3 全 1 结构矩阵元素；图 4-14(c) 为使用 9×9 全 1 矩阵结构元素。

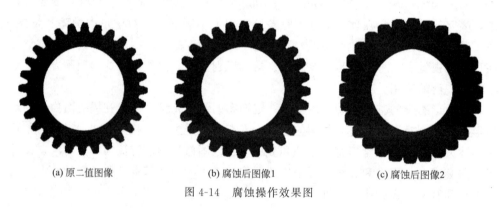

(a) 原二值图像　　　　(b) 腐蚀后图像1　　　　(c) 腐蚀后图像2

图 4-14　腐蚀操作效果图

用 B 对 A 进行膨胀，就是使 B 的反射进行平移与 A 的交集不为空。例如：

若 $A=\begin{matrix}0&0&0&0\\0&1&1&0\\0&0&0&0\end{matrix}$，$B=\begin{matrix}0&1\\1_\circ&0\end{matrix}$ （$1_\circ$ 表示结构元素 B 的原点位置），则 B 的反

射为 $-B=\begin{matrix}0&1_\circ\\1&0\end{matrix}$，$A\oplus B=\begin{matrix}0&0&0&0\\0&1&1&0\\1&1&0&0\end{matrix}$

对图 4-14(a) 的二值图像进行膨胀操作，如图 4-15 所示。其中图 4-15(a) 为使用 3×3 的全 1 矩阵处理后的结果；图 4-15(b) 为使用 9×9 全 1 矩阵处理的结果。膨胀使图像白区扩大。

（2）开运算和闭运算

先腐蚀后膨胀的过程称为开运算。开运算用于使图像的轮廓变得光滑、断开狭

(a) 膨胀后图像1　　　　　　　　(b) 膨胀后图像2

图 4-15　膨胀操作

窄的间断和消除细的突出物的场合。

　　先膨胀后腐蚀的过程称为闭运算。闭运算用于填充物体内细小空洞、消除缝隙、连接邻近物体和平滑边界轮廓的场合。

　　开启和闭合运算的定义为：

开运算 $\qquad\qquad\qquad A \circ B = (A \ominus B) \oplus B$

闭运算 $\qquad\qquad\qquad A \cdot B = (A \oplus B) \ominus B$

　　对图 4-14(a) 的二值图像，使用的结构元素矩阵为 15×15 的全 1 矩阵，图 4-16(a) 所示是开运算后的结果；图 4-16(b) 所示是闭运算后的结果。

(a)　　　　　　　　　　　　(b)

图 4-16　开运算与闭运算操作

4.3.2　二值形态学的应用

　　近年来，数学形态学在图像处理方面得到了日益广泛的应用。下面就数学形态学在边缘检测、图像分割、图像细化以及噪声滤除等方面的应用做简要介绍。

(1) 边缘检测

　　对于二值图像，边缘检测是求一个集合 A 的边界，记为 $\beta(A)$：$\beta(A) = A - (A \ominus B)$。表示：先用 B 对 A 腐蚀，然后用 A 减去腐蚀后的结果，其中 B 是结构元素。操作如图 4-17 所示。用该方法对图 4-14(a) 的图像进行操作，边界识别效果如图 4-18 所示。1 表示白色，0 表示黑色。$\beta(A)$ 得到的是图像 A 的内边缘。同理，记 $\alpha(A)$：$\alpha(A) = (A \oplus B) - A$，可以得到图像 A 的外边缘。

　　数学形态学运算用于边缘检测，存在着结构元素单一的问题。它对与结构元素同方向的边缘敏感，而与其不同方向的边缘（或噪声）会被平滑掉，即边缘的方向可以由结构元素的形状确定。但如果采用对称的结构元素，又会减弱对图像边缘的方向敏感性。所以在边缘检测中，可以考虑用多方位的形态结构元素，运用不同结构元素的组合检测出不同方向的边缘。

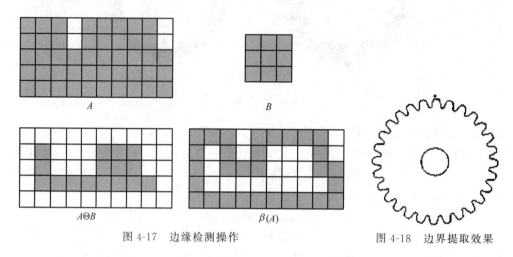

图 4-17　边缘检测操作　　　　　　　图 4-18　边界提取效果

（2）噪声滤除

对图像中的噪声进行滤除是图像预处理中不可缺少的操作。将开运算和闭运算结合起来可构成形态学噪声滤除器。

对于二值图像，噪声表现为目标周围的噪声块和目标内部的噪声孔。用结构元素 B 对集合 A 进行开运算，就可以将目标周围的噪声块消除掉；用 B 对 A 进行闭运算，则可以将目标内部的噪声孔消除掉。该方法中，对结构元素的选取相当重要，它应当比所有的噪声孔和噪声块都要大。

图 4-19(a) 为加了椒盐噪声的二值图像，图 4-19（b）为使用开运算后再进行闭运算得到的图像。

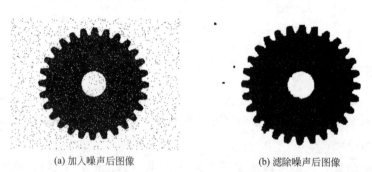

(a) 加入噪声后图像　　　　　　　　(b) 滤除噪声后图像

图 4-19　利用形态学滤除噪声

对于灰度图像，滤除噪声就是进行形态学平滑。实际操作中常用开运算消除小于结构元素的亮细节，而保持图像整体灰度值和大的亮区域；用闭运算消除小于结构元素的暗细节，而保持图像整体灰度值和大的暗区域。将这两种操作综合起来可达到滤除亮区和暗区中各类噪声的效果。同样的，结构元素的选取也是关键。

4.3.3　灰度形态学基本操作

前面所讲的形态学方法都是基于二值图像的，下面把形态学处理扩展到灰度图像的基本操作。

设 $f(x,y)$ 为输入图像，而 $b(x,y)$ 为结构元素。

（1）膨胀

用 b 对函数 f 进行的灰度膨胀，$f \oplus b$，表达式为

$$(f \oplus b)(s,t) = \max\{f(s-x,t-y)+b(x,y) \mid (s-x),(t-y) \in D_f; (x,y) \in D_b\}$$

$$(4\text{-}27)$$

式中，D_f 和 D_b 分别是 f 和 b 的定义域。需要注意的是，f 和 b 是函数而不是二值形态学情况中的集合。

灰度膨胀运算的计算是逐点进行的，求某点的膨胀运算结果，也就是计算该点局部范围内各点与结构元素中对应点的灰度值之和，并选取其中的最大值作为该点的膨胀结果。经膨胀运算，边缘得到了延伸，目标被放大。

图 4-20 给出了一个灰度膨胀运算的示例。图 (a) 为 5×5 的灰度图像矩阵 A，图 (b) 为 3×3 的结构元素矩阵 B，其原点在中心位置处。为避开 A 的边缘，A 的膨胀起点为 (1,1)，结束点为 (3,3)，膨胀运算过程如下：①将 B 的原点移到 A 的 (1,1) 处，如图 (c) 所示。②依次用 (1,1) 3×3 范围内各点加上 B 对应点，将 9 个和的最大值放在 (1,1) 上，如图 (d) 所示。③下一个位置在 (1,2) 处，如图 (e)，同样计算膨胀值，如图 (f)，其他位置依次操作，就可得到 A 的膨胀结果如图 (g) 所示，加上图像的轮廓上的点，最终结果为图 (h)。

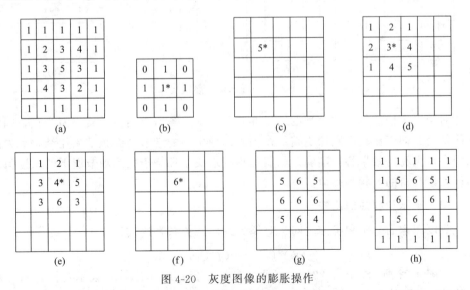

图 4-20　灰度图像的膨胀操作

通常对灰度图像进行膨胀处理后的结果是双重的。若所有结构元素的值为正，则输出图像会趋向于比输入图像更亮；图像中暗的细节部分全部减少了还是被消除了，取决于膨胀所用的结构元素的值和结构元素的形状。

（2）腐蚀

用 b 对函数 f 进行的灰度腐蚀，$f\Theta b$，表达式为

$$(f\Theta b)(s,t)=\min\{f(s+x,t+y)-b(x,y)\,|\,(s+x),(t+y)\in D_f;(x,y)\in D_b\}$$

$$\text{（4-28）}$$

式中，D_f 和 D_b 分别是 f 和 b 的定义域。

图 4-21 给出了一个灰度腐蚀运算的示例。图（a）为 5×5 的灰度图像矩阵 A，图（b）为 3×3 的结构元素矩阵 B，其原点在中心位置处。为避开 A 的边缘，A 的腐蚀起点为（1,1），结束点为（3,3），腐蚀运算过程如下：①将 B 的原点移到 A 的（1,1）处，如图（c）所示。②依次用（1,1）3×3 范围内各点减去 B 对应点，将 9 个差的最大值放在（1,1）上，如图（d）所示。③下一个位置在（1,2）处，如图（e），同样计算腐蚀值，如图（f），其他位置依次操作，就可得到 A 的腐蚀结果如图（g）所示，加上图像的轮廓上的点，最终结果为图（h）。

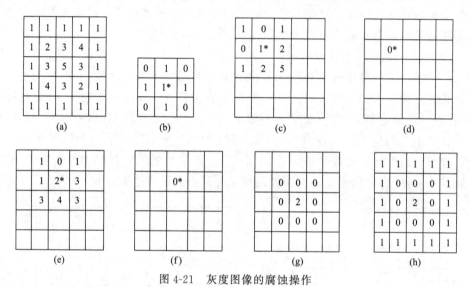

图 4-21　灰度图像的腐蚀操作

对灰度图像进行腐蚀处理的结果亦是双重的。若所有结构元素的值为正，则输出图像会趋向于比输入图像更暗；在输入图像中亮的细节的面积如果比结构元素的面积小，则亮的效果将被削弱。削弱的程度取决于环绕于亮的细节周围的灰度值和结构元素自身的形状和幅值。

（3）膨胀和腐蚀的比较

灰度图像的膨胀和腐蚀之间是对偶关系，其关系表达式为

$$(f\Theta b)^c(s,t)=(f^c\oplus\hat{b})(s,t) \qquad \text{（4-29）}$$

如图 4-22 所示，图 4-22(a) 是原始灰度图像；图 4-22(b) 表示对图像进行膨胀的结果，膨胀后，图变更亮了，减弱了暗细节；图 4-22(c) 表示对原图像进行腐蚀的结果，腐蚀后，图更暗了，明亮成分减少。

（4）开运算和闭运算

用结构元素 b 对图像 f 进行开运算，表达式为

(a) 原图　　　　　　　(b) 膨胀后的结果　　　　　(c) 腐蚀后的结果

图 4-22　膨胀和腐蚀的比较

$$f \circ b = (f \Theta b) \oplus b \tag{4-30}$$

用结构元素 b 对图像 f 进行闭运算，表达式为

$$f \cdot b = (f \oplus b) \Theta b \tag{4-31}$$

从图像角度看，开运算去除较小的亮细节成分，相对保持整体灰度级和较大的明亮区域。闭运算去除较小的暗细节成分，相对保持明亮区域。开运算与闭运算，二者之间是对偶的关系，效果如图 4-23 所示。开运算使小的明亮细节尺寸变小，暗的效果不变化；闭运算使小的暗细节的尺寸缩小，明亮部分受影响较小。

(a) 原图　　　　　　　　(b) 开运算　　　　　　　(c) 闭运算

图 4-23　开运算与闭运算的比较

(5) 灰度形态学的应用

灰度形态学在描述图像形态特征上的有独特优势，广泛地应用在边缘提取、背景估计和消除、图像分割、噪声滤除等方面。

边缘提取通过形态学梯度来实现，例如 $f \oplus b - f$，$f - f \Theta b$，$f \oplus b - f \Theta b$，提取效果如图 4-24 所示。

 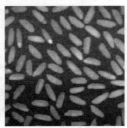  

(a) 原始图像　　　　　(b) 3×3膨胀　　　　　(c) 3×3腐蚀　　　　　(d) 膨胀-腐蚀

图 4-24　灰度形态学的边缘提取

4.3.4　讨论

数学形态学对图像的处理具有直观上的简明性和数学上的严谨性，在定量描述图像的形态特征上具有独特的优势，为基于形状细节进行图像处理提供了强有力的手段。

目前，数学形态学存在的问题及研究方向主要集中在以下几个方面：

① 形态运算实质上是一种二维卷积运算，当图像尺度较大时，特别是用灰度形态学等方法时，运算速度较慢，对处理器的要求很高。

② 由于结构元素对形态运算的结果有决定性的作用，所以需结合实际应用，合理选择结构元素的大小与形状。

③ 为达到最佳的滤波效果，需结合图像的拓扑特性选择形态开、闭运算的结合方式。

④ 有待进一步将数学形态学与神经网络、深度学习结合起来，研究新的图像分割和增强方法。

⑤ 将形态学与小波分形方法结合起来可对现有图像处理方法进行改进。

4.4　灰度均衡

灰度均衡的目的是为了校正不均匀的照射，通过点运算使输入图像转化为在每一灰度级上都有相同像素点数的输出图像，即输出图像的直方图是平的。利用灰度映射函数 Gnew＝F(Gold)，将原灰度直方图改造成所希望的直方图。如果用信息学的理论来解释，就是具有最大熵（信息量）的图像为均衡化图像。直观上可以认为，如果一幅图像其像素占有全部可能的灰度级并且分布均匀，则这样的图像有高对比度和多变的灰度色调。直方图均衡化可以增加图像的对比度。

灰度均衡的步骤：

① 计算灰度直方图；

② 在直方图中找到最小和最大灰度分布 w_1、w_2；

③ 将 w_1 和 w_2 映射到新的灰度范围 w_3、w_4（均衡算法）。

4.4.1　图像灰度直方图

(1) 概念

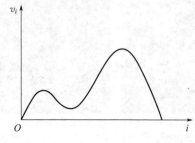

图 4-25　一幅图像的灰度直方图

灰度直方图反映图像中各灰度级与各灰度级像素出现的频率之间的关系。以灰度级为横坐标，纵坐标为灰度级像素的频率，绘制频率同灰度级的关系图就是灰度直方图。直方图是多种空间域处理技术的基础，是图像增强的基本方法。如图 4-25 是一幅图像的灰度直方图，频率的计算公式为式(4-32)。

$$v_i = \frac{n_i}{n} \tag{4-32}$$

式中，n_i 是图像中灰度为 i 的像素数；n 为图像的总像素数。

（2）直方图的性质

① 灰度直方图只能反映图像的灰度分布情况，而不能反映图像像素的位置，即丢失了像素的位置信息。

对于较暗的图像，其直方图的分布集中在灰度级低的一侧；对于明亮的图像，其直方图的分布集中在灰度级高的一侧；对于低对比度图像，其直方图较窄而集中于灰度级的中部；对于高对比度图像，其直方图灰度级的范围很宽。

② 一幅图像对应一个灰度直方图，但不同的图像可对应相同的直方图。图 4-26 给出了两幅图像具有相同直方图的例子，左图旋转 90°得到右图。

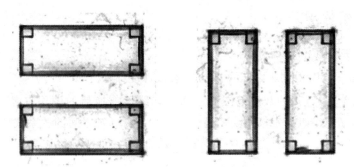

图 4-26　不同的图像具有相同直方图

（3）直方图的应用

1）用于确定图像二值化的阈值

选择灰度阈值对图像进行二值化操作是图像处理的常用方法。一幅指纹图像 $f(x,y)$ 如图 4-27 所示，其中背景是灰色，指纹为黑色。背景像素产生了直方图上的右峰，而指纹像素产生了直方图上的左峰；选择谷对应的灰度作为阈值 T，利用式（4-33）对图像进行二值化处理，得到二值图像 $g(x,y)$。

$$g(x,y) = \begin{cases} 0 & f(x,y) < T \\ 1 & f(x,y) \geq T \end{cases} \tag{4-33}$$

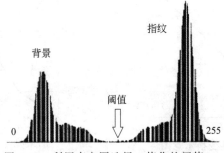

图 4-27　利用直方图选择二值化的阈值

2）统计图像中物体的面积

$$A = n \sum_{i \geq T} v_i \tag{4-34}$$

式中，n 为图像像素总数；v_i 是图像灰度级为 i 的像素出现的频率。

3）计算图像信息量 H（熵）

假设一幅数字图像的灰度范围为 $[0, L-1]$，各灰度级像素出现的概率为 P_0，P_1，P_2，…，P_{L-1}，根据信息论可知，各灰度级像素具有的信息量分别为：$-\log_2 P_0$，$-\log_2 P_1$，$-\log_2 P_2$，…，$-\log_2 P_{L-1}$。则该幅图像的平均信息量（熵）为

$$H = -\sum_{i=0}^{L-1} P_i \log_2 P_i \tag{4-35}$$

熵反映了图像信息丰富的程度，它在图像编码处理中有重要意义。

4.4.2　均衡算法

（1）线性均衡（Linear）

将 w_1 和 w_2 映射到 w_3、w_4 的方法有线性变换法。

令原图像 $f(i,j)$ 的灰度范围为 $[a,b]$，线性变换后的图像 $g(i,j)$，其灰度范围为 $[a', b']$，如图 4-28 所示。$g(i,j)$ 与 $f(i,j)$ 之间的关系式如下

$$g(i,j) = a' + \frac{b'-a'}{b-a} [f(i,j)-a] \tag{4-36}$$

在曝光不足或曝光过度的情况下，图像灰度可能会局限在一个很小的范围内。这时看到的是一个模糊不清、似乎没有灰度层次的图像。采用线性变换对图像每一个像素灰度作线性拉伸，将有效地改善图像视觉效果。

（2）分段线性变换

为了突出感兴趣的目标或灰度区间，相对抑制那些不感兴趣的灰度区间，可采用分段线性变换。常用的是三段线性变换，如图 4-29 所示。对应的数学表达式如下。

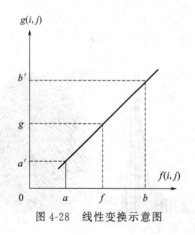

图 4-28　线性变换示意图

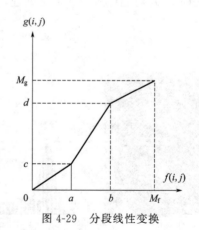

图 4-29　分段线性变换

$$g(i,j)=\begin{cases}(c/a)f(i,j) & 0\leqslant f(i,j)<a \\ [(d-c)(b-a)][f(i,j)-a]+c & a\leqslant f(i,j)<b \\ [(M_g-d)(M_f-b)][f(i,j)-b]+d & b\leqslant f(i,j)\leqslant M_f\end{cases}\quad(4\text{-}37)$$

（3）对数均衡（Logarithm）

对数均衡变换的一般表达式如下。

$$g(i,j)=a+\frac{\ln[f(i,j)+1]}{b\ln c}\quad(4\text{-}38)$$

这里 a、b、c 是为了调整曲线的位置和形状而引入的参数。当希望对图像的低灰度区进行较大的拉伸而对高灰度区压缩时，可采用这种变换，它能使图像灰度分布与人的视觉特性相匹配。

（4）指数均衡（Exponent）

指数均衡变换的一般表达式如下

$$g(i,j)=b^{c[f(i,j)-a]}-1\quad(4\text{-}39)$$

这里参数 a、b、c 用来调整曲线的位置和形状。这种变换能对图像的高灰度区给予较大的拉伸。

4.5　边缘检测

4.5.1　概述

边缘是目标的重要特征。由于目标成像后的图像边缘往往是各种类型的边缘及它们模糊化后结果的综合反映，且实际图像信号存在着噪声，因此边缘检测算法一般有如下四个步骤。

滤波：边缘检测算法主要是基于图像灰度的一阶和二阶导数计算，但噪声对导数计算很敏感，必须使用滤波器来降低噪声，但同时也导致了边缘强度的损失，因此，增强边缘和降低噪声之间需要折中。

增强：增强边缘的基础是确定图像各点邻域强度的变化值，一般是计算梯度幅值。增强算法可以将邻域强度值有显著变化的点突显出来。

检测：在图像中有许多点的梯度幅值比较大，而这些点在特定的应用领域中并不都是边缘，所以要确定哪些点是边缘点。

定位：某些应用中，还需要确定边缘的位置以及边缘的方位。

最近的二十年里发展了许多边缘检测器，有属于一阶导数的梯度算子、Roberts算子、Sobel 算子和 Prewitt 算子等，以及属于二阶导数的拉普拉斯算子等。

4.5.2　一阶算子

一幅图像可以看作是图像强度连续函数的离散阵列，图像灰度值的变化可以用函数梯度的离散逼近函数来检测。本节介绍 4 种常用的一阶算子，并对其特点进行讨论和比较。

（1）梯度算子

梯度对应一阶导数，梯度算子是一阶导数算子。对一个连续的函数 $f(x,y)$，它在位置 (x,y) 的梯度可表示为一个矢量，如下

$$G(x,y)=\nabla f(x,y)=\begin{bmatrix} G_x & G_y \end{bmatrix}^{\mathrm{T}}=\begin{bmatrix} \dfrac{\partial f}{\partial x} & \dfrac{\partial f}{\partial y} \end{bmatrix}^{\mathrm{T}} \tag{4-40}$$

梯度的幅值由下式给出

$$mag(\nabla f)=|G(x,y)|=\sqrt{G_x^2+G_y^2} \tag{4-41}$$

由矢量分析可知，梯度的方向定义为

$$\alpha(x,y)=\arctan\left(\frac{G_y}{G_x}\right) \tag{4-42}$$

其中，α 角是相对 x 轴的角度。

对于数字图像，式(4-40) 的导数可用差分来近似。最简单的梯度近似表达式为

$$G_x=\Delta_x f(x,y)=f(x,y)-f(x+1,y)$$
$$G_y=\Delta_y f(x,y)=f(x,y)-f(x,y+1) \tag{4-43}$$

对 G_x 和 G_y 各用一个模板，再组合起来以构成 1 个梯度算子，如图 4-30 所示。在边缘灰度值过渡比较尖锐且图像中噪声比较小时，梯度算子效果好。

（2）Roberts 算子

Roberts 算子是利用局部差分算子来寻找边缘，Roberts 算子由下式给出

$$g(x,y)=[f(x,y)-f(x+1,y+1)]^2+[f(x+1,y)-f(x,y+1)]^2 \tag{4-44}$$

其中 $f(x,y)$、$f(x+1,y)$、$f(x,y+1)$ 和 $f(x+1,y+1)$ 分别为 4 邻域的坐标，平方根运算模拟人类视觉过程。

Roberts 算子由 2×2 算子模板来实现。图 4-31 所示的 2 个卷积核形成了 Roberts 算子。图像中的每一个点都用这 2 个核做卷积。相比梯度算子，Robert 算子会在图像边缘附近的区域内产生较宽的响应。

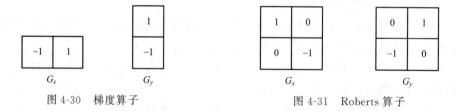

图 4-30　梯度算子　　　　　图 4-31　Roberts 算子

（3）Prewitt 算子

2×2 大小的模板没有明确的中心点，改进为使用 3×3 大小的模板。Prewitt 算子由下式给出。

$$S_p=(\mathrm{d}x^2+\mathrm{d}y^2)^{\frac{1}{2}} \tag{4-45}$$

Prewitt 算子由 3×3 算子模板来实现。图 4-32 所示的 2 个卷积核形成了 Prewitt 算子。Prewitt 算子对灰度渐变和噪声较多的图像处理得较好。

−1	0	1
−1	0	1
−1	0	1

G_x

1	1	1
0	0	0
−1	−1	−1

G_y

图 4-32　Prewitt 算子

（4）Sobel 算子

Sobel 算子在 Prewitt 算子的基础上增加一个权值 2，用于通过增加中心点的重要性而实现某种程度的平滑效果。

图 4-33 所示的 2 个卷积核形成 Sobel 算子。一个核对垂直边缘响应最大，而另一个核对水平边缘响应最大。Sobel 算子能进一步抑制噪声但检测的边缘较宽，它是边缘检测器中最常用的算子之一。

−1	0	1
−2	0	2
−1	0	1

G_x

1	2	1
0	0	0
−1	−2	−1

G_y

图 4-33　Sobel 算子

4.5.3　二阶算子

本节介绍基于二阶导数算子的边缘检测算法。

（1）拉普拉斯算子

二维函数 $f(x,y)$ 的拉普拉斯算子由下式给出。

$$\nabla^2 f(x,y) = -[f(x+1,y)+f(x-1,y)+f(x,y+1)+f(x,y-1)]+4f(x,y)$$
(4-46)

拉普拉斯算子的模板里对应中心像素的系数应是正的，而对应中心像素邻近像素的系数应是负的，且模板所有系数和为零。图 4-34 为拉普拉斯算子常用的 2 种模板。

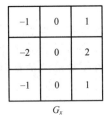

0	−1	0
−1	4	−1
0	−1	0

G_x

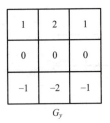

−1	−1	−1
−1	8	−1
−1	−1	−1

G_y

图 4-34　拉普拉斯算子常用的 2 种模板

拉普拉斯算子的作用是判断一个像素是在边缘暗的一边还是亮的一边。作为一个二阶导数，拉普拉斯算子对噪声具有无法接受的敏感性，拉普拉斯算子的幅值会产生双边缘，这是复杂的分割不希望有的结果，而且拉普拉斯算子不能检测边缘的方向。

（2） LOG（Laplacian of Gaussian）算法

二阶导数算子的弱点是对噪声十分敏感，解决方法是利用高斯滤波器滤除噪声，由此产生 LOG 算法，即高斯滤波＋拉普拉斯边缘检测。它把 Gauss 平滑滤波器和 Laplacian 锐化滤波器结合起来，先平滑噪声，再检测边缘。

$$G(x,y) = \frac{\partial^2 G}{\partial x^2} + \frac{\partial^2 G}{\partial y^2} = \frac{1}{\pi\sigma^2}\left(\frac{x^2+y^2}{\sigma^2} - 1\right)\exp\left(-\frac{x^2+y^2}{2\sigma^2}\right) \tag{4-47}$$

式中，$G(x,y)$ 是 Gaussian 平滑函数；σ 为高斯分布的均方差，正比于低通滤波器的宽度，σ 越大，平滑作用越显著，去除噪声越好，但图像的细节也损失越大，边缘精度也就越低。

对平滑后的图像 $f_s[f_s = f(x,y) \times G(x,y)]$ 做拉普拉斯变换（拉氏变换），得到

$$h(x,y) = \nabla^2 f_s(x,y) = \nabla^2[f(x,y) \times G(x,y)] = f(x,y) \times \nabla^2 G(x,y) \tag{4-48}$$

0	0	−1	0	0
0	−1	−2	−1	0
−1	−2	16	−2	−1
0	−1	−2	−1	0
0	0	−1	0	0

图 4-35 LOG 算子常用的 5×5 的模板

拉氏变换得到一个兼有平滑和二阶微分功能的模板，再与原来的图像进行卷积；接着根据二阶导数零点对应一阶导数的峰值估计边缘的位置。

常用的 LOG 算子是 5×5 的模板。如图 4-35 所示。

4.5.4　Canny 算子

一般认为图像中的重要边缘都是连续的曲线，但存在清晰与模糊部分，在边缘检测时，既要跟踪曲线中模糊的部分，又要避免将没有组成曲线的噪声像素当成边缘。Canny 算子操作流程是先用高斯平滑模板降噪，然后寻找梯度。Canny 算法使用 4 个模板来检测水平、垂直以及对角线方向的边缘，得到每个像素点的最大值以及生成边缘的方向。

再通过非极大值抑制方法排除非边缘像素，仅仅保留代表候选边缘的细线条。

接着跟踪边缘。较高的亮度梯度有可能是边缘，Canny 算法使用了滞后阈值来判断边缘，滞后阈值需要两个阈值（高阈值和低阈值），判断准则如下：

① 如果某一像素的幅值大于高阈值，该像素被保留为边缘像素。

② 如果某一像素的幅值小于低阈值，该像素被排除。

③ 如果某一像素位置的幅值在两个阈值之间，该像素仅仅在连接到一个高于高阈值的像素时被保留。

跟踪结束就可以得到一个二值图像，每个点表示一个边缘点。

4.5.5　几种算子的比较

梯度边缘检测方法利用梯度幅值在边缘处达到极值检测边缘。该法不受运算方

向的限制，同时能获得边缘方向信息，定位精度高，但对噪声较为敏感。

Roberts 算子采用对角线方向相邻两像素之差近似梯度幅值检测边缘。检测水平和垂直边缘的效果好于斜向边缘，定位精度高，但无平滑功能，所以对于噪声比较敏感。

Sobel 算子和 Prewitt 算子都是一阶的微分算子。Sobel 算子根据像素点上下、左右邻点灰度加权差，在边缘处达到极值这一现象检测边缘。对噪声具有平滑作用，提供较为精确的边缘方向信息，是一种较为常用的边缘检测方法。

拉普拉斯算子利用二阶导数零交叉特性检测边缘，是二阶微分算子。LOG 滤波器方法与之相似，两种算子定位精度高，但受噪声影响大，对灰度突变敏感，只能获得边缘位置信息，不能得到边缘的方向等信息。

Canny 方法则以一阶导数为基础来判断边缘点，它是一阶微分中检测阶跃型边缘效果最好的算子之一，它比 Roberts 算子、Sobel 算子和 Prewitt 算子的去噪能力都要强，但也容易平滑掉一些边缘信息。

图 4-36 分别用 Roberts、Prewitt、Sobel、拉普拉斯和 Canny 算子进行处理后结果的比较。

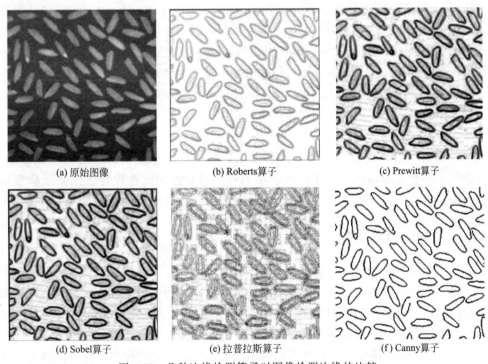

(a) 原始图像　　　　(b) Roberts算子　　　　(c) Prewitt算子

(d) Sobel算子　　　　(e) 拉普拉斯算子　　　　(f) Canny算子

图 4-36　几种边缘检测算子对图像检测边缘的比较

4.6　Blob 分析

4.6.1　简介

Blob（斑点）分析（Blob Analysis）是对图像中相同像素的连通域进行分析，

该连通域称为 Blob。Blob 分析可为机器视觉应用提供图像中斑点的数量、位置、形状和方向，还可以提供相关斑点间的拓扑结构，主要适用于以下机器视觉应用：二维目标图像、高对比度图像、存在/缺失检测、计数和旋转不变性需求等。

Blob 分析的主要步骤包括：

1）图像分割（Image Segmentation）

在进行 Blob 分析前，必须先将灰度图像分割为斑点（Blob）与背景的集合。图像中的每一像素必须被指定为目标像素或背景像素。通常目标像素被赋值为 1，如果目标有多个，可以累加赋值，背景像素被赋值为 0。

2）连通性分析（Connectivity Analysis）

当图像分割完成后，需要进行连通性分析。在图像中寻找一个或多个相似灰度的"斑点"，并将这些"斑点"按照四邻域或者八邻域方式进行连通性分析，将目标像素聚合为一个 Blob 单元。通过对 Blob 单元进行图形特征分析，得到质心、面积、周长、外接最小矩形以及其他图形信息。

连通性分析有三种类型。

① 全图像连通性分析（Whole Image Connectivity Analysis）。此时被分割图像的所有目标像素均被视为构成单一斑点的像素，即使斑点像素彼此并不相连。

② 连接 Blob 分析（Connected Blob Analysis）。连接性分析通过连接所有邻近的目标像素构成斑点。不邻近的目标像素则不被视为斑点。

③ 标注连通性分析（Labeled Connectivity Analysis）。图像中有多个不同目标的像素集合时，每一集合做不同的标注，相同的标注视为同一个目标。

3）Blob 计算

Blob 计算是将目标从背景中分离出来，并测量任意形状目标物的形态参数。一般使用游程长度编码（RLE）来表示相邻的目标范围。这种方法比基于像素的算法快。

4.6.2 Blob 分析方法

（1）多颜色标识

很多工业或农业应用中，会使用多种颜色来描述物体的特性，例如彩色糖果和药片的识别与分类、苹果等农副产品的质量分级、足球机器人的身份识别与定位等，都要通过色彩分割并做 Blob 分析，找出其规律和特点。以足球机器人为例，一个机器人的标识决定了该机器人所属组别和编号，良好的标识设计对机器人位置测量、角色分配和运动控制非常重要。

设计机器人标识的基本思路是：每个机器人有一个主标识，代表机器人所属组别，同组的机器人有相同的主标识色；外加一个副标识，用来识别机器人编号。设计机器人的副标识可采用颜色法，有几个机器人就用几种颜色，理论上这种标识方法可以识别 $256 \times 256 \times 256$ 种机器人，如果机器人数目不多，就比较容易处理，但如果机器人数目超过 5 个，就很难调节和区分颜色，而且颜色对环境光线很敏感，不适合动态环境。这种设计方法如图 4-37 所示。

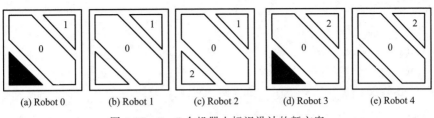

图 4-37　3～5 个机器人标识设计的新方案

0，1，2 表示三种颜色

（2）快速查表技术

在 24 位彩色系统中，共有 $2^{24}=16777216$ 种颜色，一种颜色的 RGB 值会落在 R（0～255），G（0～255），B（0～255）的范围内，这样就存在一种查找表（look-up-table，LUT），其为大小为 $256\times256\times256$（字节）的三维矩阵，可以用符号代表 16777216 种颜色，例如紫色或粉红色。每个 RGB 值可以通过此表查出代表何种颜色。但在实际应用中，LUT 的尺寸过大，查表过程比较耗时，对 LUT 进行了改进，提出一种快速查表（fast look-up-table，FLUT）的方法。

FLUT 是一个 3×256（字节）的二维矩阵，FLUT［0］［256］、FLUT［1］［256］和 FLUT［2］［256］分别表示 R、G、B 的索引序号。每个字节的定义如图 4-38 所示，每位代表一种颜色，最多可以代表 8 种颜色。如果颜色种类大于 8，还可以定义更多位。每位用 1 或 0 表示特定颜色存在与否。

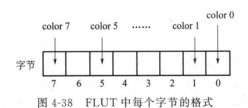

图 4-38　FLUT 中每个字节的格式

建立 FLUT 的算法如下。

① 根据颜色种类调节每种颜色的 RGB 范围，以黄色（Yellow）为例，设 RGB 范围为 Rmax，Rmin，Gmax，Gmin，Bmax 和 Bmin，定义 FLUT 中每个字节的第一位表示黄色。

② i 从 0 到 255：

```
if((Yellow.Rmin>i)&&(i<Yellow.Rmax))
        FLUT[0][i]=FLUT[0][i] | 0x1;
    if((Yellow.Gmin>i)&&(i<Yellow.Gmax))
        FLUT[1][i]=FLUT[1][i] | 0x1;
    if((Yellow.Bmin>i)&&(i<Yellow.Bmax))
        FLUT[2][i]=FLUT[2][i] | 0x1;
```

③ 重复步骤②，遍历其他颜色。

④ 颜色范围冲突检测：在颜色调节过程中，很可能会发生一种颜色的 RGB 范围与另一种颜色的 RGB 范围发生重叠，导致颜色识别的混乱——颜色冲突，检测

方法是：

令 j 从 0 到 255；

　k 从 0 到 255；

　　m 从 0 到 255；

　　　d＝FLUT [0][j] ＆ FLUT [1][k] ＆ FLUT [2][m]；

检测值 d 一旦不等于下列数值中的一个：0x1，0x2，0x4，0x8，0x10，0x20，0x40，0x80，就意味着颜色冲突发生了，需要重新调整颜色范围。

颜色的查找方法为，代入某个像素的 RGB 值到下式

c＝FLUT [0][R] ＆ FLUT [1][G] ＆ FLUT [2][B]

当 c＝0x1，0x2，0x4，0x8，0x10，0x20，0x40 或 0x80，可以知道该像素值属于何种颜色。

表 4-2 比较了 LUT 和 FLUT 的建表时间和查表时间，O 表示计算复杂度，n 表示颜色种类，f 表示内存读取时间，时间采样通过 MS VC＋＋中的 timeGet-Time（）函数获得，精度为 1ms，Row 和 Col 分别表示图像行数和列数。由表 4-2 知，显然 FLUT 耗时小于 LUT。

表 4-2　LUT 和 FLUT 的计算复杂度比较

处理	LUT	FLUT
建表时间	$O(2^8 \times 2^8 \times 2^8 \times n)$ 耗时 2322ms	$O(2^8 \times 3 \times n)$ 耗时 313ms
查表时间	$O[f(2^8 \times 2^8 \times 2^8) \times Row \times Col]$ 耗时 3～4ms	$O[f(2^8 \times 3) \times Row \times Col]$ 耗时＜1ms

（3）基于 RLE 的图像重构技术

RLE(Run length encoding) 又称行程长编码，是一种使用非常普遍的图像压缩技术。RLE 技术同样可以用来重构彩色图像，下面将用基于对象的方法（OOP）来描述这一技术。

首先，定义 RLE 元素的数据结构：

```
struct RLE_ELEMENT
{
        int iRLE_ID;                  // RLE 索引序号
        int iRow;                     // 图像矩阵的行数
        int iStart_Pos,iEnd_Pos;      // 在某行的起始列和终止列
        int iColourRef;               // 从 FLUT 获取的颜色值
        int iNexELE;                  // 下一个 RLE 的索引序号
};
```

一个 RLE 元素描述了一条线的特征，包括在图像中的位置、参考颜色和下一个 RLE 的指示序号等。相同颜色的 RLE 元素可以像链条一样重构一个颜色块。颜色块 COL_OBJECTS 的数据结构定义为：

```
struct COL_OBJECTS
```

```
{
        int ColourObjID;          // 颜色块索引序号
        int StartIndex;           // 起始 RLE 序号
        int ColourRef;            // 参考颜色
        int TotalPixel;           // 像素个数
        float Orientation;        // 颜色块角度
        POINT COG;                // 颜色块重心位置
};
```

颜色块数据结构由块索引序号、起始 RLE 元素序号、参考颜色、总像素个数、位置和角度等要素组成。重构颜色块的算法如下：

① 为每行图像生成 RLE 元素。

② 消除过长或过短的 RLE 元素：基于对颜色对象的先验知识，如果 RLE 长度大于颜色对象的尺寸，这个 RLE 则是异常的；反之，当 RLE 长度为一个像素时，认为是一个噪声，也要被删去。

③ 连接相同颜色且相邻的 RLE 元素组成颜色块。如果图像同一行中两个相邻且同色的 RLE 元素（RLE [i] 和 RLE [i+1]）距离小于给定阈值（颜色对象的先验知识获得），二者可以连接成同一个 RLE 元素，并且 RLE [i] 中的 iNextindex 指向 RLE [i+1]；同样，如果相邻行的两个 RLE 元素颜色相同且在位置上有重叠，例如（RLE [i]. iEnd_Pos＞RLE [j]. iStart_Pos 并且 RLE [i]. iStart_Pos＜RLE [j]. iEnd_Pos），那么二者可以连接起来，而且 RLE [i] 中的 iNextindex 指向 RLE [j]。

④ 比较当前帧图像中的每个颜色块与上一帧图像中颜色块的位置。根据颜色对象移动的最大速度，相应颜色对象的位置变化不应该超出这一速度，如果超出了，可以认为该颜色块是非法的，那么就用上一帧的颜色块的位置来代替。

(4) 标识算法

利用上述方法找到组别颜色块和头标记颜色块之后，要对二者进行配对，以形成不同的机器人标识进行编号和计算位置与角度，基本配对思想是在同一个机器人上，两个颜色块的间距及范围不会超出机器人的尺寸。

定义机器人标识的数据结构为：

```
struct ID_OBJECTS
{
        int PriColObject;         // 组别颜色块对象
        int SecColObject;         // 头标记颜色块对象
        BOOL ObjectFound;         // 是否找到该标识
        float Orientation;        // 机器人的方向角
        POINT position;           // 机器人的位置
};
```

标识配对算法如下：

① 通过颜色块对象匹配找出所有的机器人标识，通过上述的方法计算组别颜

色块的位置和角度。

② 对每一个机器人标识，如图 4-39 所示，在距离重心 M 一定范围处找到 B 点，这个范围由标识设计决定。

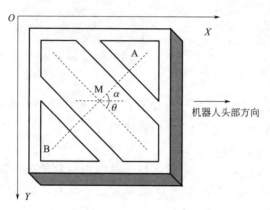

图 4-39　机器人标识
A—头标记颜色区；M—组别颜色区；B—编号颜色区

③ 在 B 点周围采集 5×5 像素区域，取得其平均 YUV 颜色值，由这个值对同组机器人进行编号。例如，在图 4-39 中，机器人 0 号、1 号和 2 号的编号色分别为黑、白和红，头标记为绿色；机器人 3 号和 4 号的编号色为黑和白，而头标记为红色。

4.7　阈值分割

图像分割是对图像进行视觉分析和模式识别的基本前提。图像分割根据灰度、色彩、空间纹理、几何形状等特征把图像划分成若干个互不相交的区域，使得这些特征在同一区域内，表现出一致性或相似性。图像分割已被应用于很多领域。例如，在红外技术应用中，红外无损检测中红外热图像的分割，红外成像跟踪系统中目标的分割；在遥感应用中，合成孔径雷达图像中目标的分割等；在医学应用中，血液细胞图像的分割，核磁共振图像的分割；在农业工程应用中，水果品质无损检测过程中水果图像与背景的分割。

4.7.1　图像分割方法

图像分割常用的有 3 种方法。

（1）对图像特征分类的方法
常用的图像特征有颜色、纹理、形状、空间关系等。

1）颜色特征
它是一种基于像素点的全局特征，描述了图像或图像区域所对应的景物的表面性质。颜色直方图是最常用的表达颜色特征的方法，其优点是不受图像旋转和平移变化的影响，通过归一化还可不受图像尺度变化的影响，但不能表达出颜色空间分布的信息。

2）纹理特征

它描述了图像或图像区域所对应景物的表面性质。在模式匹配中，这种特征不会由于局部的偏差而无法匹配成功。作为一种统计特征，纹理特征常具有旋转不变性，并且对噪声有较强的抵抗能力。纹理特征缺点受图像的分辨率变化或光照、反射的影响，从 2D 图像中反映出来的纹理不一定是 3D 物体表面真实的纹理。

3）形状特征

各种基于形状特征的检索方法都可以检索图像中感兴趣的目标，但也存在一些问题，包括：难适应目标的变形；视点的变化会产生各种失真；局部特征的局限性等。

4）空间关系特征

空间关系是指图像中分割出来的多个目标之间的相对位置或相对方向关系，例如邻接、重叠和包容等。空间关系特征可加强对图像内容的理解能力，但对目标的旋转、反转、尺度变化等比较敏感。

（2）基于区域的方法

1）区域生长分割法

所谓区域生长（Region Growing）是指将局部的像素区域发展成更大区域的过程。从种子点的集合开始，区域增长将与每个种子点有相似属性如强度、灰度级、纹理颜色的相邻像素合并到此区域，通过每个种子像素点的迭代生长，形成不同的区域，这些区域的边界通过闭合的多边形来定义。区域生长分割算法的关键是初始种子点的选取和生长规则的确定。算法的优点在于计算简单，对于均匀的连通目标有很好的分割效果；缺点是需要人为设定种子点，对噪声敏感，可能导致区域出现空洞。

2）分裂合并法

基本思想是从整幅图像开始通过不断分裂合并来得到各个区域。分裂合并算法的关键是分裂合并准则的设计，这种算法对复杂图像的分割效果较好，但算法复杂，计算量大，分裂可能破坏区域的边界。

3）分水岭分割法

这是一种基于拓扑理论的数学形态学的分割方法，其基本思想是把图像看作是测地学上的拓扑地貌，图像中每个像素的灰度值表示该点的海拔高度，每个局部极小值及其影响区域称为集水盆，而集水盆的边界则形成分水岭。分水岭分割法对微弱边缘具有良好的响应，具有很强的边缘检测能力，可以得到比较好的封闭连续边缘；但是同时对于图像中的噪声，物体表面细微的灰度变化，该算法也会产生"过度分割"的现象。

（3）基于边缘的方法

图像的边缘是指图像局部区域亮度变化显著的部分，集中了图像的大部分信息。边缘检测主要是图像的灰度变化的度量、检测和定位。边缘检测的基本思想是先利用边缘增强算子，突出图像中的局部边缘，然后通过设置阈值的方法提取边缘点集。但是由于噪声和图像模糊，检测到的边界可能会有间断的情况发生。

另外，通过统计方法，例如贝叶斯算法，判断目标区域出现的概率大小，也能取得较好的分割效果。

4.7.2　阈值化分割

图像阈值化分割是一种最常用，同时也是最简单的图像分割方法，它特别适用于目标和背景存在明显差异的图像。它不仅可以极大地压缩数据量，而且简化了分析和处理步骤。

阈值分割法的基本原理是：通过设定不同的特征阈值（或门限），把图像像素点分为若干类。这里的特征包括灰度或色彩信息。设原始图像为 $f(x,y)$，按照一定的准则在 $f(x,y)$ 中找到特征值 t，将图像分割为两个部分，分割后的图像表达式如下。

$$g(x,y)=\begin{cases} b_0 & f(x,y)<t \\ b_1 & f(x,y)\geqslant t \end{cases} \tag{4-49}$$

若取 $b_0=0$（黑），$b_1=1$（白），即为通常所说的图像二值化。如图 4-40 所示。

若将式(4-49)做如下修改，即为图像的半二值化。

$$g(x,y)=\begin{cases} f(x,y) & f(x,y)<t \\ b_1 & f(x,y)\geqslant t \end{cases} \tag{4-50}$$

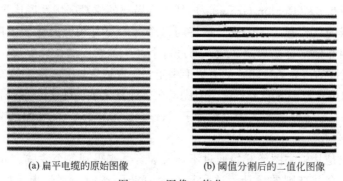

(a) 扁平电缆的原始图像　　　　(b) 阈值分割后的二值化图像

图 4-40　图像二值化

灰度图像二值化的依据通常是直方图。直方图是不同灰度值对应的像素分布图，用二维坐标系表示，其横轴代表的是图像中的亮度，由左向右，从全黑逐渐过渡到全白，即从 0 到 255；纵轴代表的则是图像中处于这个亮度范围的像素的相对数量。

所有这些阈值化方法，根据使用的是图像的局部信息还是整体信息，可以分为上下文无关（Non-contextual）方法，也叫作基于点（Point-dependent）的方法和上下文相关（Contextual）方法，也叫作基于区域（Region-dependent）的方法；根据对全图使用统一阈值还是对不同区域使用不同阈值，可以分为全局阈值方法（Global Thresholding）和局部阈值方法（Local Thresholding），也叫作自适应阈值方法（Adaptive Thresholding）；另外，还可以分为双阈值方法（Bilever Thresholding）和多阈值方法（Multithresholding）。

4.7.3　全局阈值法

(1) p-分位数法

1962 年 Doyle 提出的 p-分位数法（也称 p-tile 法），是最古老的一种阈值选取方法。该方法使目标像素与背景像素的比例等于先验概率，据此来设定阈值。方法简单高效，但对于先验概率难于估计的图像却无能为力。

例如，根据先验知识，知道图像目标与背景像素的比例为 P_O/P_B，则可根据此条件直接在图像直方图上找到合适的阈值 T，使得 $f(x,y) \geqslant T$ 的像素为目标，$f(x,y) < T$ 的像素为背景。

(2) 迭代法

初始阈值选取为图像的平均灰度 T_0，然后用 T_0 将图像的像素点分作两部分，计算两部分各自的平均灰度，小于 T_0 的部分为 T_A，大于 T_0 的部分为 T_B。

计算 $T_1 = \dfrac{T_A + T_B}{2}$，将 T_1 作为新的全局阈值代替 T_0，重复以上过程，如此迭代，直至 T_K 收敛，即 $T_{K-1} = T_K$。

经试验比较，对于直方图双峰明显，谷底较深的图像，迭代方法可以较快地获得满意结果。但是对于直方图双峰不明显，或图像目标和背景比例差异悬殊，迭代法所选取的阈值不如最大类间方差法。

(3) 最大类间方差法

Otsu 于 1978 年提出最大类间方差法，计算简单，稳定有效，一直广为使用。从模式识别的角度看，最佳阈值应当产生最佳的目标类与背景类的分离性能，此性能用类别方差来表达。

设图像像素数为 N，灰度范围为 $[0, L-1]$，对应灰度级 i 的像素数为 n_i，概率为

$$P_i = n_i/N, \ i = 0,1,2,\cdots,L-1$$

$$\sum_{i=0}^{L-1} P_i = 1 \tag{4-51}$$

把图像中的像素按灰度值用阈值 T 分成两类 C_0 和 C_1，C_0 由灰度值在 $[0, T]$ 之间的像素组成，C_1 由灰度值在 $[T+1, L-1]$ 之间的像素组成，对于灰度分布概率，整幅图像的均值为

$$u_T = \sum_{i=0}^{L-1} iP_i \tag{4-52}$$

则 C_0 和 C_1 均值为

$$u_0 = \sum_{i=0}^{T} iP_i/w_0 \quad u_1 = \sum_{i=T+1}^{L-1} iP_i/w_1 \quad w_0 = \sum_{i=0}^{T} P_i \quad w_1 = \sum_{i=T+1}^{L-1} P_i = 1 - w_0$$

由此可得

$$u_T = w_0 u_0 + w_1 u_1 \tag{4-53}$$

在实际运用中，类间方差定义为

$$\sigma^2(T) = w_0(\mu_0 - \mu_T)^2 + w_1(\mu_1 - \mu_T)^2 = w_0 w_1(\mu_0 - \mu_1)^2 \tag{4-54}$$

式中，σ^2 为两类间最大方差；w_0 为 C_0 类概率；μ_0 为 C_0 类平均灰度；w_1 为 C_1 类概率；μ_1 为 C_1 类平均灰度；μ 为图像总体平均灰度。即阈值 T 将图像分成 C_0 和 C_1 两部分，让 T 在 $[0, L-1]$ 范围依次取值，使两类总方差 $\sigma^2(T)$ 取最大的 T 值即为 Otsu 法的最佳阈值。

此方法也有其缺陷，当图像中目标与背景的大小之比很小时该方法失效。

对于基于点的全局阈值选取方法，除上述主要几种之外，还有最大熵方法、最小误差阈值、矩量保持法、模糊集方法等。近年来也融入了一些新的研究手段比如人工智能、神经网络、数学形态学、小波分析与变换等。总地来说，基于点的全局阈值算法，算法时间复杂度较低，易于实现，适于在线实时图像处理系统。

4.7.4 局部阈值法和多阈值法

（1）局部阈值法

当图像中出现如照度不均匀、各处的对比度不同、背景灰度变化等，如果用全局阈值对整幅图像进行分割，会得到劣质的分割效果。解决办法就是用与像素位置相关的阈值来对图像各部分分别分割。这种与坐标相关的阈值叫动态阈值，此方法也称为自适应阈值法。这类算法的时间复杂性和空间复杂性较大，但抗噪能力强，分割效果较好。

例如，从大米色选中，得到一幅照度不均（左边亮右边暗）的原始图像如图 4-41 所示。

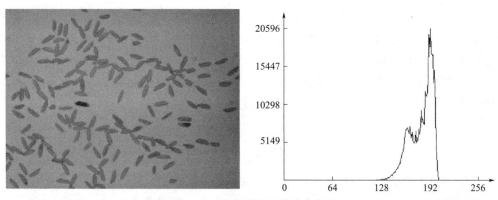

图 4-41　原始图像及其直方图

如果只用一个全局阈值进行分割，将出现如图 4-42 所示的两种情况，如果阈值低，对背景效果好，则大米分割效果差；如果阈值高，对大米分割效果好，但背

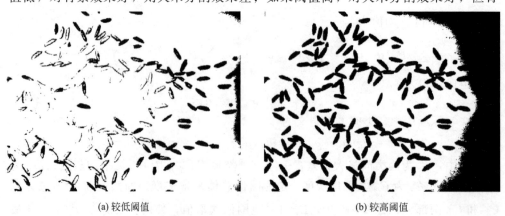

(a) 较低阈值　　　　　　　　　　　　(b) 较高阈值

图 4-42　全局阈值分割处理的结果

景效果差；两种都不能得到正确的分割效果。

若使用局部阈值，则可以将图像划分 2 个以上的区域，在亮区和暗区选择不同的阈值，使得整体分割效果较为理想。如图 4-43 所示。

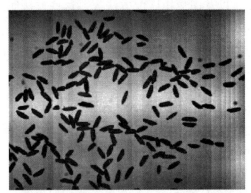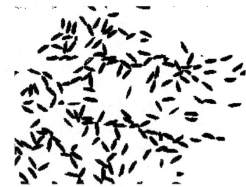

图 4-43　多区域取局部阈值的分割结果

区域划分越细，分割效果会更加理想。以下是两种常用的局部阈值法。

1）阈值插值法

将图像等分成若干子图，由于子图相对原图较小，因此受明暗或对比度空间变化的影响较小。然后对每个子图计算阈值（此时的阈值可用任何一种全局阈值法）。通过对这些子图所得到的阈值进行插值，就可以得到对原图中每个像素进行分割所需要的阈值。将对应每个像素的阈值合起来构成的一个曲面，叫作阈值曲面。

2）水线阈值算法

水线（也称分水岭或流域，Watershed）阈值算法的基本思想是：使用一个较大的初始阈值将两个目标分开，但目标间的间隙很大；在减小阈值的过程中，两个目标的边界会相向扩张，它们接触前所保留的最后像素集合就形成了目标间的边界，此时的阈值就是水线阈值。

（2）多阈值法

如果图像中含有占据不同灰度级区域的多个目标，则需要使用多个阈值才能将它们分开。多阈值分割，可以看作单阈值分割的推广，前面提到的大部分阈值化技术，诸如最大类间方差法、迭代法等都可以推广到多阈值的情形。

4.8　图像匹配算法及其应用

4.8.1　模式匹配法

图像匹配技术广泛应用在模式识别、自动驾驶、医学诊断、三维重构、遥感图像处理等领域。图像匹配是在变换空间中寻找一种或多种变换，使来自不同时间、不同传感器或不同视角的同一场景的两幅或多幅图像在空间上一致。由于拍摄时间、角度、环境的变化和多种传感器的使用，拍摄的图像不仅受噪声的影响，而且存在不同的灰度失真和几何畸变，因此匹配算法如何实现精度高、匹配正确率高、速度快、鲁棒性和抗干扰性强以及并行实现，成为研究者追求的目标。

图像匹配方法一般分成两大类，即基于区域的匹配方法和基于特征的匹配方法。基于区域的匹配通常是根据图像区域的灰度信息来进行匹配，常用的方法有互相关方法，基于 FFT 的频域相位匹配方法，以及图像矩匹配方法等。这些方法匹配精度较高，容易实现，但计算速度较慢，且易受光照条件的影响。基于特征的匹配方法是通过提取图像特征点进行匹配，减少了匹配过程的计算量，并且特征点的提取过程减少了噪声的影响，对灰度变化、图像形变等都有较好的适应能力。所以基于图像特征的匹配在实际中的应用较广泛。

基于特征的图像匹配方法主要包括三步：特征提取、特征描述和特征匹配。图像匹配的核心问题在于将不同的分辨率、不同的亮度属性、不同的位置（平移和旋转）、不同的比例尺、不同的非线性变形的图像对应起来。

图像匹配首先建立一个参考的模板，以供机器视觉应用系统在获取的图像中搜索这一模板，并且计算出相应的匹配分数，这个分数表征了其与模板的相似程度。

用于模式识别的特征有许多种，大部分特征是基于图像的区域或边界，常用有三类特征。

1）全局特征

全局特征通常是图像区域的一些特征，如面积、周长、傅立叶描述子和矩特征等。全局特征可以通过计算区域内的点来得到，或只计算区界上的点来得到。

2）局部特征

常用的局部特征有曲率、边界段和角点。曲率可能是边界曲率，也可能来自曲面。在有遮挡或图像不完整的情况下，使用物体的局部特征比用物体的全局特征更有效。

3）关系特征

关系特征通常包括特征之间的距离和相对方位测量值，一般而言图像中不同实体的相对位置就定义了一个物体。但完全相同的特征，若关系特征不同，则可能表示不同的物体。

4.8.2 基于灰度值的匹配算法

假定有模板图像 T，要求检测图像 S 中是否存在 T。把模板放在图像中的某一位置，通过比较模板和图像对应位置的相似性，可以检测模板存在图像哪一位置。

假设 S 大小为 100×100 像素，T 大小为 10×10 像素，匹配流程如下。

① 从输入图像的左上角（0,0）开始，切割一块（0,0）至（10,10）的临时图像；

② 用临时图像和模板图像进行对比，对比结果记为 c；

③ 将对比结果 c，作为结果图像在（0,0）处的像素值；

④ 在（0,1）处切割一块（0,1）至（10,11）的临时图像，进行对比，将对比结果记录到结果图像（0,1）处；

⑤ 重复上述步骤，直到输入图像的右下角；

⑥ 通过排序找到 c 最大时的坐标位置，即为模板在图像中最相似的位置。

归一化积相关算法（Normalized Cross Correlation，简称 NCC 算法）是最常用的灰度匹配算法，算法如下：

$T(m,n)$ 表示模板图像，$S_{ij}(i,j)$ 表示在输入图像的 (i,j) 处切割的临时图像，称为子图 S_{ij}。输入图像 $S(W,H)$，如图 4-44 所示。定义归一化相关系数如式(4-55)所示。$\bar{t}$ 是模板灰度的平均值，$\bar{s}$ 是子图 S_{ij} 灰度的平均值。

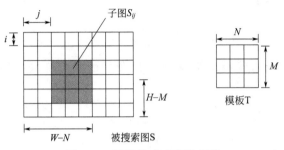

图 4-44　图像模式匹配示意图

$$R(i,j) = \frac{\sum_{m=1}^{M}\sum_{n=1}^{N}\left[S_{ij}(m,n) - \bar{s}\right] \times \left[T(m,n) - \bar{t}\right]}{\sqrt{\sum_{m=1}^{M}\sum_{n=1}^{N}\left[S_{ij}(m,n) - \bar{s}\right]^2}\sqrt{\sum_{m=1}^{M}\sum_{n=1}^{N}\left[T(m,n) - \bar{t}\right]^2}} \tag{4-55}$$

当模板和子图完全匹配时，相关系数 $R(i,j)=1$。当输入图像 S 完成全部搜索后，找出 R 的最大值 $R\max(im,jm)$，其对应的子图 S_{imjm} 即为匹配目标。显然，用上述公式做图像匹配，计算量大、速度慢。对上述方法进行优化后，可以提高图像匹配速度，例如以下算法。

1）序贯相似性检测算法（SSDA）

通过式(4-56)计算两个图像的向量误差，如果图像在 (i,j) 处有和模板一致的图案时，则 $E(i,j)$ 的值很小，相反则较大。当 $E(i,j)$ 超过某一个阈值时就认为在该位置不存在于模板一致的图案，立即转移到下一个位置，从而节省了冗余的计算时间。

$$E(i,j) = \sum_{m=1}^{M}\sum_{n=1}^{N}\left|S_{ij}(m,n) - T(m,n)\right| \tag{4-56}$$

2）两步匹配算法

将一次的模板匹配更改为两次匹配。第一次匹配为粗略匹配，间隔多行多列在输入图像上进行列匹配，找到最匹配的位置 $(i_{\min}, j_{\min})$。第二次匹配是精确匹配，在 $(i_{\min}, j_{\min})$ 的邻域内进行搜索匹配，得到最后结果。由于数据量大幅减少，匹配速度显著提高。

4.8.3　基于边缘的匹配算法

图像中的边缘不易受光线变化的影响，即使存在混乱和遮挡，图像的边缘特征仍能保持。基于边缘的匹配算法有三种策略：

① 使用边缘点的位置和灰度特性；

② 将图像边缘分割为多个几何基元，然后匹配这些几何基元；

③ 获取图像边缘上的突变点，然后匹配这些突变点。

基于边缘的匹配算法中，最常用的度量方法是，使模板边缘点与离它最近的图像边缘点之间的均方距离最小。如果模板边缘点与图像边缘点之间的平均距离小于设定的阈值，就认为找到了模板实例。

均方距离可表示为

$$\mathrm{sed}(i,j) = \sum_{m=1}^{M}\sum_{n=1}^{N}d(i+m,j+n)^2 \tag{4-57}$$

其中，$d(i,j)$ 表示边缘提取后输入图像背景的距离变换，两点间的距离变换包括：

① 欧式距离 $\sqrt{(x_1-x_2)^2+(y_1-y_2)^2}$

② 街区距离 $|x_1-x_2|+|y_1-y_2|$

③ 棋盘距离 $Max(|x_1-x_2|,\ |y_1-y_2|)$

计算过程如下：首先通过边缘检测算子分别为模板图像和原始图像提取边缘，再通过上一节所述的归一化相似性度量方法，将边缘模板模型与所有位置的搜索图像进行比较，找到相关系数最大的位置。

这种匹配算法的缺点是：图像边缘有遮挡时，返回的距离会非常大。因此实际应用过程中，可以设置模板边缘的有效特征点数目，匹配的像素点满足数量要求，即可视为有相似的实例。

4.9 相机标定

4.9.1 概述

计算三维空间中物体的几何信息是机器视觉的基本任务。建立空间物体表面某点的三维信息与其在图像中对应点之间的相互关系，这个过程被称为相机标定。标定过程就是确定相机的几何参数和光学参数，以及相机相对于世界坐标系的方位。标定精度直接影响视觉测量的精度。

（1）相机标定分类

1）根据是否需要标定参照物，分为传统标定方法和自标定方法。

传统的相机标定是在一定的相机模型下，基于已知的标定物，经过图像处理和一系列数学计算方法，求取相机模型的内部参数和外部参数。不依赖参照物的标定方法，仅利用图像与图像之间的对应关系，对相机进行的标定称为自标定方法，例如基于平移运动或旋转运动的自标定技术、利用多幅图像之间的直线对应关系的相机自标定技术以及利用灭点和弱透视投影或平行透视投影进行的相机标定技术。

传统标定方法应用于精度要求很高，且相机的参数不经常变化的场合。自标定方法主要应用于精度要求不高的场合，如虚拟现实等。

2）根据所用模型不同，分为线性和非线性两种。

相机的线性模型是指经典的小孔模型。成像过程不服从小孔模型的称为相机的非线性模型。线性模型相机标定，用线性方程求解，简单快速，但线性模型不考虑镜头畸变，准确性欠佳；对于非线性模型相机标定，考虑了畸变参数，引入了非线性优化，但对初值选择和噪声比较敏感。

3）根据视觉系统所用的相机个数不同，分为单相机标定和多相机标定。

在双目立体视觉中，需要确定两个相机之间的相对位置和方向。

4）根据求解参数的结果，分为显式标定和隐式标定。

隐式标定是以一个转换矩阵表示空间物点与二维像点的对应关系，并以转换矩阵元素作为标定参数，由于这些参数没有具体的物理意义，所以称为隐式标定。在精度要求不高的情况下，只需要求解线性方程，可以获得较高的效率。显式标定为了提高标定精度，需要构造精密的成像模型，设置镜头畸变参数、图像中心偏差、帧扫描水平比例因子和有效焦距偏差等物理参数，然后求解这些未知参数。

5）根据求解方法来分，有解析法、神经网络法。

空间点与图像对应点之间是一种复杂的非线性关系。解析方法是用足够多的点的世界坐标和相应的图像坐标，通过解析公式来确定相机的内参数、外参数以及畸变参数，然后根据这些系数，再将图像中的点通过几何关系得到空间点的世界坐标。解析方法只选择几种主要的畸变，忽略了其他不确定因素。神经网络法能够以任意的精度逼近任何非线性关系，利用图像坐标点和相应的空间点作为输入输出样本集进行训练，使网络实现给定的输入输出映射关系，对于不是样本集中的图像坐标点也能给出合适的空间点的世界坐标。

6）根据标定块的不同，分为立体标定和平面标定。

立体定标块一般是由两到三个相互正交的平面组成，精度和制造成本较高。对于平面标定物，通过多个视点获得图像，提取图像上的网格角点，获得平面模板与图像间的网格角点的对应关系，平面模板可以用硬铝板，上面张贴激光打印或激光雕刻的棋盘格。模板图案常采用矩形和二次曲线（圆和椭圆）。

7）根据标定步骤，可以分为两步法、三步法、四步法等。

不同应用领域对相机标定的精度要求不同，例如，在物体识别应用系统中和视觉精密测量中，物体特征的相对位置必须要精确，而其绝对位置的标定则要求不高；而在无人驾驶系统中，机器人的空间位置的绝对坐标就要高精度测量，并且工作空间中障碍物的位置也要高精度测量，这样才能实现准确导航。

（2）相机成像模型

图像是空间物体通过成像系统在像平面上的投影。图像上每一个像素点的灰度反映了空间物体表面某点反射光的强度，而该点在图像上的位置则与空间物体表面对应点的几何位置有关。理想的投影成像模型是光学中的中心投影，也称为针孔成像模型，如图 4-45 所示。

针孔模型中，物体表面的反射光都经过一个针孔而投影到像平面上，满足光的直线传播条件。针孔模型主要由光心、成像面和光轴组成。实际摄像系统通常都由透镜或者透镜组代替小孔，像点仍是物点和光心的连线与图像平面的交点。

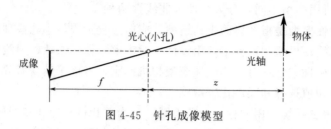

图 4-45　针孔成像模型

由于透镜设计的复杂性和工艺水平等因素的影响，实际透镜成像系统不可能严格满足针孔模型，产生所谓的镜头畸变，如径向畸变、切向畸变、薄棱镜畸变等，在远离图像中心处会有较大的畸变。在精密视觉测量应用方面，应该尽量采用非线性模型来描述成像关系。

4.9.2　相机透视投影模型

常用坐标系及其关系如下。

本节以针孔模型作为成像模型。图 4-46 所示为三个不同坐标系在针孔成像模型下的关系，其中（X_w，Y_w，Z_w）为世界坐标系；（X_c，Y_c，Z_c）为相机坐标系，O_c 为光心；像面 $X_fO_fY_f$ 表示的是视野平面，其到光心的距离即 O_cO_f 为 f（镜头焦距）；$X_cO_cY_c$ 是以像素为单位的图像坐标系，$X_fO_fY_f$ 是以 mm 为单位的图像坐标系。

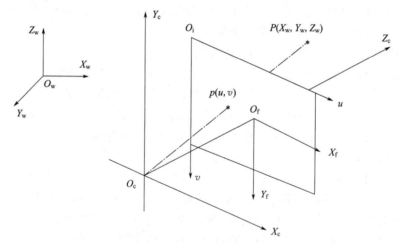

图 4-46　标定系统的坐标系

1）三个层次的坐标系统

① 世界坐标系（O_w，X_w，Y_w，Z_w）：也称全局坐标系，是客观世界的绝对坐标。

② 相机坐标系（O_c，X_c，Y_c，Z_c）：以小孔相机模型的聚焦中心为原点，以相机光轴为 Z 轴建立的三维直角坐标系。X_c、Y_c 与图像物理坐标系的 X_f、Y_f 平行，且采取前投影模型。

③ 图像坐标系，分为图像像素坐标系和图像物理坐标系两种。

图像物理坐标系 (O_f,X_f,Y_f)，其原点 O_f 为透镜光轴与成像平面的交点，X_f 与 Y_f 轴分别平行于相机坐标系的 X_c 与 Y_c 轴，是平面直角坐标系，单位为 mm。

图像像素坐标系 (O_i,u,v)，固定在图像上的平面直角坐标系，其原点位于图像左上角，u、v 平行于图像物理坐标系的 X_f 和 Y_f 轴，单位为像素。

空间某点 P 到其像点 p 的坐标转换过程，主要是通过这四套坐标系的三次转换实现的，首先将世界坐标系进行平移和转换得到相机坐标系，然后根据三角几何变换得到图像物理坐标系，最后根据像素和公制单位的比例得到图像像素坐标系。实际的视觉测量过程是其逆过程，即由像素信息获知世界信息。

2）相机标定参数

相机标定是确定相机内部参数或外部参数的过程。内部参数是指相机内部几何和光学特性，外部参数是指相机相对世界坐标系原点的平移和旋转位置。

相机内部参数是由相机内部几何和光学特性决定的，主要包括：

① 主点 (u_0,v_0)，图像平面原点的计算机图像像素坐标；

② 有效焦距 f，图像平面到光心距离；

③ 透镜畸变系数 k，畸变包括径向畸变和切向畸变；

④ 轴方向的尺度因子 dx、dy，表示单位像素的实际尺寸。

相机外部参数是指从世界坐标系到相机坐标系的平移变换矩阵和旋转变换矩阵。通过相机的标定，可以得到视野平面上的 mm/像素分辨率。

3）坐标系变换关系

定义了上述各种空间坐标系后，就可以建立两两不同坐标变换之间的关系。

① 世界坐标系与相机坐标系变换关系。

世界坐标系中的点到相机坐标系的变换可由一个正交变换矩阵 R 和一个平移变换矩阵 t 表示。

$$\begin{bmatrix} x_c \\ y_c \\ z_c \end{bmatrix} = R \begin{bmatrix} x_w \\ y_w \\ z_w \end{bmatrix} + t \tag{4-58}$$

$R = \begin{bmatrix} r_1 & r_2 & r_3 \end{bmatrix}$，$t = \begin{bmatrix} t_x, t_y, t_z \end{bmatrix}^T$，用齐次坐标表示为

$$\begin{bmatrix} x_c \\ y_c \\ z_c \\ 1 \end{bmatrix} = \begin{bmatrix} r_1 & r_2 & r_3 & t \end{bmatrix} \begin{bmatrix} x_w \\ y_w \\ z_w \\ 1 \end{bmatrix} \tag{4-59}$$

式中，旋转矩阵 R 含有 3 个独立变量，即绕 3 个坐标轴的旋转角度，再加上 t_x、t_y 和 t_z，共有 6 个参数决定了相机光轴在世界坐标系中的空间位置，因此这 6 个参数称为相机外部参数。

② 图像坐标系与相机坐标系变换关系。

如图 4-46 所示，相机坐标系中的物点 P 在图像物理坐标系中像点 p 的坐标为

$$\begin{cases} X_f = f x_c / z_c \\ Y_f = f y_c / z_c \end{cases} \tag{4-60}$$

齐次坐标表示为

$$z_c \begin{bmatrix} X_f \\ Y_f \\ 1 \end{bmatrix} = \begin{bmatrix} f & 0 & 0 & 0 \\ 0 & f & 0 & 0 \\ 0 & 0 & 1 & 0 \end{bmatrix} \begin{bmatrix} x_c \\ y_c \\ z_c \\ 1 \end{bmatrix} \tag{4-61}$$

将上式的图像物理坐标系转化为图像像素坐标系

$$\begin{cases} u - u_0 = X_f / d_x = s_x X_f \\ v - v_0 = Y_f / d_y = s_y Y_f \end{cases} \tag{4-62}$$

齐次坐标表示为

$$\begin{bmatrix} u \\ v \\ 1 \end{bmatrix} = \begin{bmatrix} s_x & 0 & u_0 \\ 0 & s_y & v_0 \\ 0 & 0 & 1 \end{bmatrix} \begin{bmatrix} X_f \\ Y_f \\ 1 \end{bmatrix} \tag{4-63}$$

式中，u_0、v_0 是图像中心（光轴与图像平面的交点）坐标；d_x、d_y 分别为一个像素在 X_f 与 Y_f 方向上的物理尺寸；$s_x = 1/d_x$，$s_y = 1/d_y$。

由此可得物点 P 与图像像素坐标系中的像点 p 的变换关系

$$\begin{cases} u - u_0 = f s_x x_c / z_c = \alpha x_c / z_c \\ v - v_0 = f s_y y_c / z_c = \beta y_c / z_c \end{cases} \tag{4-64}$$

式中，$\alpha = f s_x$，$\beta = f s_y$ 分别定义为 X_c 和 Y_c 方向的等效焦距。α，β，u_0，v_0 这 4 个参数只与相机内部结构有关，因此称为相机内部参数。

③ 世界坐标系与图像坐标系变换关系。

结合式（4-59）、式（4-61）、式（4-63），得到

$$z_c \begin{bmatrix} u \\ v \\ 1 \end{bmatrix} = \begin{bmatrix} \alpha & \gamma & u_0 \\ 0 & \beta & v_0 \\ 0 & 0 & 1 \end{bmatrix} \begin{bmatrix} r_1 & r_2 & r_3 & t \end{bmatrix} \begin{bmatrix} x_w \\ y_w \\ z_w \\ 1 \end{bmatrix} = \boldsymbol{ANX} \tag{4-65}$$

式（4-65）就是图像测量中的共线方程，即物点、光心和像点这三点必须在同一条直线上，$\boldsymbol{A}$ 是内参矩阵，$\boldsymbol{N}$ 是外参矩阵，通过这个转换，一个三维世界的坐标点，可以在图像中找到一个对应的像素点。根据共线方程，在相机内部参数确定的条件下，利用若干个已知的物点和相应的像点坐标，就可以求解出相机的六个外部参数，即相机的光心坐标和光轴旋转角度。

4.9.3 镜头的畸变

由于透镜形状改变了光路，以及透镜与成像靶面不可能完全平行，导致物体在相机靶面上成像与理想成像之间存在光学畸变，畸变一般分为径向畸变和切向畸变。

(1) 径向畸变

光学镜头径向曲率的变化是引起径向畸变的主要原因，这种畸变会导致图像点沿径向移动，离中心点越远，其变形量越大。如图 4-47 所示，设任意点坐标 $[x，y]^T$，

改成极坐标形式 $[r, t]^T$，r 为径向距离，dr 为径向畸变，t 为与水平轴夹角，径向畸变的校正方法如下：

$$x_r = x(1 + k_1 r^2 + k_2 r^4 + k_3 r^6)$$
$$y_r = y(1 + k_1 r^2 + k_2 r^4 + k_3 r^6)$$

(4-66)

其中 $[x_r, y_r]^T$ 是纠正后的坐标。普通相机用 k_1 和 k_2 这两个系数就能纠正径向畸变。对大畸变的鱼眼镜头，要加入 k_3 进行纠正。图像放大率随着离光轴的距离增加而减小，形成桶形畸变，而枕形畸变则相反，如图 4-48 所示。

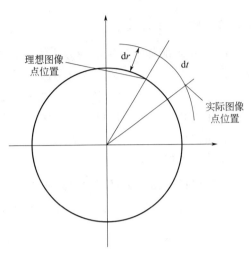

图 4-47　理想图像点与实际图像点

dr—径向畸变；dt—切向畸变

（2）切向畸变

切向畸变可以看成坐标位置沿着切线方向发生了变化，如图 4-49 所示，也就是水平夹角变化了 dr。切向畸变的补偿方法增加了 p_1 和 p_2 两个参数，公式如下

$$x_r = x + 2p_1 xy + p_2(r^2 + 2x^2)$$
$$y_r = y + p_2 xy + p_1(r^2 + 2y^2)$$

(4-67)

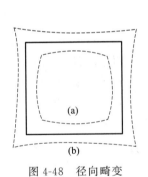

图 4-48　径向畸变

（a）桶形畸变；（b）枕形畸变

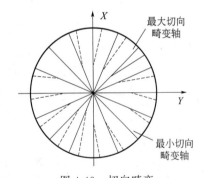

图 4-49　切向畸变

实线—无畸变；虚线—有畸变

镜头畸变通常由光学镜头制造误差和成像敏感阵列制造误差引起，由径向畸变和切向畸变共同构成，结合式（4-66）和式（4-67），对径向畸变和切向畸变共同校正，公式如下

$$x_r = x(1 + k_1 r^2 + k_2 r^4 + k_3 r^6) + 2p_1 xy + p_2(r^2 + 2x^2)$$
$$y_r = y(1 + k_1 r^2 + k_2 r^4 + k_3 r^6) + p_2 xy + p_1(r^2 + 2y^2)$$

(4-68)

将校正后的点通过内参矩阵投影到像素平面，得到该点在图像上的正确位置

$$u = f_x x_r + u_0$$
$$v = f_y x_r + v_0$$

(4-69)

在上述畸变校正过程中，共使用了五个系数 k_1、k_2、k_3、p_2、p_1，实际应用中，可以根据镜头质量的不同来选择要求解的关键参数。

4.9.4 张正友标定法

1998 年之前基于标定块的方法需要昂贵的校准设备和精心的配置，成本非常高。张正友提出了一种基于标定平面的相机标定方法（A Flexible New Technique for Camera Calibration），该方法仅要求相机在两个以上不同的方位拍摄一个平面靶标，相机和平面靶标都可以自由移动，这种标定方法具有较好的鲁棒性，成本较低，实用性很强。

具体步骤如下。

（1）对每一幅图像得到映射矩阵 H

不失一般性，假定标定板平面在世界坐标系 $Z_w = 0$ 的平面上，则由式（4-65）可以得到

$$z_c \begin{bmatrix} u \\ v \\ 1 \end{bmatrix} = A \begin{bmatrix} r_1 & r_2 & r_3 & t \end{bmatrix} \begin{bmatrix} X_w \\ Y_w \\ 0 \\ 1 \end{bmatrix} = A \begin{bmatrix} r_1 & r_2 & t \end{bmatrix} \begin{bmatrix} X_w \\ Y_w \\ 1 \end{bmatrix} \tag{4-70}$$

式中，A 为相机内参数矩阵、$[X_w, Y_w, 1]^T$ 为标定板平面上的齐次坐标、$[u, v, 1]^T$ 为标定平面上的点投影到图像平面上对应点的齐次坐标、$[r_1 \quad r_2 \quad r_3]$ 和 t 分别是相机坐标系相对于世界坐标系的旋转矩阵和平移向量。

令 H 为内参矩阵和外参矩阵的积，$H = A \begin{bmatrix} r_1 & r_2 & t \end{bmatrix} = \begin{bmatrix} h_1 & h_2 & h_3 \end{bmatrix}$，式（4-65）变成

$$\begin{bmatrix} u \\ v \\ 1 \end{bmatrix} = \frac{1}{z_c} H \begin{bmatrix} X_w \\ Y_w \\ 1 \end{bmatrix} = \frac{1}{z_c} \begin{bmatrix} H_{11} & H_{12} & H_{13} \\ H_{21} & H_{22} & H_{23} \\ H_{31} & H_{32} & H_{33} \end{bmatrix} \begin{bmatrix} X_w \\ Y_w \\ 1 \end{bmatrix} \tag{4-71}$$

消去 Z_c，可得

$$u = \frac{H_{11} X_w + H_{12} Y_w + H_{13}}{H_{31} X_w + H_{32} Y_w + H_{33}}$$
$$v = \frac{H_{21} X_w + H_{22} Y_w + H_{23}}{H_{31} X_w + H_{32} Y_w + H_{33}} \tag{4-72}$$

此时，(u, v) 是像素坐标系下的标定板角点的坐标，(X_w, Y_w) 是世界坐标系下的标定板角点的坐标。通过图像识别算法，可以得到标定板角点的像素坐标 (u, v)，又由于标定板上每一个格子的大小是已知的，可以得到世界坐标系下的 (X_w, Y_w)。H 是齐次矩阵，有 8 个独立未知元素。因此当一张图片上的标定板角点数量大于等于 4 时，利用最小二乘法可以回归出最佳的矩阵 H，于是 H 矩阵已知，接下来求解相机的内参矩阵 A。

直接对 A 求解比较困难，令 $B = A^{-T} A^{-1}$，可以先求解出矩阵 B，通过矩阵 B

再求解相机的内参矩阵 A。根据旋转矩阵的正交特性 $r_1^T r_2 = 0$，$r_1^T r_1 = r_2^T r_2$，可得内参数 A 的约束条件

$$h_1^T A^{-T} A^{-1} h_2 = 0 \tag{4-73}$$

（2）利用约束条件线性求解内参数 A

将 A 带入 B

$$B = A^{-T} A^{-1} = \begin{bmatrix} B_{11} & B_{12} & B_{13} \\ B_{21} & B_{22} & B_{23} \\ B_{31} & B_{32} & B_{33} \end{bmatrix} = \begin{bmatrix} \dfrac{1}{\alpha^2} & -\dfrac{\gamma}{\alpha^2 \beta} & \dfrac{v_0 \gamma - u_0 \beta}{\alpha^2 \beta} \\[2ex] -\dfrac{\gamma}{\alpha^2 \beta} & \dfrac{\gamma^2}{\alpha^2 \beta} + \dfrac{1}{\beta^2} & -\dfrac{\gamma(v_0 \gamma - u_0 \beta)}{\alpha^2 \beta} - \dfrac{v_0}{\beta^2} \\[2ex] \dfrac{v_0 \gamma - u_0 \beta}{\alpha^2 \beta} & -\dfrac{\gamma(v_0 \gamma - u_0 \beta)}{\alpha^2 \beta} - \dfrac{v_0}{\beta^2} & \dfrac{(v_0 \gamma - u_0 \beta)^2}{\alpha^2 \beta} + \dfrac{v_0}{\beta^2} + 1 \end{bmatrix} \tag{4-74}$$

其中，B 是对称矩阵，可以表示为六维向量 $b = [B_{11}, B_{12}, B_{13}, B_{22}, B_{23}, B_{33}]^T$，亦可取标定板图像的信息，采用最小二乘法求解 B（具体步骤参考张正友法原文推导公式），再对 B 矩阵求逆，利用 Choleski 分解，便可从 B 中导出内参矩阵 A，进而求解出

$$v_0 = \frac{B_{12} B_{13} - B_{11} B_{23}}{B_{11} B_{22} - B_{12}^2} \quad \alpha = \sqrt{\frac{1}{B_{11}}} \quad \beta = \sqrt{\frac{B_{11}}{B_{11} B_{22} - B_{12}^2}} \tag{4-75}$$

$$\gamma = -B_{12} \alpha^2 \beta \quad u_0 = \frac{\gamma v_0}{\beta} - B_{13} \alpha^2$$

（3）求解外参

再由 A 和 H 计算每幅图像相对于平面标定板的外参数旋转矩阵 R 和平移向量 t

$$r_1 = \lambda A^{-1} h_1$$
$$r_2 = \lambda A^{-1} h_2$$
$$r_3 = r_1 \times r_2 \tag{4-76}$$
$$t = \lambda A^{-1} h_3$$
$$\lambda = \frac{1}{|A^{-1} h_1|} = \frac{1}{|A^{-1} h_2|}$$

（4）最大似然估计

上述的推导结果是基于理想情况下的解，但由于可能存在高斯噪声，所以使用最大似然准则（Maximum likelihood estimation）对上述参数进行优化。假设有 n 幅关于模板平面的图像，而模板平面上有 m 个标定点，那么极大似然估计值就可以通过下式最小化得到

$$\sum_{i=1}^{n} \sum_{j=1}^{m} \| m_{ij} - m(A, k_1, k_2, R_i, t_i, M_{ij}) \|^2 \tag{4-77}$$

式中，m_{ij} 为第 j 个点在第 i 幅图像中的像点；R_i 为第 i 幅图像旋转矩阵；t_i 为第 i 幅图像的平移向量；M_{ij} 为第 j 个点的空间坐标；初始估计值利用上面线性求解的结果，畸变系数 k_1、k_2 初始值为 0。

（5）径向畸变估计

以上推导都是假设不存在畸变参数的情况下成立的。但是事实上相机存在畸变。张正友标定法仅仅考虑了畸变模型中影响较大的径向畸变，数学表达式为

$$
\hat{u} = u + (u - u_0)\left[k_1(x^2 + y^2) + k_2(x^2 + y^2)^2\right]
$$
$$
\hat{v} = v + (v - v_0)\left[k_1(x^2 + y^2) + k_2(x^2 + y^2)^2\right]
$$
(4-78)

其中，(u, v) 是理想无畸变的像素坐标，$(\hat{u}, \hat{v})$ 是畸变后的像素坐标，(u_0, v_0) 代表主点，(x, y) 是理想无畸变的连续图像坐标，$(\hat{x}, \hat{y})$ 是畸变后的连续图像坐标，k_1 和 k_2 为前两阶的畸变参数。

$$
\hat{u} = u_0 + \alpha\hat{x} + \gamma\hat{y}
$$
$$
\hat{v} = v_0 + \beta\hat{y}
$$
(4-79)

变成矩阵形式

$$
\begin{bmatrix} (u - u_0)(x^2 + y^2) & (u - u_0)(x^2 + y^2)^2 \\ (v - v_0)(x^2 + y^2) & (v - v_0)(x^2 + y^2)^2 \end{bmatrix} \begin{bmatrix} k_1 \\ k_2 \end{bmatrix} = \begin{bmatrix} \hat{u} - u \\ \hat{v} - v \end{bmatrix}
$$
(4-80)

记做：$\boldsymbol{Dk} = \boldsymbol{d}$，可得：$\boldsymbol{k} = \begin{bmatrix} k_1 & k_2 \end{bmatrix}^{\mathrm{T}} = (\boldsymbol{D}^{\mathrm{T}}\boldsymbol{D})^{-1}\boldsymbol{D}^{\mathrm{T}}\boldsymbol{d}$，计算得到畸变系数 k，依然通过式(4-77)使用最大似然估计值对解进行优化。

（6）标定流程

① 打印一张棋盘格，把它贴在一个平面上，作为标定物。

② 通过移动标定板或者移动相机在不同的姿态拍摄一组图像。

③ 检测图像上的特征点（如角点）。

④ 估算理想无畸变的情况下 5 个内参和所有外参。

⑤ 求径向畸变下的畸变系数。

⑥ 将以上求得的内外参矩阵和畸变系数作为初始值，采用极大似然估计方法进行优化，得出最终解。

（7）Matlab 工具

Matlab 软件将张正友标定法集成进工具箱，使用方法如下。

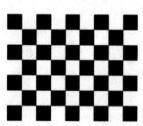

图 4-50　标定用模板图

① 打印棋盘格，打印成 A4 25mm 9×7 方格，如图 4-50 所示，贴在一块光洁水平的玻璃板上，作为标定模板，然后用标定相机从各个角度拍棋盘格，存 20 张左右。

② 打开 Matlab Apps 下的 camera calibration 软件，填写棋盘格的大小，如 25mm，导入 15 张以上的图像，如图 4-51 所示，提取角点，如图 4-52 所示，并进行 calibrate。

③ 删除测量误差较大的图像，并重新标定，保持误差在 0.5 之内，如图 4-53 所示。

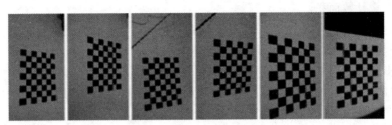

图 4-51 采集到的标定图像

图 4-52 边缘检测图像

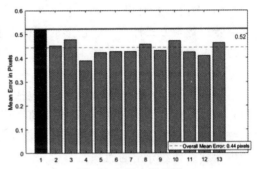

图 4-53 标定误差图

④ 得到标定参数，中英文对照如下：

Camera Intrinsics	相机内参	Focal Length	焦距
Principal Point	主点	Radial Distortion	径向畸变
Mean Reprojection Error	平均误差	Camera Extrinsic	相机外参

⑤ 使用标定结果矫正图像。

4.10 测量算法

将物体从图像中分割出来后，就可以对它的几何特征进行测量和分析，识别物体，也可以对物体进行分类，或对物体是否符合标准进行判别，实现质量监控。

4.10.1 尺寸测量

本节介绍几种常用的尺寸测量方法。

(1) 面积和周长

面积只与该目标物体的边界有关，与边界内部图像灰度的变化无关。周长即物体边界轮廓的长度，在区分目标时特别有用。物体用周长来包围它的面积。面积和周长可以从已分割的图像中计算出来。

1）边界的范围

需要判断边界像素是全部还是部分包含在物体中，边界像素的中心是在边界范围内还是在边界范围外。

2）像素计数面积

最简单的面积计算方法是统计边界内部（包含边界）像素的数目。周长就是统计边界外轮廓上像素的长度。

3）多边形的周长

物体的边界还可以定义为以各边界像素中心为顶点的多边形，相应的周长可以通过计算边界上相邻像素的中心距之和得到，如下式

$$P = \sum_{i=1}^{N-1} \sqrt{(x_i - x_{i-1})^2 + (y_i - y_{i-1})^2} \tag{4-81}$$

4）多边形的面积

若以像素方式计算，多边形的面积等于所有像素点的个数（像素计数面积）减去边界像素点数目的一半加 1，即

$$A = N_0 - [(N_b/2) + 1] \tag{4-82}$$

N_0 和 N_b 分别是物体的像素（包括边界及边界内像素数目和边界上像素的数目）。其原理为：通常一个边界像素的一半在物体内而另一半在物体外，则绕封闭曲线一周，相当于一半像素的面积在物体外。因此，通过减去周长的一半来修正这种由像素点计数导出的面积。

从几何角度来看，一个多边形的面积等于由各顶点与内部某一点的连线所组成的全部三角形的面积之和，如图 4-54 所示，可以令该点为图像坐标系的原点。图 4-55 中的水平和垂直线将区域划分为若干个矩形，得到区域 AOB 的面积

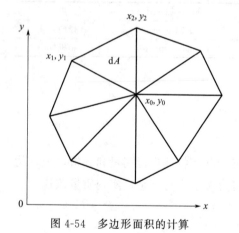

图 4-54　多边形面积的计算　　　　图 4-55　三角形面积的计算

$$dA = x_2 y_1 - \frac{1}{2} x_1 y_1 - \frac{1}{2} x_2 y_2 - \frac{1}{2}(x_2 - x_1)(y_1 - y_2) \tag{4-83}$$

展开并整理该公式可简化为

$$dA = \frac{1}{2}(x_2 y_1 - x_1 y_2) \tag{4-84}$$

从而整个多边形的面积为

$$A = \frac{1}{2} \sum_{i=1}^{N_b} (x_{i+1} y_i - x_i y_{i+1}) \tag{4-85}$$

其中 N_b 是边界点的数目。

注意这种方式计算的三角形的面积可能为正或负，它的符号是由遍历边界坐标值来决定的。相应的周长等于多边形各边长之和，如果该多边形的所有边界点都用作顶点，周长可以通过式(4-81) 获得。

(2) 平均灰度

平均灰度等于物体所有像素的灰度值之和除以面积。总灰度值定义为

$$IOD = \sum_{i=1}^{W} \sum_{j=1}^{H} D(i,j) \tag{4-86}$$

式中，$D(i,j)$ 是 (i,j) 处像素的灰度值。

(3) 长度和宽度

当一个物体从图像中分割出来后，其长度和宽度就是它在水平和垂直方向的跨度，只需求它的最大和最小行/列号即可。但对具有随机走向的物体，有必要确定物体的主轴方向并测量与之相关的长度和宽度。

当物体的边界已知时，有三种方法可以确定它的主轴。①计算物体内部点的最佳拟合直线（或曲线）；②计算矩（Moments）；③计算最小外接矩形（MER-Minimum Enclosing Rectangle）。

根据 MER 方法，物体的边界每次旋转一个增量后，用一个水平放置的MER 来拟合其边界，如图 4-56 所示。每次只需记录下旋转后边界点的最大和最小 x，y 值。在某个旋转角度，MER 的面积达到最小值，此时 MER 的尺寸可以用来表示该物体的长度和宽度。MER 最小时的旋转角度就是该物体的主轴方向。

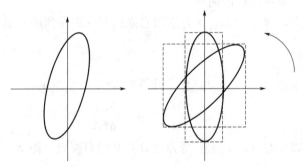

图 4-56 用 MER 来拟合边界

4.10.2 形状分析及描述

(1) 矩形度

矩形度用矩形拟合因子 R 来确定，即物体的面积与其最小外接矩形的面积之比，如式(4-87) 所示。该参数反映物体对其外接矩形的充满程度。

$$R = \frac{A_O}{A_R} \tag{4-87}$$

式中，A_O 是该物体的面积；A_R 是其 MER 的面积。对于矩形物体其参数 R 取得最大值 1.0，对于圆形物体其参数 R 取值为 $\pi/4$，对于纤细的、弯曲的物体参数 R 的取值变小。矩形拟合因子 R 取值范围是 0～1。

另一个与形状有关的参数是长宽比 A，它等于 MER 的宽与长的比值，如式(4-88) 所示。这个参数可以把较纤细的物体与方形或圆形物体区分开来。

$$A = \frac{W}{L} \tag{4-88}$$

(2) 圆形度

圆形度 C 是用来描述物体边界与圆接近程度的参数，表示为物体面积 A 与周长 P 平方之比，如式(4-89) 所示。当物体是圆形时，圆形度取最大值 1；当物体是正三角形时，圆形度约等于 0.6。实际应用中，当对苹果或香蕉进行分类时，圆形度就是一个有效的分类尺度。

$$C = \frac{4\pi A}{P^2} \tag{4-89}$$

(3) 质心和方向角

具有两个变量的有界函数 $f(x,y)$ 的矩集被定义为

$$M_{jk} = \int_{-\infty}^{\infty} \int_{-\infty}^{\infty} x^j y^k f(x,y) \mathrm{d}x \mathrm{d}y \tag{4-90}$$

j 和 k 为非负整数。对于二值化图像，$f(x,y)$ 在物体内取值为 1，物体外取值为 0。参数 j 和 k 称为矩的阶。当 $j=k=0$ 时，称为零阶矩。

$$M_{00} = \int_{-\infty}^{\infty} \int_{-\infty}^{\infty} f(x,y) \mathrm{d}x \mathrm{d}y \tag{4-91}$$

零阶矩也用了表示物体的面积。

一阶矩有两个，M_{10} 和 M_{01}，分别用它除以零阶矩得到的参数可以确定物体质心的位置。

1）质心计算

物体的质心坐标为 (x_c, y_c)，质心计算如式(4-92) 所示。

$$x_c = \frac{M_{10}}{M_{00}} \quad y_c = \frac{M_{01}}{M_{00}} \tag{4-92}$$

中心距就是以质心 (x_c, y_c) 为原点计算其距离原点的距离，定义如下

$$\mu_{jk} = \int_{-\infty}^{\infty} \int_{-\infty}^{\infty} (x - x_c)^j (y - y_c)^k f(x,y) \mathrm{d}x \mathrm{d}y \tag{4-93}$$

中心距具有位置无关性，平移、旋转和尺度变化等操作都不会改变中心距的大小。

2）方向角计算

方向角 θ 表示物体的整体方向与水平方向的夹角，通过二阶矩计算得到，计算过程如式(4-94) 所示。

$$\mu_{11} = \sum 2(x_i - x_c)(y_i - y_c) \mu_{20} = \sum (x_i - x_c)^2 \mu_{02} = \sum (y_i - y_c)^2 \tan 2\theta$$
$$= \frac{2\mu_{11}}{\mu_{20} - \mu_{02}} \tag{4-94}$$

4.10.3 直线最小二乘法拟合

在图像分析中，曲线与曲面的拟合用来描述物体的边界或其他特征，通常使用最小均方误差准则来求出在一定参数条件下的最佳拟合函数。曲面拟合可以用来从一幅图像中抽取感兴趣的部位，也可用于估计物体的长度和宽度、面积和周长等参数。如果所关注的物体可以通过数学模式表示，曲面拟合可用作测量函数。

给定一个数据集 (x_i, y_i)，拟合就是找出函数 $f(x)$，使其均方差 MSE 最小，定义如下

$$MSE = \frac{1}{N} \sum_{i=1}^{N} [y_i - f(x_i)]^2 \tag{4-95}$$

其中，$(x_i, y_i), i = 1, 2, \cdots, N$ 是数据点。

定义直线方程为 $f(x) = ax + b$，b 为斜率，a 为截距，最小二乘就是对 N 个点进行拟合，使其距离拟合直线的总体误差尽量小。求解方法也很简单，就是最小化每个点到直线的垂直误差。

$$e = \sum_{i=1}^{N} [y_i - f(x_i)]^2 = \sum_{i=1}^{N} (ax_i + b - y_i)^2 \tag{4-96}$$

分别对变量 a 和 b 求偏导，两个偏导均为 0 时对应误差最小时的 $f(x)$

$$e = \sum_{i=1}^{N} [y_i - f(x_i)]^2 = \sum_{i=1}^{N} (ax_i + b - y_i)^2$$

$$\begin{cases} \dfrac{\partial e}{\partial a} = 2 \sum_{i=1}^{N} (ax_i + b - y_i) x_i = 0 \\ \dfrac{\partial e}{\partial b} = 2 \sum_{i=1}^{N} (ax_i + b - y_i) = 0 \end{cases} \tag{4-97}$$

解上面的二元一次方程得到

$$\begin{cases} a = \dfrac{ND - AB}{NC - A^2} \\ b = \dfrac{BC - AD}{NC - A^2} \end{cases} \quad A = \sum_{i=1}^{N} x_i \quad B = \sum_{i=1}^{N} y_i \quad C = \sum_{i=1}^{N} x_i^2 \quad D = \sum_{i=1}^{N} x_i y_i \tag{4-98}$$

最小二乘法对偏离直线的点比较敏感，容易受噪声、边缘局部不平整等因素影响而损失精度。为了排除离群点的干扰，计算出直线方程后，继续采用迭代的方式进行优化，每次迭代过程中，以一定标准去除 e 值过大的点，然后使用公式(4-98)重新计算参数 a 和 b 的近似值。去除异常点所依据的阈值可取所有点的平均残差平方和

$$\bar{e} = \frac{1}{N} \sum_{i=1}^{N} e_i^2$$

若假定 $f(x)$ 是二次曲线，可以表示为

$$f(x) = c_0 + c_1 x + c_2 x^2 \tag{4-99}$$

最小二乘法曲线拟合的过程就是确定系数 c_0、c_1、c_2 的最佳取值，使其均方

差值最小，即

$$e = \sum_{i=1}^{N} (c_0 + c_1 x_i + c_2 x_i^2 - y_i)^2 \tag{4-100}$$

同样分别对 c_0，c_1，c_2 求偏导，可以得到三元一次方程组，求解即可得到 c_0，c_1，c_2 的最优值。

4.10.4　霍夫（Hough）变换

图像中出现多条线段，就很难使用最小二乘法，因为没法确定哪些点属于哪条线，霍夫变换使用统计思想，不需要知道每个点的所属，而是直接把所有点在所有可能的直线上统计一遍，这种方法不仅可以用于拟合直线，还可以拟合其他的曲线、圆等。

以直线检测为例，在 xy 平面内的一条直线可以表示为：$y = ax + b$，将 a、b 作为变量，ab 平面内直线可以表示为：$b = -ax + y$，如果点（x_1，y_1）与点（x_2，y_2）共线，那么这两点在参数 ab 平面上的直线将有一个交点，在参数 ab 平面上相交直线最多的点对应的 xy 平面上的直线就是需要的解，这种从线到点的变换就是 Hough 变换。

由于垂直直线的斜率 a 为无穷大，因此计算量会非常大，改用极坐标形式，$\rho = x\cos\theta + y\sin\theta$，$-90° \leqslant \theta \leqslant 90°$，参数空间（$\rho$，$\theta$）对应的不是直线而是正弦曲线，找出相交线段最多的（ρ，θ），再根据该点求出对应的 xy 平面的直线段。该公式图形表示如图 4-57(a) 所示。

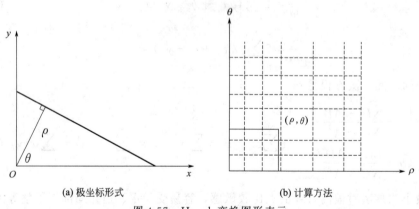

|(a) 极坐标形式|(b) 计算方法|

图 4-57　Hough 变换图形表示

具体计算时，将（ρ，θ）空间量化成许多小格，生成（ρ，θ）的可能取值，如图 4-57(b) 所示。再将图像内的每个（x，y）点与所有 θ 代入 $\rho = x\cos\theta + y\sin\theta$，算出各个 ρ，所得 ρ 值经量化落在某个小格内，便使该小格的计数累加器加 1，当全部（x，y）点变换后，对小格进行检验，前几名较大的计数值的小格对应于共线点，其（ρ，θ）值作为直线的拟合参数。

4.10.5　圆形最小二乘法拟合

圆形或椭圆形物体是机器视觉应用中常见的检测对象，可以根据边界点通过最小二乘法去拟合形状。

（1）圆拟合

如图 4-58 所示定义圆方程为

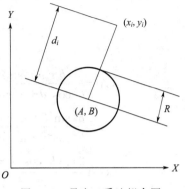

图 4-58　最小二乘法拟合圆

$$(x-A)^2+(y-B)^2=R^2 \quad (4\text{-}101)$$

令 $a=-2A$，$b=-2B$，$c=A^2+B^2-R^2$，则圆方程变为参数 (a,b,c) 的线性方程

$$x^2+y^2+ax+by+c=0 \quad (4\text{-}102)$$

只需要求出 a,b,c，即可转化为圆的 3 个参数

$$A=-\frac{a}{2} \quad B=-\frac{b}{2} \quad R=\frac{1}{2}\sqrt{a^2+b^2-4c}$$

$$(4\text{-}103)$$

已知边界点集 $(X_i,Y_i)[i\in(1,2,\cdots,N)]$，各点到圆心的距离 d_i 有

$$d_i^2=(X_i-A)^2+(Y_i-B)^2 \quad (4\text{-}104)$$

其与圆半径的平方的差的平方定义为

$$\sum\delta_i^2=\sum(d_i^2-R^2)^2=\sum(X_i^2+Y_i^2+aX_i+bY_i+c)^2 \quad (4\text{-}105)$$

由极值原理可知，函数取最小值时，其导数为零，则有

$$\frac{\partial(\sum\delta_i^2)}{\partial a}=\sum 2(X_i^2+Y_i^2+aX_i+bY_i+c)X_i=0$$

$$\frac{\partial(\sum\delta_i^2)}{\partial b}=\sum 2(X_i^2+Y_i^2+aX_i+bY_i+c)Y_i=0 \quad (4\text{-}106)$$

$$\frac{\partial(\sum\delta_i^2)}{\partial c}=\sum 2(X_i^2+Y_i^2+aX_i+bY_i+c)=0$$

解这个方程组，并令

$$C=N\sum X_i^2-\sum X_i\sum X_i$$

$$D=N\sum X_iY_i-\sum X_i\sum Y_i$$

$$E=N\sum X_i^3-N\sum X_iY_i^2-\sum(X_i^2+Y_i^2)\sum X_i$$

$$G=N\sum Y_i^2-\sum Y_i\sum Y_i$$

$$H=N\sum Y_i^3+N\sum X_i^2Y_i-\sum(X_i^2+Y_i^2)\sum Y_i$$

可得

$$a=\frac{HD-EG}{CG-D^2} \quad b=\frac{HC-ED}{D^2-GC} \quad c=-\frac{\sum(X_i^2+Y_i^2+a\sum X_i+b\sum Y_i)}{N} \quad (4\text{-}107)$$

在得到 a,b,c 之后，通过式(4-103)，可以求得圆的 3 个参数。

（2）椭圆拟合

平面内任意椭圆可以用 5 个参数来唯一确定：椭圆中心坐标 (x_0,y_0)，长轴半径 a，短轴半径 b，长轴与 X 轴的夹角 θ，用公式表达如下

$$\frac{[(x-x_0)\cos\theta+(y-y_0)\sin\theta]^2}{a^2}+\frac{[(x-x_0)\sin\theta-(y-y_0)\cos\theta]^2}{b^2}=1$$

$$(4\text{-}108)$$

令

$$A=\frac{(b-a)^2\sin2\theta}{b^2\cos^2\theta+a^2\sin^2\theta}$$

$$B=\frac{b^2\sin^2\theta+a^2\cos^2\theta}{b^2\cos^2\theta+a^2\sin^2\theta}$$

$$C=\frac{2x_0(b^2\cos^2\theta+a^2\sin^2\theta)+y_0(b^2-a^2)\sin^2 2\theta}{b^2\cos^2\theta+a^2\sin^2\theta}$$

$$(4\text{-}109)$$

$$D=\frac{2y_0(b^2\sin^2\theta+a^2\cos^2\theta)+x_0(b^2-a^2)\sin2\theta}{b^2\cos^2\theta+a^2\sin^2\theta}$$

$$E=\frac{a^2(y_0\cos\theta+x_0\sin\theta)+b^2(x_0\cos\theta+y_0\sin\theta)-a^2b^2}{b^2\cos^2\theta+a^2\sin^2\theta}$$

则椭圆的方程可改写为

$$x^2+Axy+By^2+Cx+Dy+E=0 \qquad (4\text{-}110)$$

根据最小二乘法原理，目标函数为

$$F(A,B,C,D,E)=\sum_{i=1}^{n}(x_i^2+Ax_iy_i+By_i^2+Cx_i+Dy_i+E)^2 \quad (4\text{-}111)$$

求目标函数的最小值来确定参数 A，B，C，D 和 E。由极值原理，欲使 $F(A,B,C,D,E)$ 为最小，分别对 A，B，C，D，E 取偏导，令每个式子等于零，必有

$$\frac{\partial F}{\partial A}=\frac{\partial F}{\partial B}=\frac{\partial F}{\partial C}=\frac{\partial F}{\partial D}=\frac{\partial F}{\partial E}=0$$

由此可得下列方程组

$$\begin{bmatrix} \sum\limits_{i=1}^{n}x_i^2y_i^2 & \sum\limits_{i=1}^{n}x_iy_i^3 & \sum\limits_{i=1}^{n}x_i^2y_i & \sum\limits_{i=1}^{n}x_iy_i^2 & \sum\limits_{i=1}^{n}x_iy_i \\[2mm] \sum\limits_{i=1}^{n}x_iy_i^3 & \sum\limits_{i=1}^{n}y_i^4 & \sum\limits_{i=1}^{n}x_iy_i^2 & \sum\limits_{i=1}^{n}y_i^3 & \sum\limits_{i=1}^{n}y_i^2 \\[2mm] \sum\limits_{i=1}^{n}x_i^2y_i & \sum\limits_{i=1}^{n}x_iy_i^2 & \sum\limits_{i=1}^{n}x_i^2 & \sum\limits_{i=1}^{n}x_iy_i & \sum\limits_{i=1}^{n}x_i \\[2mm] \sum\limits_{i=1}^{n}x_iy_i^2 & \sum\limits_{i=1}^{n}y_i^3 & \sum\limits_{i=1}^{n}x_iy_i & \sum\limits_{i=1}^{n}y_i^2 & \sum\limits_{i=1}^{n}y_i \\[2mm] \sum\limits_{i=1}^{n}x_iy_i & \sum\limits_{i=1}^{n}y_i^2 & \sum\limits_{i=1}^{n}x_i & \sum\limits_{i=1}^{n}y_i & N \end{bmatrix} \begin{bmatrix} A \\ B \\ C \\ D \\ E \end{bmatrix} = - \begin{bmatrix} \sum\limits_{i=1}^{n}x_i^3y_i \\[2mm] \sum\limits_{i=1}^{n}x_i^2y_i^2 \\[2mm] \sum\limits_{i=1}^{n}x_i^3 \\[2mm] \sum\limits_{i=1}^{n}x_i^2y_i \\[2mm] \sum\limits_{i=1}^{n}x_i^2 \end{bmatrix}$$

$$(4\text{-}112)$$

根据点集求解该线性方程组，可以得到 A，B，C，D 和 E 的值。然后可求得到平面任意位置椭圆的 5 个参数

$$x_0 = \frac{2BC - AD}{A^2 - 4B}$$

$$y_0 = \frac{2D - AD}{A^2 - 4B}$$

$$a = \sqrt{\frac{2(ACD - BC^2 - D^2 + 4BE - A^2E)}{(A^2 - 4B)[B - \sqrt{A^2 + (1-B)^2} - 1]}}$$

(4-113)

$$b = \sqrt{\frac{2(ACD - BC^2 - D^2 + 4BE - A^2E)}{(A^2 - 4B)[B + \sqrt{A^2 + (1-B)^2} - 1]}}$$

$$\theta = \arctan\left(\sqrt{\frac{x_0^2 - y_0^2 B}{x_0^2 B - y_0^2}}\right)$$

习　题

1. 设计 C++ 程序实现中值滤波、均值滤波，并给出图像处理效果。
2. 设计 C++ 程序实现数学形态学的腐蚀、膨胀、开运算和闭运算。
3. 设计 C++ 程序实现直方图的生成和指数均衡。
4. 设计 C++ 程序实现 Sobel 边缘检测算法和 Canny 边缘检测算法。
5. 设计 C++ 程序实现最大类间方差法。
6. 设计 C++ 程序实现黑白图片中的周长和面积的计算。

第5章 软件的开发与算法案例

5.1 图像文件格式

bmp 和 jpg 是图像文件的两种最常用格式。下面分别介绍这两种文件格式。

5.1.1 位图文件简介

bmp 是英文 bitmap（位图）的简写，它是 Windows 操作系统中的标准图像文件格式，这种格式包含的图像信息较丰富，几乎不进行压缩，这也导致了它占用磁盘空间过大。bmp 是一种与硬件设备无关的图像文件格式，使用非常广泛。bmp 文件存储数据时，图像的扫描方式是按从左到右、从下到上的顺序。

位图颜色的常用编码方法包括 RGB 和 CMYK。RGB 方法可直接用于屏幕显示，它分别用红、绿、蓝三原色的光学强度来表示一种颜色。CMYK 用青、品红、黄、黑四种颜料含量来表示一种颜色，可以直接用于彩色印刷。如果要在原有的图片编码方法基础上，增加像素的透明度信息，则需使用 Alpha 通道。多数使用颜色表的位图格式都支持 Alpha 通道。

位图的色彩深度又叫色彩位数，即位图中要用多少个二进制位来表示每个点的颜色。常用的有 1 位、4 位、8 位、16 位、24 位和 32 位色彩深度，分别对应单色、4 色、16 色、256 色、增强色和真彩色的色彩模式。色深 16 位以上的位图，还可以根据 RGB 三原色或 CMYK 四原色（有的还包括 Alpha 通道）的位数做进一步分类，如 16 位位图图片还可分为 R5 G6 B5、R5 G5 B5 X1（有 1 位不携带信息）、R5 G5 B5 A1、R4 G4 B4 A4 等等。

位图的颜色格式是通过颜色面板值 planes 和颜色位值 bitcount 计算得来的。颜色面板值永远是 1。颜色位值可以是 1、4、8、16、24、32 其中的一个。如果颜色位值是 1，则表示位图是一张单色位图，只有黑和白两种颜色；如果颜色位值是 8，则表示位图有 256 种颜色。

索引颜色（颜色表）是位图常用的一种压缩数据的方法。从位图中选择最有代表性的若干种颜色，通常不超过 256 种，编制成颜色表，然后将位图中原有颜色用颜色表的索引来表示，这样位图被大幅度有损压缩。该方法适合于压缩类似网页图像这种颜色较单调的图像，不适合压缩照片等色彩丰富的图像。

bmp 文件的存储数据中，分为四个部分：位图文件头、位图信息头、调色板、图像数据阵列。位图文件头数据结构包含 bmp 图像文件的类型、显示内容等信息；位图信息头数据结构包含有 bmp 图像的宽、高、压缩方法，以及定义颜色等信息；调色板是可选的，有些位图需要调色板，有些位图如真彩色就不需要调色板；位图数据会根据 bmp 位图的色彩位数不同而不同，在 24 位的位图中，对每个像素点，直接使用 RGB（各 8 位）颜色信息，而在小于 24 位的位图中，使用调色板中颜色的索引值。表 5-1 为位图文件存储格式说明。

表 5-1　位图文件存储格式说明

结构体	说明
BitmapFileHeader	位图文件头
BitmapInfo	位图信息，由位图信息头和颜色表两个结构体组成
BitmapInfoHeader	位图信息头
RGBQUAD	颜色表
BitmapData	位图数据

位图文件头 BitmapFileHeader 数据结构中含有位图文件的类型、文件大小和位图起始位置等信息，其结构定义如下：

```
typedef struct tagBITMAPFILEHEADER
  {
    WORDbf Type;// 位图文件的类型,必须为 bmp(0-1 字节)
    DWORD bfSize;// 位图文件的大小,以字节为单位(2-5 字节)
    WORD bfReserved1;// 位图文件保留字,必须为 0(6-7 字节)
    WORD bfReserved2;// 位图文件保留字,必须为 0(8-9 字节)
    DWORD bfOffBits;// 位图数据的起始位置,以相对于位图
    // 文件头的偏移量表示,以字节为单位(10-13 字节)
  } BITMAPFILEHEADER;
```

位图信息头 BitmapInfoHeader 数据结构用于说明位图的尺寸信息，其结构定义如下：

```
typedef struct tagBITMAPINFOHEADER
  {
    DWORD biSize;// 本结构所占用字节数(14-17 字节)
    LONG biWidth;// 位图的宽度,以像素为单位(18-21 字节)
    LONG biHeight;// 位图的高度,以像素为单位(22-25 字节)
    WORD biPlanes;// 目标设备的级别,必须为 1(26-27 字节)
    WORD biBitCount;// 每个像素所需的位数,必须是 1(双色),
    // 4(16 色),8(256 色)或 24(真彩色)之一(28-29 字节)
```

```
        DWORD biCompression;// 位图压缩类型,必须是 0(不压缩),
        // 1(BI_RLE8 压缩类型) 或 2 (BI_RLE4 压缩类型) 之一 (30-33 字节)
        DWORD biSizeImage; // 位图的大小, 以字节为单位 (34-37 字节)
        LONG biXPelsPerMeter; // 位图水平分辨率, 每米像素数 (38-41 字节)
        LONG biYPelsPerMeter; // 位图垂直分辨率, 每米像素数 (42-45 字节)
        DWORD biClrUsed; // 位图实际使用的颜色表中的颜色数 (46-49 字节)
        DWORD biClrImportant; // 位图显示过程中重要的颜色数 (50-53 字节)
    } BITMAPINFOHEADER;
```

颜色表 RGBQUAD 数据结构用于说明位图中的颜色，它有若干个表项，每个表项是一个 RGBQUAD 类型的结构，定义一种颜色。RGBQUAD 结构定义如下：

```
typedef struct tagRGBQUAD
{
    BYTE rgbBlue;// 蓝色的亮度(值范围为 0-255)
    BYTE rgbGreen;// 绿色的亮度(值范围为 0-255)
    BYTE rgbRed;// 红色的亮度(值范围为 0-255)
    BYTE rgbReserved;// 保留,必须为 0
} RGBQUAD;
```

RGBQUAD 数据结构中表项的个数由位图信息头结构中的 biBitCount 来确定。当 biBitCount=1，4，8 时，分别有 2，16，256 个表项；当 biBitCount=24 时，没有颜色表项。

位图信息头和颜色表组成位图信息，BITMAPINFO 结构定义如下：

```
typedef struct tagBITMAPINFO
{
    BITMAPINFOHEADER bmiHeader;// 位图信息头
    RGBQUAD bmiColors[1];// 颜色表
} BITMAPINFO;
```

紧跟在颜色表之后的是位图数据 BitmapData 字节阵列。图像的每一扫描行由表示图像像素的字节组成，每一行的字节数取决于图像的颜色数目。扫描行是由底向上存储的，这就是说，阵列中的第一个字节表示位图左下角的像素，而最后一个字节表示位图右上角的像素。

当 biBitCount=1 时，8 个像素占 1 个字节，每个像素只能用 1bit 来表示，颜色只能有两种，1 或 0，也就是双色，具体颜色需查色彩表。

当 biBitCount=4 时，2 个像素占 1 个字节，每个像素占半个字节（4 位），可能颜色有 $2^4=16$ 种，也就是 16 色，具体颜色需查色彩表。

当 biBitCount=8 时，1 个像素占 1 个字节，可能颜色有 $2^8=256$ 种，也就是 256 色，具体颜色需查色彩表。

当 biBitCount=16 时，1 个像素占 2 个字节，可能颜色有 $2^{16}=65536$ 种，也就是 64K，具体颜色需查色彩表。

当 biBitCount＝24 时，1 个像素占 3 个字节，可能颜色有 2^{24} 种，这么多颜色如果是写入色彩表就需要占用至少 16M，所以用每个字节表示一种颜色，正好三个字节分别表示一个像素的三个颜色分量 RGB，省去了色彩表。

当 biBitCount＝32 时，1 个像素占 4 个字节，32 位真彩色，就是在 24 位的基础上，加上一个透明度分量。

Windows 规定，一个扫描行所占的字节数必须是 4 的倍数（即以 long 为单位），不足的以 0 来填充。

一个扫描行所占的字节数计算方法：DataSizePerLine＝（biWidth × biBit-Count＋31）／8；

一个扫描行所占的字节数：DataSizePerLine＝（DataSizePerLine ／ 4）×4；（字节数必须是 4 的倍数）；

位图数据的大小（不压缩情况下）：DataSize＝DataSizePerLine×biHeight。

5.1.2　JPEG 文件简介

JPEG 也是常见的一种图像格式，它由联合图像专家组（Joint Photographic Experts Group）开发并命名为“ISO 10918-1”，JPEG 仅仅是一种俗称而已。JPEG 文件的扩展名为 .jpg 或 .jpeg。JPEG 文件以 24 位颜色存储图像，是与平台无关的格式，支持最高级别的压缩，但这种压缩是有损耗的，是以牺牲图像质量为代价的。由于可以提供有损压缩，压缩比可以达到其他传统压缩算法无法比拟的程度。JPEG 格式可在 10：1 到 20：1 的比例下轻松地压缩文件，最高压缩比例可以高达 100：1。

JPEG 的优点是：对于摄影图片或写实图片，支持高级压缩，可以很好地处理写实、摄影图片；利用可变的压缩比可以控制文件大小；对于渐近式 JPEG 文件支持交错；广泛支持 Internet 标准。

JPEG 的缺点是：有损耗压缩会使原始图片质量下降；当编辑和重新保存 JPEG 文件时，会混合原始图片数据造成图片质量下降，即图片质量下降是累积性的；对于颜色较少、对比度高、实心边框或纯色区域大的较简单的作品，JPEG 压缩无法提供理想的结果。产生的原因是，JPEG 压缩方案可以很好地压缩类似的色调，但不能很好地处理亮度的强烈差异或纯色区域，因此不适用于颜色较少、具有大块颜色相近的区域或亮度差异十分明显的较简单的图片。

由于 JPEG 的无损压缩方式并不比其他的压缩方法更优秀，因此着重来分析它的有损压缩。JPEG 的有损压缩步骤分为：颜色模式转换，DCT 变换，量化，编码。

(1) 颜色模式转换

由于 JPEG 只支持 YUV 颜色模式的数据结构，而不支持 RGB 图像数据结构。YUV 是被欧洲电视系统所采用的一种颜色编码方法，其中，Y 代表亮度，U 和 V 是构成彩色的两个分量，表示色度，作用是描述影像色彩及饱和度，用于指定像素的颜色。所以在将彩色图像进行压缩之前，必须先对颜色模式进行数据转换，将 RGB 模式转换为 YUV 模式。

$$Y=0.299R+0.587G+0.114B$$
$$U=-0.169R-0.3313G+0.5B$$
$$V=0.5R-0.4187G-0.0813B$$

颜色模式转换完成之后，还需要进行数据采样。常用的采样比例是 2∶1∶1 或 4∶2∶2。采样后，每两行数据只保留一行，图像数据量将压缩为原来的一半。

（2）DCT 变换

DCT 变换（Discrete Cosine Transfor，离散余弦变换）是将图像信号在频率域上进行变换，分离出高频和低频信息的处理过程，变换后再对图像的高频部分即图像细节进行压缩。一般把图像分解为 8×8 的子块，对每一个子块进行 DCT 变换、量化，并对量化后的数据进行 Huffman 编码。DCT 变换可以消除图像的空间冗余，Huffman 编码可以消除图像的信息熵冗余。DCT 是无损的，它只将图像从空间域转换到频率域上，使之更能有效地被编码。变换后得到一个频率系数矩阵，其中的频率系数都是浮点数。

（3）量化

由于后面编码过程中使用的码都是整数，因此需要对变换后的频率系数量化为整数。进行数据量化后，矩阵中的数据都是近似值，和原始图像数据之间有了差异，这一差异是造成图像压缩后失真的主要原因。在这一过程中，质量因子的选取至为重要。质量因子选得大，可以大幅度提高压缩比，但是图像质量就比较差；反之，质量因子越小，图像重建质量越好，但是压缩比越低。对此，ISO 已经制定了一组供 JPEG 代码实现者使用的标准量化值。

从颜色模式转换到编码，图像并没有得到进一步的压缩，DCT 变换和量化可以说是为编码阶段做准备。

（4）编码

编码采用两种机制：一是 0 值的行程长度编码；二是熵编码。

在 JPEG 文件中，采用曲徊序列，即以矩阵对角线的法线方向做"之"字排列矩阵中的元素。这样做的优点是使得靠近矩阵左上角、值比较大的元素排列在行程的前面，而行程的后面所排列的矩阵元素基本上为 0 值。行程长度编码是非常简单和常用的编码方式。熵编码实际上是一种基于统计特性的编码方法。在 JPEG 文件中允许采用 Huffman 编码或者算术编码。

5.2　机器视觉常用函数库

机器视觉处理软件有很多种，比如源代码开放的 OpenCV、英特尔高性能多媒体函数库（Intel IPP）、Mathworks 公司的图像处理工具包、Matrox 公司的 Imaging Library、National Instruments 公司的 LabVIEW 等等。

如果研究目标是机器视觉的各种算法，需要考虑软件的源代码是否开放。

如果研究目标是机器视觉系统的开发，需要考虑的因素有：图像处理函数库是否完备；发布费用是否高昂；使用是否方便；开发平台是否统一；与硬件结合是否容易；公司的售后服务及技术支持是否到位等等。

5.2.1 英特尔高性能多媒体函数库（Intel IPP）

（1）Intel IPP 简介

Intel Integrated Performance Primitives（Intel IPP，即英特尔集成性能基元）是一款面向多核的扩展函数库，其中包含众多针对多媒体、数据处理和通信应用的高度优化软件函数，极大地提高了应用程序的性能。Intel IPP 既可作为独立的产品使用，也可与英特尔编译器专业版结合起来使用，构成一个更为完善、经济有效的解决方案。

作为一套高度优化的跨体系结构软件库，它为多媒体、音频编解码器、视频编解码器（例如 H.263、MPEG-4）、图像处理（JPEG）、信号处理、语音压缩（例如 G.723、GSM AMR）、密码技术、计算机视觉提供了大量的库函数，以及此类处理功能的数学支持例程。Intel IPP 产品组件的开发架构如图 5-1 所示。

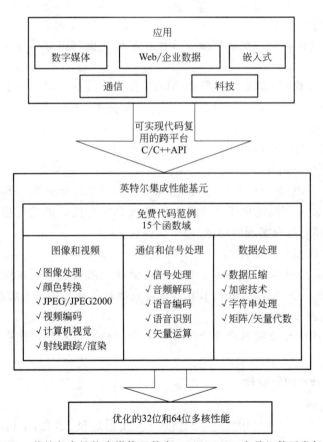

图 5-1　英特尔高性能多媒体函数库（Intel IPP）产品组件开发架构

Intel IPP 具有如下优点：

1）多核处理器支持

Intel IPP 全面支持当今的多核计算平台，具备多核优化的线程函数，对 1700 多个针对矩阵和矢量数学、信号/图像滤波和卷积、图像/JPEG 压缩、颜色模式转换和计算机视觉的重要函数进行内部线程处理。

2）通用 API

Intel IPP 将所有英特尔处理器的支持集成到一个软件包中。通过采用一套跨越多种体系结构的通用 API，开发人员可以获得平台兼容性、降低开发成本，完成应用程序的移植。

3）跨体系结构

Intel IPP 针对英特尔至强、奔腾、酷睿及移动平台等处理器进行优化。由于采用跨体系结构的通用 API，使用 Intel IPP 函数可最大限度减少移植应用程序的工作量。

4）优化技术

Intel IPP 具备高度优化的函数库，这些函数可以在各种基于英特尔处理器的平台上实现最佳应用程序性能，包括从 PC 机、工作站及服务器，到手机、手持设备。

优化技术包括：

① 微体系结构调整。预取与缓存分块、避免数据与跟踪缓存失误、避免分支预测失误。

② 指令集体系结构调整。英特尔 MMX 技术、数据流单指令多数据扩展指令集（SSE）、SSE2、SSE3 和 Intel 扩展内存 64 位技术（EM64T）。

③ 超线程技术。

④ 算法调整与内存管理。

5）性能优化的函数

Intel IPP 函数基于单指令多数据流扩展（SSE、SSE2、SSE3、SSSE3 和 SSE4）指令集以及其他优化指令集等，将函数算法与低级别优化相匹配，可提供仅靠优化的编译器难以实现的功能。

6）线程化应用程序支持

Intel IPP 是以针对处理器环境的线程安全库的形式实现，这样既可以在应用程序中使用线程，又能保证 Intel IPP 函数可在线程化环境中安全使用。

7）完全线程安全的函数

所有 Intel IPP 函数都具有完全的线程安全特性，可简化与线程化应用程序的集成过程。

（2）Intel IPP 的函数库

1）视频编码

用于 DV25/50/100、MPEG-2、MPEG-4、H.263 和 MPEG-4 Part 10（H.264）编解码器的关键算法组件。这些函数包括：运动补偿、运动估计、修正离散余弦变换、量子化和反量子化、熵编码等。

2）图像处理和信号处理

图像处理和信号处理的算法包含多种针对图像和图像内区域（ROI）执行的

算法。

变换：子波变换，傅立叶变换（FFT/DFT，实数/复数），分屏（Hamming，Bartlett），离散余弦门（DCT）。

滤波函数：一般线性滤波，卷积/解卷积（LR 和 FFT），框、最小值、最大值、中值滤波，维纳滤波器，固定滤波器（Prewitt，Sobel，Laplace，Gauss，Scharr，Roberts），锐化/高通/低通滤波器。

几何变换：调整大小、镜像、旋转、修剪，仿射变换，透视变换，双线性变形，坐标重新映射。

图像统计：和、积分、倾斜积分，平均值、最小值、最大值、直方图、标准偏差，图像矩，图像范数（L1、L2、无穷大），图像质量因子计算，近邻测量（交叉相关、平方距离），阈值/比较运算。

图像算术/逻辑运算：Alpha 构图，算术运算（加、减、乘、除、平方根、平方、自然对数、幂、绝对值），逻辑运算（与、或、异或、移位、非）。

图像数据交换/初始化：复制/设置/转置矩阵、信道交换、Jaehne/Ramp/Z 形初始化、多个图像类型的内存分配。

3）计算机视觉

Intel IPP 包含多种针对计算机视觉运算进行优化的函数，可用于安全、计算机控制、媒体管理、媒体注释等领域的应用程序。这些函数包括特征检测（角、Canny 边缘检测），距离变换，图像梯度，填注，运动模板生成，光流计算（Lucas-Kanade），模式识别（Haar 分类器），棱锥函数（高斯/拉普拉斯金字塔），通用金字塔函数，相机校准，三维重构等。

为了增强实时操作的性能，经过优化的 Intel IPP 自动包含在 OpenCV 开放源代码计算机视觉库中。

4）颜色模式转换

随着多种格式的数字媒体的蓬勃发展，在不同的色彩模式间转换的需求也随之产生。Intel IPP 提供了 32/24/16 位像素格式的丰富颜色模式转换例程。

颜色模型转换：RGB，YUV，YCbCr，BGR，CbYCr，HSV，LUV，Lab，YCC，HLS，SBGR，YCoCg，YCCK，XYZ，CMYK。

颜色格式转换：YCbCr422，YCbCr420，YCbCr411，CbYCr422，BGR565，BGR555，BGR565Dither。

还有查询表转换（线性/立方/调色板）、彩色到灰度转换（固定/自定义系数）、颜色扭曲转换（整数/浮动像素值）、伽马校正（向前/向后）。

5）字符串处理

使用 Intel IPP 优化的字符串操作，将优化的文本数据库管理、搜索与检索或文档索引处理功能集成到应用程序中。这些函数包括：子字符串替换/插入、字符串串联/拆分、大小写转换、字符串/子字符串匹配、正则表达式匹配、散列值计算。

6）JPEG 编码

用于 JPEG、JPEG 2000 和运动 JPEG 编解码器的算法组件。

7）语音编码

Intel IPP 包含一整套支持以下语音编解码器/函数的例程：G.722.1，G.722 子带 ADPCM，G.723.1，G.726，G.728，回声消除，G.729，GSM-AMR，AMR-宽带，GSM 全速率，压缩扩展。

8）信号处理

包括以下用途的信号处理功能：

滤波和卷积——有限脉冲响应（FIR）、无限脉冲响应（IIR）、中值滤波、循环卷积、自动/交叉相关。

变换——傅立叶变换（FFT、DFT、Goertzel）、离散余弦变换（DCT）、希耳伯特变换、子波变换（固定/自定义滤波器）、功率谱计算。

分屏/采样——上采样/下采样、分屏（Bartlett/Blackman/Hamming/Hann/Kaiser）。

数组/信号初始化/处理——移动/复制/设置/归零、色调/三角/Ramp/Jaehne 生成、随机矢量生成（均匀/高斯）、数组分配、实数/复数转换、极坐标/笛卡尔坐标转换。

数组/信号统计——和/最大值/最小值/平均值/标准偏差/范数、点积、阈值化、维特比解码。

数组算术/逻辑运算——算术运算（加、减、乘、除、平方根、平方、自然对数、幂、绝对值），逻辑运算（与、或、异或、移位、非），数组排序，幅/相。

9）数据压缩

除了使用编解码器进行视频、音频和图像压缩之外，Intel IPP 还提供了无损压缩函数，包括：

Burrows-Wheeler 变换技术——Burrows-Wheeler 变换（BWT）、广义区间变换、前移（MTF）、行程编码（RLE）。

熵编码——哈夫曼编码、变长编码（VLC）。

基于字典的压缩——LZSS 编码/解码、LZ77 编码/解码。

10）音频编码

用于 MP3 和 ACC 编解码器的重要算法组件。这些函数包括：哈夫曼编码、预量化频谱数据、修正离散余弦变换、频域预测、光谱带复制、快速傅立叶转换。

11）语音识别

使用 Intel IPP 丰富的语音识别功能，在应用程序中集成高级语音识别、IP 语音和语音注解功能，包括特征处理、模型评估、模型估计、模型匹配、矢量量化。这些函数有声学回声消除（AEC）、多相重采样、高级 Aurora 函数、Ephraim-Malah 噪声抑制、语音活动检测。

12）矢量/矩阵运算

Intel IPP 针对不同的应用程序提供了丰富的矩阵和矢量运算，其中包括物理建模和 3D 转换/光照计算，包括：

矩阵代数——特征值/特征向量计算、最小平方（QR 分解/back-sub）、线性方程组（LU/Cholesky）、关注区域（ROI）提取、矢量/矩阵的快速复制。

矢量代数——点积、L2 范数计算、"saxpy"（ax＋y）运算、线性组合（ax＋by）、幂/根函数、指数/对数/误差/误差函数、三角/双曲线函数、极坐标/笛卡尔坐标转换。

13）密码技术

使用 Intel IPP 快速建立强大的、高性能的加密模块和应用。以下是 Intel IPP 的密码技术函数中所包含的众多密码构建模块中的一部分，包括：

对称密码——分组密码（AES/Rijndael、DES、Triple DES、Blowfish、Towfish）、流密码（ARCFour）。

单向散列——广义散列（MD5、SHA1-512）、掩码生成（MD5、SHA1-512）。

数据验证——密钥散列（HMAC-MD5、HMAC-SHA1-512）、数据验证函数（DES、TDES、Rijndael、Blowfish、Towfish）。

不对称密码技术——椭圆曲线密码 [GF(p) 与 GF(2m)]，RSA 算法（RSA-OAEP，RSA-SSA），离散对数密码技术，大数算术，蒙哥马利缩减，伪随机数生成，质数生成。

14）射线跟踪与渲染

在射线跟踪、逼真图像渲染以及物理应用中使用的核心运算：限定框计算、对象射线交叉、阴影/反射计算。

（3）如何使用 Intel IPP 编程

IntelIPP 由以下三部分组成：

1）头文件（.h）。作为第三方函数库，头文件在编译的时候需要包含进项目文件里。包含进去之后就可以在项目文件里调用 IPP 函数。具体需要包含哪些头文件进项目，取决于使用的函数。

2）链接库（lib、dll）。链接库是项目链接的时候使用的，以生成可执行文件。

3）示范代码以及辅助文档。

这里介绍一下 Intel IPP 在 VC＋＋环境下的使用方法。跟所有 Windows API 函数一样，Intel IPP 函数的使用的基本步骤有：

1）设置环境变量，即 LIB 和 INCLUDE 库路径，以及执行程序路径。一般情况下分别为＜ipp directory＞\ lib 或＜ipp directory＞\ stublib、＜ipp directory＞\ include、＜ipp directory＞\ bin。

在 MS 编译器中，可在编译器的项目属性中进行设置；也可设置操作系统级环境变量：我的电脑（右键）→系统属性→高级→环境变量。

在 VC＋＋或 VS 环境中操作步骤如下：打开 VC＋＋后，点击菜单栏的"工具—选项"，在左侧找到"项目和解决方案—VC＋＋目录"，在"可执行文件"的目录中添加"＜ipp directory＞\ bin"，在"包含文件"的目录中添加"＜ipp directory＞\ include"，在"库文件"中添加"＜ipp directory＞\ stublib"和"＜ipp directory＞\ lib"，确定即可。

2）在应用程序中，包含 IPP 头文件"ipp. h"，（＃include "ipp. h"）。具体使

用的函数也需要包含相应的头文件。

3）根据所调用的 IPP 函数确定其使用参数，调用 IPP 函数，然后就可在具体的项目中使用 IPP。例如使用 IPP 的图像处理函数，这些函数的具体说明可以在"<ipp directory> \ doc \ ippiman. pdf"文档中找到。

函数的命名也有其规律，Intel IPP 库中函数原型的命名遵循以下格式

ipp<domain><operation>_<function-specific modifier>_<datatype>_
<data modifier>

<domain>用一个字符表示该函数所属领域的函数集合。例如<S>表示是信号处理的函数集。

<operation>表示该函数具体实现的功能，例如 FIR，DCT 等。

<function-specific modifier>函数功能的修饰符，对<operation>提供的函数名字，当功能表述并不确切时，函数功能的修饰符对其功能进行进一步的说明。

<datatype>指出参数列表中数据位宽等。一般形式为 num<U｜S>［c］：num 表示一个整数，数据位的宽度，一般为 8，16，32，64。<U｜S>表示数据类型是有或无符号的数据。［c］表示复杂的数据类型，如 16sc 指 16b 有符号整形复数。

<data modifier>数据类型修饰符。对参数列表中的数据类型进一步的说明。在 Intel IPP 库中数据类型的修饰符有以下几种。D1：一维信号（缺省）；D2：二维信号；I：源指针和目的指针相同；Sfs：测量结果的数值。

例如，图像拷贝 Copy，对于不同的图像应当使用不同的 Copy 函数，它的命名如下：首先是前缀"ippi"，所有图像处理的函数都以"ippi"开头；然后是功能名称"Copy"；之后是对应的模式，将"<function-specific modifier>"替换成对应的颜色模式，例如"8u_C1R"。"C1R"表示图像只有一个颜色通道，而"8u"表示每个像素的颜色的数据类型是 8 位无符号数，一个字节表示一个像素。"8u_C3R"表示三个颜色通道，每个通道的数据类型都是 8 位无符号数，但是显示的时候往往需要 4 个通道，即除了 RGB 三通道外，还多了一个 Alpha 通道（透明度），这是因为计算机显示都是 32 位色深的，这时就需要把 24 位的图像转化成 32 位，用"ippiCopy_8u_C3AC4R"这个函数就可以了。其中"8u_C3"就代表原始图像是 8 位无符号数据，3 个通道，而 AC4R 就表示目标图像是带有 Alpha 通道的 4 通道图像。

函数的完整形式为：

```
IppStatus ippiCopy_8u_C3AC4R (const Ipp<datatype> * pSrc, int srcStep,
Ipp<datatype> * pDst, int dstStep, IppiSize roiSize);
```

其返回值是 IppStatus，可参考返回值说明，其实是一个整型值，只不过 IPP 为了方便，为这些值都用宏替换赋了名称。

函数的参数中，pSrc 和 pDst 都是指针，pSrc 即源图像的图像数据指针，而 pDst 则指向目标图像的数据。前面的 Ipp<datatype> * 中的 datatype 需要替换成相应的数据类型代码，例如 8 位无符号数，就是"Ipp8u *"。而 srcStep 和 dstStep

是指行扫描宽度，也就是图像的一行占用多少字节，这个参数在许多图像处理的函数中都会用到。例如一个 320×240 的 8u_C3R 图像，它的行扫描宽度就是 $320 \times (3 \times 8)/8 = 960$。

最后的 roiSize 是一个 IppiSize 结构体，定义如下：

```
typedef struct {
  int width;
  int height;
} IppiSize;
```

即图像的宽和高。

例 1，利用 Intel IPP 对图像实施中值滤波。

```
IppStatus filterMedian(void)
{
  IppiPoint anchor＝{ 1,1 };
  Ipp8u x[5 * 4],y[5 * 4]＝{0};
  IppiSize img＝{5,4},roi＝{3,2},mask＝{3,3};
  ippiSet_8u_C1R (0x10, x, 5, img);
  //将所有数据设为 0x10
  img. width＝1;
  ippiSet_8u_C1R (0x40, x＋3, 5, img);
  //将第 4 列数据设为 0x40
  // ROI 使得滤波从第 2 行第 2 列开始，到第 3 行第 4 列结束
  return ippiFilterMedian_8u_C1R (x＋6, 5, y＋6, 5, roi, mask, anchor);
}
```

滤波结果如下：

滤波前 x	Mask	滤波后 y
10 10 10 40 10	1　1　1	10 10 10 40 10
10 10 10 40 10	1　1　1	10 10 10 10 10
10 10 10 40 10	1　1　1	10 10 10 10 10
10 10 10 40 10	(1,1)为中心	10 10 10 10 10

例 2，利用 Intel IPP 对图像进行阈值操作。

```
void Posterize(unsigned char * pPixelData,int width,int height)
{
  IppiSize roi＝{ width,height};// 定义兴趣区域
  Ipp8u thresholds[]＝{ 128,128,128};// 定义三个通道的阈值
  Ipp8u valuesLT[]＝{ 0,0,0 };// 设定三个通道的最低值
  Ipp8u valuesGT[]＝{ 255,255,255};// 设定三个通道的最高值
  ippiThreshold_LTValGTVal_8u_C3IR (pPixelData, width * 3, roi,
  Thresholds, valuesLT, thresholds, valuesGT); // 调用阈值化函数
}
```

例 3，利用 Intel IPP 创建一幅图像并用 OpenCV 显示它。

```
# include "cv. h"
# include "highgui. h"
# include "ipp. h"
# include <stdio. h>
int main()
{
  Ipp8u * gray＝NULL;      // 定义一幅图像,类型为 Ipp8u
  IppiSize size;          // 定义存储图像大小的变量
  IplImage * img＝NULL;   // 定义一幅 IplImage 类型的图像
  CvSize sizeImg;
  int i＝0,j＝0;
  size. width＝640;  size. height＝480;
  gray＝(Ipp8u * )ippsMalloc_8u (size. width * size. height); // 为图像申请
                                                    内存

  for (i＝0; i < size. height; i＋＋)
       for (j＝0; j < size. width; j＋＋)
       * (gray＋i * size. width＋j) ＝ (Ipp8u) abs (255 * cos ((Ipp32f) (i
       * j) ) );          //给 gray 赋值
  sizeImg. width＝size. width;
  sizeImg. height＝size. height;
  img＝cvCreateImage (sizeImg, 8, 1);
  cvSetImageData (img, gray, sizeImg. width); // 将 gray 中数据传给 img
  cvNamedWindow ("image", 0); // 创建一个新的窗口,并命名为 "image"
  cvShowImage ("image", img); // 在 "image" 窗口中显示 img 图像
  cvWaitKey (0); // 等待关闭窗口的命令
  cvDestroyWindow ("image" ); // 销毁 "image" 窗口
  ippsFree (gray); // 调用 IPP 函数释放 gray 所占内存
  cvReleaseImage (&img); // 调用 OpenCV 函数释放 img 所占内存
  return (0);
}
```

从以上例子可以看出，OpenCV 可与 Intel IPP 混合编程。

5.2.2 OpenCV 函数库

OpenCV（Intel Open Source Computer Vision Library）是 Intel 公司面向应用程序开发者开发的计算机视觉库，其中包含大量的函数用来处理计算机视觉领域中常见的问题，例如运动分析和跟踪、人脸识别、3D 重建和目标识别等。相对于其他图像函数库，OpenCV 是一种源码开放式的函数库，开发者可以自由地调用函数库中的相关处理函数。OpenCV 中包含 300 多个处理函数，具备强大的图像和矩阵运算能力，可以大大减少开发者的编程工作量，有效提高开发效率和程序运行的可

靠性。另外，由于 OpenCV 具有很好的移植性，开发者可以根据需要在 MS-Windows 和 Linux 两种平台进行开发。

（1）OpenCV 的特点

OpenCV 是一个基于 C/C++语言的开源图像处理函数库，其代码都经过优化，可用于实时处理图像，具有良好的可移植性，可以进行图像/视频载入、保存和采集的常规操作，具有低级和高级的应用程序接口（API），提供了面向 Intel IPP 高效多媒体函数库的接口，可针对使用的 Intel GPU 优化代码，提高程序性能。

（2）基本功能

1）图像数据操作（内存分配与释放，图像复制、设定和转换）。

2）图像/视频的输入、输出，支持文件或摄像头的输入，图像/视频文件的输出。

3）矩阵/向量数据操作及线性代数运算（矩阵乘积、方程求解、特征值、奇异值分解）。

4）支持多种动态数据结构（链表、队列、数据集、树、图）。

5）基本图像处理（去噪、边缘检测、角点检测、采样与插值、色彩变换、形态学处理、直方图、图像金字塔结构）。

6）结构分析（连通域/分支、轮廓处理、距离转换、图像矩、模板匹配、霍夫变换、多项式逼近、曲线拟合、椭圆拟合、狄劳尼三角化）。

7）摄像头定标（寻找和跟踪定标模式、参数定标、基本矩阵估计、单应矩阵估计、立体视觉匹配）。

8）运动分析（光流、动作分割、目标跟踪）。

9）目标识别（特征方法、HMM 模型）。

10）基本的 GUI（显示图像/视频、键盘/鼠标操作、滑动条）。

11）图像标注（直线、曲线、多边形、文本标注）。

（3）OpenCV 中的常用结构

在 OpenCV 函数库的使用过程中，需要用到一些常用的结构，了解这些结构能够很好地利用 OpenCV 函数库，下面分别对 CvSize 和 IplImage 两个结构进行介绍。

1）CvSize 结构

CvSize 结构表示矩形尺寸的结构，结构体中分别定义了矩形的宽度和高度，具体定义如下：

```
typedef struct CvSize
{
  int width;     //矩形宽度,单位为像素
  int height;    //矩形高度,单位为像素
} CvSize;
```

与 CvSize 结构相关的是其构造函数：inline CvSize cvSize（int width, int

height）。

定义 CvSize 结构变量时，可以按照如下方式定义：

```
CvSize size＝cvSize(400,300);//定义宽为 400 像素,高为 300 像素的矩形
```

Cvsize 结构用来设置矩形区域大小，在一些复杂高级的结构体中常常能够看到它。

2）IplImage 结构

由于 OpenCV 主要针对的是计算机视觉方面的处理，因此在函数库中，最重要的结构体是 IplImage 结构。IplImage 结构来源于 Intel 的另外一个函数库 Intel Image Processing Library（IPL），该函数库主要是针对图像处理。IplImage 结构具体定义如下：

```
typedef struct _IplImage
{
  int nSize;                        // IplImage 大小
  int ID;                           //版本(＝0)
  int nChannels;                    //大多数 OpenCV 函数支持 1,2,3 或 4 个通道
  int alphaChannel;                 //被 OpenCV 忽略
  int depth;                        //像素的位深度,主要有以下支持格式:IPL_DEPTH_
                                    8U,IPL_DEPTH_8S,IPL_DEPTH_16U,IPL_DEPTH_
                                    16S,IPL_DEPTH_32S,IPL_DEPTH_32F 和 IPL_
                                    DEPTH_64F
  char colorModel[4];               //被 OpenCV 忽略
  char channelSeq[4];               // 同上
  int dataOrder;                    // 0-交叉存取颜色通道,1-分开的颜色通道,只有
                                    cvCreateImage 可以创建交叉存取图像
  int origin;                       //图像原点位置:0 表示顶-左结构,1 表示底-左结构
  int align;                        // 图像行排列方式(4 或 8),使用 widthStep 代替
  int width;                        // 图像宽像素数
  int height;                       // 图像高像素数
  struct _IplROI * roi;             //图像感兴趣区域,当该值非空时,只对该区域进行
                                    处理
  struct _IplImage * maskROI;       //在 OpenCV 中必须为 NULL
  void * imageId;                   //同上
  struct _IplTileInfo * tileInfo;   //同上
 int imageSize;                     //图像数据大小(在交叉存取格式下 ImageSize＝
                                    image-> height * image-> widthStep),单
                                    位字节
  char * imageData;                 //指向排列的图像数据
  int widthStep;                    //排列的图像行大小,以字节为单位
  int BorderMode[4];                //边际结束模式,在 OpenCV 被忽略
  int BorderConst[4];               //同上
  char * imageDataOrigin;           //指针指向一个不同的图像数据结构(不是必须排
                                    列的),是为了纠正图像内存分配准备的
```

```
} IplImage;
```

IplImage 结构体是整个 OpenCV 函数库的基础,在定义该结构的变量时需要用到函数 cvCreatImage,变量定义方法如下:

```
IplImage * src=cvCreateImage(cvSize(400,300),IPL_DEPTH_8U, 3);
```

上句定义了一个 IplImage 指针变量 src,图像的大小是 400×300,图像颜色深度 8 位,3 通道图像。

5.2.3 Matlab 图像处理工具

Matlab 的图像处理工具包(Image Processing Toolbox,IPT)为图像处理、分析、可视化和算法开发提供了一套全面的参考标准算法和工作流应用程序。可以使用深度学习和传统图像处理技术来执行图像分割、图像增强、降噪、几何变换、图像配准和三维图像处理等操作。该工具箱支持处理二维、三维和任意大的图像。可以交互式地分割图像数据,对大型数据集进行批处理。可视化功能可以用来实现浏览二维图像、三维数据和视频等功能。IPT 可以通过在多核处理器上运行算法来加速运算,同时支持应用程序和嵌入式视觉系统的 C/C++ 代码生成。

(1) 主要功能模块

1)导入/导出和转换。可以导入/导出由各种设备生成的图像和视频,这些设备包括网络摄像头、数码相机、卫星和机载传感器、医学成像设备、显微镜、望远镜和其他科学仪器。支持许多专用图像文件格式。对于医学图像,它支持 DICOM 文件(包括相关的元数据)以及 Analyze 7.5 和 Interfile 格式。提供各种数据格式之间的转换。

2)显示与交互。用于图像显示和浏览的交互式工具。利用 Color Thresholder 应用程序,可以根据各种色彩空间分割图像。Image Viewer 应用程序能以交互的方式放置和操作各种形状的 ROI,例如点、线、矩形、多边形、椭圆和随手绘制的形状。

3)几何变换和图像匹配。通过控制点映射来对图像进行几何变换,包括缩放、旋转等。进行图像匹配操作时,使图像与模板对齐,突出显示未对准的合成图像,可以直观地检查匹配结果。

4)图像滤波和增强。通过修改图像的色度或亮度来增大信噪比并强化图像特征,包括卷积运算、调节对比度和动态范围重映射。还可以利用形态学算子,实现滤波和重建。使用盲反卷积算法、降噪神经网络等方法,校正由于光学离焦、图像捕获过程中的摄像机或物体移动、大气状况、曝光时间短和其他因素导致的模糊。

5)图像分割与分析。采用不同的图像分割方法,包括自动阈值法、基于边缘的方法和基于形态学的方法,计算图像区域的属性,比如面积、形心和方向,根据属性自动计数、排序和移除,实现区域分析、纹理分析、像素和图像统计。

6）图像处理的深度学习。

7）3D立体图像处理。对三维物体进行可视化并执行完整的图像处理流程，还可以使用阈值、活动轮廓、语义分割和其他技术执行3D数据分割。

8）代码生成。为工具箱功能生成C代码和MEX函数。

9）GPU计算。可以在图形处理单元（GPU）上运行图像处理代码，使用C/C++和HDL代码，在PC硬件、FPGA和ASIC上运行图像处理算法，开发应用系统。

（2）常用语法和函数

1）数字图像类型

① 真彩色数字图像　R、G、B三个分量表示一个像素的颜色。如果要读取数字图像中（100，50）处的像素值，可查看三元数据（100，50，1：3）。真彩色数字图像可用双精度存储，亮度值范围是 [0，1]；比较符合习惯的存储方法是用无符号整型存储，亮度值范围 [0，255]。

② 灰度数字图像　存储灰度数字图像只需要一个数据矩阵。数据类型可以是 double，[0，1]；也可以是 uint8，[0，255]。

③ 二值数字图像　二值数字图像只需一个数据矩阵，每个像素只有两个灰度值，可以采用 uint8 或 double 类型存储。

④ 数字图像序列　Matlab 工具箱支持将多帧数字图像连接成数字图像序列。数字图像序列是一个4维数组，数字图像帧的序号在数字图像的长、宽、颜色深度之后构成第4维。分散的数字图像也可以合并成数字图像序列，前提是各数字图像尺寸必须相同。

参考 cat（　）函数：A＝cat（4，A1，A2，A3，A4，A5）。

2）图像文件的读写和操作

① 图像文件的读取。利用函数 imread（）可完成图像文件的读取，语法：

```
A＝imread(filename,fmt)
[X,map]＝imread(filename,fmt)
[...]＝imread(filename)
[...]＝imread(filename,idx)(只对 TIF 格式的文件)
[...]＝imread(filename,ref)(只对 HDF 格式的文件)
```

② 图像文件的写入。使用 imwrite（）函数，语法如下：

```
imwrite(A,filename,fmt)
imwrite(X,map,filename,fmt)
imwrite(...,filename)
imwrite(...,parameter,value)
```

当利用 imwrite（）函数保存图像时，Matlab 缺省方式是将其保存为 uint8 的数据格式。

③ 图像显示。显示索引图像和灰度图像，以下用 I 表示图像数据。

```
>> [I,map]=imread('source.jpg');
>> gmap=rgb2gray(map);
>> figure,imshow(I,map);>> figure,imshow(I,gmap);
```

④ 水平翻转和上下翻转。

```
>>Flip1=fliplr(I);        % 对矩阵 I 左右反转
>>Flip2=flipud(I);        % 对矩阵 I 垂直反转
```

⑤ 图像旋转。

```
>>B=imrotate(I,60,'bilinear','crop');   % 双线性插值法,旋转图像 60 度,并裁
```
剪图像,使其和原图像大小一致

⑥ 截取图像。

```
>>I2=imcrop(I,[75 68 130 112]);
```

⑦ 画轮廓。

```
>> imcontour(I,3)
```

3）噪声和滤波

① 傅立叶变换。

fft2( ):fft2()函数用于数字图像的二维傅立叶变换,如:>>j=fft2(I);
ifft2( ):ifft2()函数用于数字图像的二维傅立叶反变换,如:>>k=ifft2(j);

② 模拟噪声生成函数 imnoise（ ），用于对数字图像生成模拟噪声，如：

```
>>j=imnoise(I,'gaussian',0,0.02);% 模拟高斯噪声
>>J=imnoise(I,'salt & pepper',0.02);% 添加椒盐噪声
>>K=medfilt2(J);% 使用 3 * 3 的邻域窗的中值滤波
```

③ 产生预定义滤波器，fspecial（ ），如：

```
>>h=fspecial('sobel');% sobel 水平边缘增强滤波器
>>h=fspecial('gaussian');% 高斯低通滤波器
>>h=fspecial('laplacian');% 拉普拉斯滤波器
>>h=fspecial('log');% 高斯拉普拉斯(LoG)滤波器
>>h=fspecial('average');% 均值滤波器
```

④ 基于卷积的滤波函数，filter2（ ）函数，如：

```
>>h=[1,2,1;0,0,0;-1,-2,-1];
>>j=filter2(h,I)
```

⑤ 线性滤波，利用二维卷积 conv2（ ）滤波，如：

```
>>h=[1,1,1;1,1,1;1,1,1];h=h/9;
>>j=conv2(I,h);
```

⑥ 中值滤波，medfilt2（ ）函数，如

```
>>j=medfilt2(I);
```

4）图像增强

① 直方图，imhist（）函数用于数字图像的直方图显示，如：imhist(I)

② 直方图均化，histeq（）函数用于数字图像的直方图均化，如：j=histeq(I)

③ 对比度调整，imadjust（）函数用于数字图像的对比度调整，如：j=imadjust(I,[0.3,0.7],[])

④ 利用 Sobel 算子锐化数字图像，如：

```
>>h=[1,2,1;0,0,0;-1,-2,-1];% Sobel 算子
>>j=filter2(h,I)
```

⑤ 利用拉氏算子锐化数字图像，如：

```
>>j=double(I);
>>h=[0,1,0;1,-4,0;0,1,0];% 拉氏算子
>>k=conv2(j,h,'same');
>>m=j-k
```

5）边缘检测

① sobel 算子：j=edge（I，'sobel'，thresh）

② prewitt 算子：j=edge（I，'prewitt'，thresh）

③ roberts 算子：j=edge（I，'roberts'，thresh）

④ log 算子：j=edge（I，'log'，thresh）

⑤ canny 算子：j=edge（I，'canny'，thresh）

⑥ Zero-Cross 算子：j=edge（I，'zerocross'，thresh）

6）形态学图像处理

① 膨胀：是在二值化数字图像中"加长"或"变粗"的操作，函数 imdilate（）执行膨胀运算，如：

设计结构元素 b=[0 1 0;1 1 1;0 1 0];

```
>>c=imdilate(I,b)
```

② 腐蚀：函数 imerode（）执行腐蚀，如：

```
>>b=strel('disk',1);
>>c=imerode(I,b)
```

③ 开运算：先腐蚀后膨胀称为开运算，用 imopen（）来实现，如：

```
>>b=strel('square',2);
>>c=imopen(I,b)
```

④ 闭运算：先膨胀后腐蚀称为闭运算，用 imclose（）来实现，如：

```
>>b=strel('square',2);
>>c=imclose(I,b)
```

5.3　算法案例

5.3.1　测量与检测

（1）圆半径与圆心的测量

问题：图 5-2(a) 为隐形眼镜的成像示意图，计算图中的圆的半径和圆心的位置。

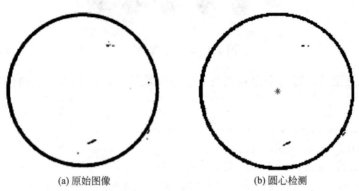

(a) 原始图像　　　　　　　　(b) 圆心检测

图 5-2　隐形眼镜缺陷检测

解决思路：首先对原图像进行二值化，再进行连通成分标记，找到标记为 1 的所有点的坐标，利用最小二乘法拟合圆，确定圆心坐标和半径。

代码如下：

```
clear;
img＝imread('拟合圆.png');
img＝im2bw(img,graythresh(img));
% 二值化图像
[1,num]＝bwlabel(img,8);
[y_index, x_index]＝find(1==1);
figure;
imshow(img);
A＝[x_index y_index ones(length
(x_index),1)];
B＝－(x_index.^2＋y_index.^2);
abc＝A\B;
a＝abc(1);
b＝abc(2);
c＝abc(3);
x0＝－0.5*a
y0＝－0.5*b
r＝sqrt(x0^2＋y0^2－c)
k＝1;
for theta＝0: pi/180: 2*pi
    X(k)＝r*cos(theta)＋x0;
    Y(k)＝r*sin(theta)＋y0;
    k＝k+1;
end
title('绘制出拟合圆和圆心的图像');
hold on;
plot(X, Y, 'r');
scatter(x0, y0, 'r*');
```

（2）数量统计

问题：图 5-3 为芯片引脚的图像，计算图中圆点的个数。

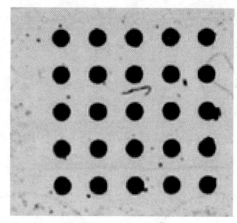

图 5-3　芯片引脚检测

解：二值化后，对每个白点进行 8 连通区域统计，得到每个点的位置。
代码如下：

```
f＝imread('圆点统计.png');
gray_level＝graythresh (f);
f＝im2bw (f, gray_level);
[l, n] ＝bwlabel (f, 8); % 对二值图像中八连通区域进行统计，得出 n 个连通区域
imshow (f)
hold on
for k＝1: n
  [r, c] ＝find (l＝＝k);
  rbar＝mean (r);
  cbar＝mean (c);
  plot (cbar, rbar, 'Marker ', ' o ', 'MarkerEdgeColor ', ' k ', 'Marker-
FaceColor', 'k', 'MarkerSize', 10);
  plot (cbar, rbar, 'Marker', ' * ', 'MarkerEdgecolor', 'w');
end
```

结果如图 5-4 所示，n＝28；结果得到圆点为 28 个，存在干扰，对原图像进行
形态学滤波处理。代码如下：

```
f＝imread('圆点统计.png');
gray_level＝graythresh (f);
f＝im2bw (f, gray_level);
title ('腐蚀原始图像');
% strel 函数的功能是运用各种形状和大小构造结构元素
se1＝strel ('disk', 3); % 这里是创建一个半径为 3 的圆盘结构元素
A2＝imopen (f, se1);
imshow (A2);
title ('使用结构原始 disk (5) 腐蚀后的图像');
[l, n] ＝bwlabel (A2, 8); % 对图像中八连通区域进行标记，得出 n 个连通区域
```

```
hold on
for k=1: n
  [r, c] =find (l==k);
  rbar=mean (r);
  cbar=mean (c);
  plot (cbar, rbar, 'Marker', 'o', 'MarkerEdgeColor', 'k', 'Marker-
FaceColor', 'k', 'MarkerSize', 10);
  plot (cbar, rbar, 'Marker', '*', 'MarkerEdgecolor', 'w');
end
```

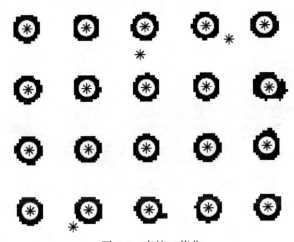

图 5-4　直接二值化

结果如图 5-5 所示，可得 $n=25$，与图 5-3 圆点数相同，图像无干扰。

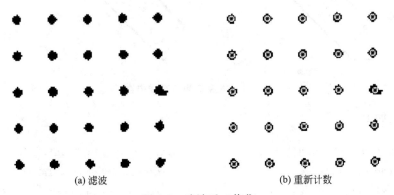

(a) 滤波　　　　　　　　　　　　(b) 重新计数

图 5-5　滤波后二值化

（3）距离计算

问题：图 5-6 为钢尺的图像，计算图中钢尺的宽度。

解题思路：获取钢尺边缘直线，获得边缘直线方程，可得两直线间的距离，即为钢尺的宽度。边缘检测与直线拟合见图 5-7。

图 5-6　钢尺宽度检测

(a) Hough变换图

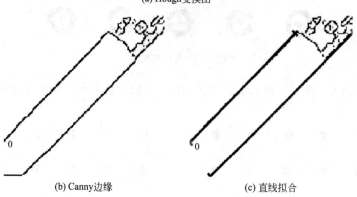

(b) Canny边缘　　　　　　　　　　(c) 直线拟合

图 5-7　边缘检测与直线拟合

代码如下：

```
I＝imread('宽度.png');
bw＝rgb2gray(I);
bw＝im2bw(I,graythresh(bw));
BW＝double(bw);
BW＝edge(bw,'canny');
imshow(BW);title('canny边界图像');
[H,T,R]＝hough(BW);
figure,
imshow(H,[],'XData',T,'YData',R,
'InitialMagnification','fit');
xlabel('\theta'),ylabel('\rho');
axis on,axis normal,hold on;
P＝houghpeaks(H,2,'threshold',
ceil(0.3 * max(H(:))));
x＝T(P(:,2));y＝R(P(:,1));
plot(x,y,'s','color','white');
lines＝houghlines(BW,T,R,P,'Fill-
Gap',50,'MinLength',7);
```

```
figure,imshow(BW),title('直线标识
图像');    hold on
for k=1:length(lines)
   xy=[lines(k).point1;lines(k).
point2];
   plot(xy(:,1),xy(:,2),'LineWidth',
2,'Color','green');
   % Plot beginnings and ends of lines
   plot(xy(1,1),xy(1,2),'x','Line
Width',2,'Color','yellow');
   x(k,1)=xy(1,1);y(k,1)=xy(1,2);
   % 第 k 条直线的起始点
```

```
   plot(xy(2,1),xy(2,2),'x','Line-
Width',2,'Color','red');
   x(k,2)=xy(2,1);y(k,2)=xy(2,2);
   % 第 k 条直线的终止点
end
% y=Ax+B
A=(y(1,2)-y(1,1))/(x(1,2)-x(1,
1));
   % 计算第一条直线的解析式
B=y(1,1)-A*x(1,1);
d=abs(A*x(2,1)+B-y(2,1))/sqrt
(1+A^2)   % 计算得出钢尺的宽度值
```

计算出钢尺的宽度值为 31.1488。

(4) 圆环内外径

问题：计算图 5-8 中圆环的内径和外径。

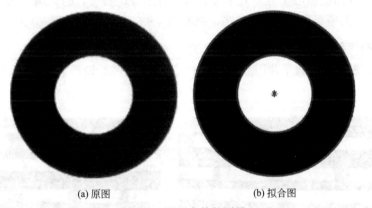

(a) 原图   (b) 拟合图

图 5-8   圆环内外径测量

解题思路：先获得二值化图像，再利用 Canny 算子进行边缘检测，进行连通成分标记，用最小二乘法拟合内外圆，算出圆心坐标和半径。

代码如下：

```
clear;
img=imread('圆环.png');
img=im2bw(img,graythresh(img));
% 二值化图像
BW=edge(img,'canny');
imshow(BW);title('canny边界图像');
[l,num]=bwlabel(BW,8);
[y_index1,x_index1]=find(l==1);
[y_index2,x_index2]=find(l==2);
figure;imshow(img);
```

```
A1=[x_index1 y_index1 ones(length
(x_index1),1)];
B1=-(x_index1.^2+y_index1.^2);
abc1=A1\B1;
a1=abc1(1);
b1=abc1(2);
c1=abc1(3);
x1=-0.5*a1;y1=-0.5*b1
r1=sqrt(x1^2+y1^2-c1)
k=1;
```

```
for theta=0:pi/180:2*pi                        k=1;
    X1(k)=r1*cos(theta)+x1;                    for theta=0:pi/180:2*pi
    Y1(k)-r1*sin(theta)+y1;                        X2(k)=r2*cos(theta)+x2;
    k=k+1;                                         Y2(k)=r2*sin(theta)+y2;
end                                                k=k+1;
A2=[x_index2 y_index2 ones(length           end
(x_index2),1)];                              title('绘制出拟合内外圆和圆心的图像');
B2=-(x_index2.^2+y_index2.^2);               hold on;
abc2=A2\B2;                                   plot(X1,Y1,'r','LineWidth',2);% 绘
a2=abc2(1);                                   制拟合外圆
b2=abc2(2);                                   scatter(x1,y1,'r*');% 外环圆心
c2=abc2(3);                                   plot(X2,Y2,'r','LineWidth',2);% 绘
x2=-0.5*a2                                    制拟合内圆
y2=-0.5*b2                                    scatter(x2,y2,'r*');% 内环圆心
r2=sqrt(x2^2+y2^2-c2)
```

拟合内外圆的圆心坐标及其半径：外圆半径 r1=74.4454，圆心为（99.3433，105.7939）；内圆半径 r2=35.2770，圆心为（99.8547，105.8480）。

(5) 顺序判断

问题：图 5-9 为刹车片图像，图（a）为标准顺序，设计算法判断图（b）是否合格。

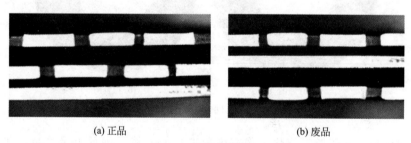

(a) 正品　　　　　　　　　　　(b) 废品

图 5-9　刹车片检测

解题思路：做二值化后，判断每行是否有间隔性的黑白跳跃，并记录下来，如果跟正品不一致，视为不合格。

代码如下：

```
I=imread('刹车正品.png');%               的坐标
imshow(I);                              % hough 变换
bw=im2bw(I,0.8);% 二值化                 [H,T,R]=hough(BW);
BW=double(bw);                          Figure
BW=edge(bw,'canny');                    imshow(H,[],'XData',T,'YData',R,'
imshow(BW);title('canny 边界图像');      InitialMagnification','fit');
[l,n]=bwlabel(BW,8);                    xlabel('\theta'),ylabel('\rho');
% 对图像中八连通区域进行标记,所有点          axis on,axis normal,hold on;
```

```
% 找到 hough 变换的峰值
P = houghpeaks(H,6,'threshold',
ceil(0.3*max(H(:))));
    x=T(P(:,2));y=R(P(:,1));
plot(x,y,'s','color','green');
    % 提取线段
    lines=houghlines(BW,T,R,P,'Fill-
Gap',90,'MinLength',20);
    % 参数 fillgap:当线段之间的距离小于
指定的值时,合并成一条线段
    % 参数 MinLength:去掉小于指定长度的
线段 figure,imshow(BW),title('直线标识
图像');   hold on
    % 绘制线段
    for k=1:length(lines)
```

```
    xy=[lines(k).point1;lines(k).
point2];
    plot(xy(:,1),xy(:,2),'LineWidth',
1,'Color','green');
    % Plot beginnings and ends of lines
    plot(xy(1,1),xy(1,2),'x','Line-
Width',1,'Color','yellow');
    x(k,1)=xy(1,1);y(k,1)=xy(1,2);
    % 第 k 条直线的起始点
    plot(xy(2,1),xy(2,2),'x','Line-
Width',1,'Color','red');
    x(k,2)=xy(2,1);y(k,2)=xy(2,2);
    % 第 k 条直线的终止点
    end
```

如图 5-10 所示,通过直线拟合,令每两条直线包围一个刹车片,取其中心线位置,从左到右遍历,找黑白间隔数量,与基准不符则为废品。

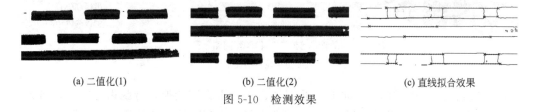

| (a) 二值化(1) | (b) 二值化(2) | (c) 直线拟合效果 |

图 5-10　检测效果

(6) 残缺面积计算

问题:图 5-11 为药瓶图像,计算玻璃瓶口的残破面积大小。

图 5-11　药瓶破损检测

解题思路:拍摄完好的瓶口图像,二值化后,得到瓶口的总面积;对残缺图像亦做二值化,得到瓶口剩余面积。二者相减,即得到残破面积。

代码如下:

```
img=imread('mian.png');
```

```
img＝im2bw(img,graythresh(img));% 二值化图像
imshow(img);
[L,num]＝bwlabel(img,8);   % 区域标记,
STATS＝regionprops(L,'all');
for i＝1:num
    area(i)＝STATS(i).Area;   % 计算各区域的面积。
end
```

排序得到 area 最大面积为 25170，即为玻璃瓶口的面积，用完整瓶口面积去减之，可得瓶口的残缺面积。

（7）齿轮参数

问题：根据齿轮参数的定义，计算图 5-12 中的齿轮的各项参数。

 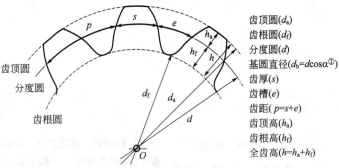

齿顶圆(d_a)
齿根圆(d_f)
分度圆(d)
基圆直径($d_b＝d\cos\alpha$①)
齿厚(s)
齿槽(e)
齿距($p＝s＋e$)
齿顶高(h_a)
齿根高(h_f)
全齿高($h＝h_a＋h_f$)

图 5-12　尺寸参数测量

①α 为齿轮压力角。

解题思路：先对图像二值化，再对图像进行霍夫圆变换，寻找齿轮中心，再获取齿轮单像素边界，得到齿轮的齿顶圆和齿根圆直径，取标准模数，然后可得齿轮的各个参数。

代码如下：

```
% 先对图像二值化:
img＝imread('齿轮.png');
img＝rgb2gray(img);
Biimg＝im2bw(img,0.5);% 二值化图像
se＝strel('square',5);
Openimg＝imopen(Biimg,se);% 二值开
运算滤波平滑
% 再对图像进行霍夫圆变换,寻找齿轮中心;
[centersDark, radiiDark]＝imfind-
circles(img,[30 90],'ObjectPolarity',
'dark');
% 再获取齿轮单像素边界
edge_img＝edge (img, 'canny');
thin_edge_img＝bwmorph (edge_img,
'thin', Inf);
```

```
% 进而对边界追踪,获取按序排列的边界
数组:
B＝ bwboundaries (thin_edge_img,
8, 'noholes');
boundary＝B {1};
% 最后对结果进行处理:
% % 计算参数
distance＝sqrt ( (boundary (:, 2) －
centersDark (1) ) . ^ 2 ＋ (boundary
(:, 1) －centersDark (2) ) .^2);
% 注意防止数据在波峰处断裂
rerange＝smooth (rerange);
rerange＝smooth (rerange);
% 进行两次平滑以消除尖峰噪声
% 计算参数
```

```
[pks, locs] =findpeaks (rerange);        [pks, locs] =findpeaks (−rerange);
z=size (locs, 1); % 齿数，即波峰个数      rmin= mean (−pks); % 谷值平均值作
rmax= mean (pks); % 峰值平均值作为        为齿根圆半径
外圆半径                                  m= (rmax−rmin) /2.5; % 模数
```

最后得到齿轮的基本参数：

齿轮中心	齿顶圆半径	齿根圆半径	模数	齿数
(183.75,153.17)	138.06	120.73	6.96	28

测量示意图见图 5-13。

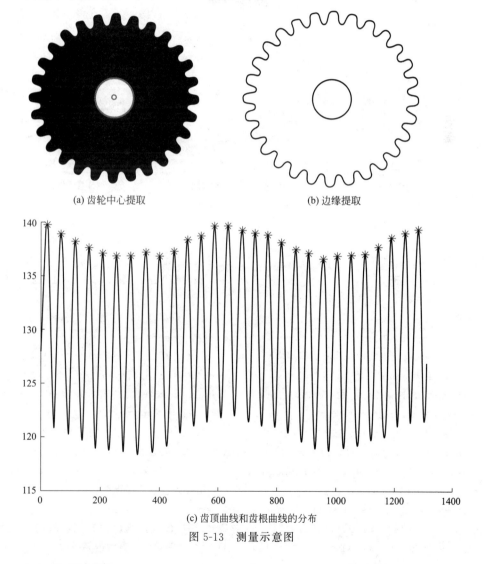

(a) 齿轮中心提取　　　　　　　　　　(b) 边缘提取

(c) 齿顶曲线和齿根曲线的分布

图 5-13　测量示意图

(8) 角度计算

问题：图 5-14 为钻石的成像，计算图中白色三角形的 4 个尖角的角度。

解题思路：通过直线拟合，得到 8 条直线的方程，分别计算其夹角，即可得尖角的角度。角度测量见图 5-15。

图 5-14　钻石角度检测

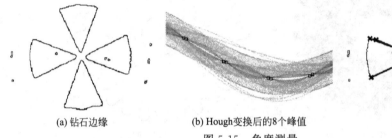
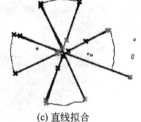

(a) 钻石边缘　　　　　　(b) Hough变换后的8个峰值　　　　　(c) 直线拟合

图 5-15　角度测量

代码如下：

```
I＝imread('钻石角度.png');
bw＝rgb2gray(I);
bw＝im2bw(I,graythresh(bw));
BW＝double(bw);
BW＝edge(bw,'canny');
imshow(BW);title('canny边界图像');
[H,T,R]＝hough(BW);
figure,imshow(H,[],'XData',T,'YData',
R,'InitialMagnification','fit');
xlabel('\theta'),ylabel('\rho');
axis on,axis normal,hold on;
P＝houghpeaks(H,8,'threshold',
ceil(0.3*max(H(:))));
x＝T(P(:,2));y＝R(P(:,1));
plot(x,y,'s','color','white');
lines＝houghlines(BW,T,R,P,'Fill-
Gap',50,'MinLength',7);
figure,imshow(BW),title('直线标识
图像');　　hold on

for k＝1:length(lines)
    xy＝[lines(k).point1;lines(k).
point2];
    plot(xy(:,1),xy(:,2),'LineWidth',2,'
Color','green');
    plot(xy(1,1),xy(1,2),'x','Line-
Width',2,'Color','yellow');
    x(k,1)＝xy(1,1);y(k,1)＝xy(1,2);
% 第 k 条直线的起始点
    plot(xy(2,1),xy(2,2),'x','Line-
Width',2,'Color','red');
    x(k,2)＝xy(2,1);y(k,2)＝xy(2,2);
% 第 k 条直线的终止点
    end
A2＝(y(2,2)－y(2,1))/(x(2,2)－x(2,
1));　% 计算第二条直线的解析式
B2＝y(2,1)－A2*x(2,1);
A3＝(y(3,2)－y(3,1))/(x(3,2)－x(3,
1));　% 计算第三条直线的解析式
```

```
B3＝y(3,1)－A3＊x(3,1);                    A3)))＊180/pi   ％ 计算两条直线夹角
theta＝atan(abs((A2－A3)/(1＋A2＊
```

计算其中两条直线的夹角，theta＝45.8271。

(9) 整齐度判断

问题：图 5-16 为芯片的引脚图像，左图为标准产品，设计算法判断右图是否合格。

解题思路：先将图像二值化，用 Hough 变换拟合引脚图，得到每行引脚的直线方程，再计算每个引脚到直线的距离，超出允许范围视为不合格。正品与废品判断见图 5-17。

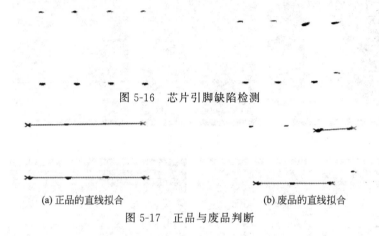

图 5-16   芯片引脚缺陷检测

(a) 正品的直线拟合   (b) 废品的直线拟合

图 5-17   正品与废品判断

代码如下：

```
I＝imread('引脚不整齐.png');
imshow(I);
bw＝im2bw(I,graythresh(I));％ 二值化
BW＝double(bw);
[1,n]＝bwlabel(BW,8);％ 对图像中八连
通区域进行标记,所有点的坐标
[H,T,R]＝hough(BW);％ hough 变换
figure,imshow(H,[],'XData',T,'YData',
R,'InitialMagnification','fit');
xlabel('\theta'),ylabel('\rho');
axis on,axis normal,hold on;
％ 找到 hough 变换的峰值
P = houghpeaks (H, 2, ' threshold ',
ceil(0.3＊max(H(:))));
x＝T(P(:,2));y＝R(P(:,1));
plot(x,y,'s','color','green');
lines＝houghlines(BW,T,R,P,'Fill-
Gap',50,'MinLength',40);   ％ 提取线段
％ 参数 fillgap:当线段之间的距离小于
```

```
指定的值时,合并成一条线段
   ％ 参数 MinLength:去掉小于指定长度的线段
   figure,imshow(BW),title('直线标识
图像');   hold on
   ％ 绘制线段
   for k＝1:length(lines)
       xy＝[lines(k).point1;lines(k).
point2];
       plot(xy(:,1),xy(:,2),'Line-
Width',1,'Color','green');
       ％ Plot beginnings and ends of
lines
       plot(xy(1,1),xy(1,2),'x','Line-
Width',1,'Color','yellow');
       x(k,1)＝xy(1,1);y(k,1)＝xy(1,
2);   ％ 第 k 条直线的起始点
       plot(xy(2,1),xy(2,2),'x','Line-
Width',1,'Color','red');
       x(k,2)＝xy(2,1);y(k,2)＝xy(2,
```

```
2);    % 第 k 条直线的终止点          % 计算每个引脚到直线的距离,并判断是
    end                          否超标
```

5.3.2 频域滤波

(1) 高频与低频

图 5-18 为雕像图像,通过傅立叶变换后,在频域分别进行高低频的滤波,获得不同的处理效果。消除中间高频部分后,图像的细节保留,但对比度缺失;只保留高频部分,图像细节丢失,但明暗保留。

(a) 原图像　　　　　　　(b) 傅立叶幅度谱　　　　　(c) 直接傅立叶逆变换图像

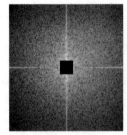   

(d) 去除高频分量　(e) 去高频傅立叶逆变换图像　(f) 去除低频分量　(g) 去低频傅立叶逆变换图像

图 5-18　雕像的傅立叶变换

代码如下:

```
A=imread('傅立叶变换.bmp');
% 读入原图像文件
subplot(3,3,1);
imshow(A);          % 显示原图像
title('原图像')
A1=rgb2gray(A);   % 将原图变为灰度
图像
B=fft2(A1);       % 二维离散傅立叶
变换
C=fftshift(B);    % 直流分量移到频谱
中心
D=log(abs(C));    % 数字图像的对数
变换

subplot(3,3,2);
imshow(D,[]);         % 显示幅度谱图像
title('傅立叶幅度谱')
N=ifft2(B)/255;   % 傅立叶逆变换
subplot(3,3,3);
imshow(N);           % 显示直接逆变换
图像
title('直接傅立叶逆变换图像')
C1=size(C,1);
C2=size(C,2);
H1=ones(C1,C2);   % 建立去高频分量
矩阵
H1((C1/2-10):(C1/2+10),(C2/2-
```

172

```
10):(C2/2+10))=0;
    subplot(3,3,5);
    imshow(H1.*log(C),[]);% 显示去除高
频幅度谱图像
    title('去除高频分量');
    I=real(ifft2(ifftshift(H1.*
C)));%傅立叶逆变换
    subplot(3,3,6);
    imshow(mat2gray(I));
    title('去高频傅立叶逆变换图像');
    D1=size(C,1);
    D2=size(C,2);
    H2=zeros(D1,D2);        % 建立去低频
```

分量矩阵
```
    H2((D1/2-10):(D1/2+10),(D2/2-
10):(D2/2+10))=1;
    subplot(3,3,8);
    imshow(H2.*log(C),[]);    % 显示去
除低频幅度谱图像
    title('去除低频分量');
    J=real(ifft2(ifftshift(H2.*C)));
    % 傅立叶逆变换
    subplot(3,3,9);
    imshow(mat2gray(J));
    title('去低频傅立叶逆变换图像');
```

（2）图像滤波

问题：如图 4-12（a）所示带斜纹噪声的小丑图像，通过傅立叶变换滤除噪声，得到无噪声的图像。

代码如下：

```
image=imread('小丑.bmp');
subplot(2,2,1);
imshow(image);% 显示原图
image1=rgb2gray(image);% 转换成灰
度图像
image2=fftshift(fft2(image1));
image3=log(1.5+abs(image2));% 进
行傅立叶变换
subplot(2,2,2);
imshow(image3,[]);
image4=image2;
image4(143:155,140:150)=0;   % 将中
心区域涂黑
image4(182:189,120:130)=0;
image4(170:179,180:192)=0;
image4(135:145,205:215)=0;
disk=30;
[rows_sm,cols_sm]=size(image4);
```

（3）线路提取

问题：如图 5-19（a）所示电路图，将字符用形态学算法去除，只保留线路做通断检测。

解题思路：通过开运算将文字和字符去除。文字符号去除后的线路图如图 5-19（b）所示。

代码如下：

```
f=imread('线路图.png');
imshow(f),title('灰度级重构原图像');
f_obr=imreconstruct(imerode(f,ones(1,71)),f);
imshow(f_obr),title('经开运算重构图');
```

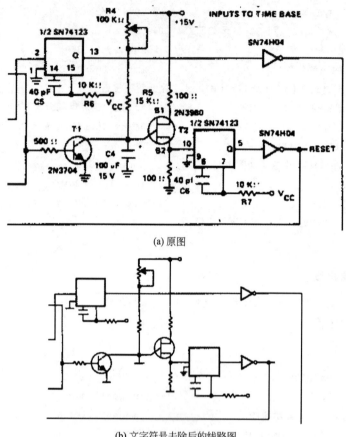

(a) 原图

(b) 文字符号去除后的线路图

图 5-19　电路图线路提取

5.3.3　目标分割

问题：将图 5-20(a) 的大米图像进行分割，得到每个大米的完整的二值图像。

解题思路：由于图像左右背景灰度不一致，直接用二值化方法如 Ostu 会导致分割不完整。现将图像按 16 像素宽等分成若干列，每列单独进行灰度拉伸，再复原成大图像，进而用简单的二值操作即可实现分割。

代码如下：

```
clear;                              o=t;
pic=imread('rice.bmp');            for u=1:n
[n,m]=size(pic);% 图像宽为 m            for v=1:col
s=[];                                  opt(u,v)=100^((t(u,v)-min
col=16;% 将原图按 16 像素宽的列等分    (min(t)))*0.01)-1;
for i=1:m/col                          % 拉伸每类图像
    t=pic(:,(i-1)*col+1:i*col);         end;
    t=double(t);                    end;
```

```
opt=opt/max(max(opt))*255;
s=[s,opt];% 增强后的每列图像拼起来
end;
s=uint8(s);
anss=s;
f1=im2bw(anss,0.27);   % 拉伸后二
值化
f2=im2bw(pic,graythresh(pic));
% 直接对原图做二值化
```

```
    subplot(221),imshow(pic);title
('原图');
    subplot(222),imshow(f2);title
('用原图做 Ostu');
    subplot(223),imshow(anss);title
('分列拉开峰值后');
    subplot(224),imshow(f1);title('二
值化');
```

结果如图 5-20 所示。即可得到各个大米的完整的二值图像。

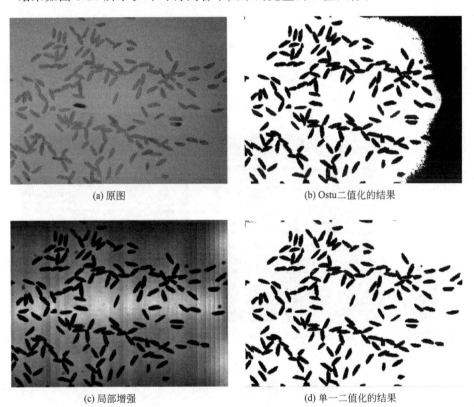

(a) 原图　　　　　　　　　　(b) Ostu二值化的结果

(c) 局部增强　　　　　　　　(d) 单一二值化的结果

图 5-20　多阈值分割方法

5.3.4　模式识别

问题：图 5-21 为文字匹配的案例，图（b）为模板，要求在图（c）中找到实例。

解题思路：使用 NCC 方法进行模板匹配。

代码如下：

```
clear all;close all;clc;              imshow(img);title('原始图像');
img=imread('3.bmp');                  img=double(img);
```

```
mask＝imread('1.bmp');
mask＝double(mask);
imshow(uint8(mask));title('模板图
像');
    [a,b]＝size(img);％原图大小
    [m,n]＝size(mask);％模板大小
    for i＝1:a－m％高
            for j＝1:b－n
            r(i,j)＝sum(sum(img(i:i＋m
－1,j:j＋n－1).＊mask))/sqrt(sum(sum
(img(i:i＋m－1,j:j＋n－1)).^2)＊sum
(sum(mask.^2)));
            end
    end
    [iMaxPos,jMaxPos]＝find(r＝＝max
(max(r)));
```

```
imshow(uint8(img));
hold on
plot(jMaxPos,iMaxPos,'＊');％ 绘制
最大相关点

％ 用矩形框标记出匹配区域
plot([jMaxPos,jMaxPos＋n－1],[iMa-
xPos,iMaxPos],'r');
    plot([jMaxPos＋n－1,jMaxPos＋n－
1],[iMaxPos,iMaxPos＋m－1],'r');
    plot([jMaxPos,jMaxPos＋n－1],[iMa-
xPos＋m－1,iMaxPos＋m－1],'r');
    plot([jMaxPos,jMaxPos],[iMaxPos,
iMaxPos＋m－1],'r');
    title('匹配图像');
```

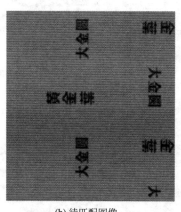

(a) 模板图像   (b) 待匹配图像   (c) 找到匹配的图案

图 5-21　文字匹配

结果：图 5-21(c) 中找到了分值最高的位置，实际还有一个实例，作为练习题请读者尝试找出来。

5.3.5　畸变校正

（1）任务要求

① 畸变矫正　固定手机位置，拍摄标准黑白棋盘图片，进行相机标定，矫正图像畸变。

② 进行圆心测量　对畸变矫正后的图像进行圆拟合，找到<u>直径和圆心位置</u>。

③ 设计软件界面　能显示原始图像、矫正后的图像、圆的直径和圆心。

（2）主要步骤

① 打印 5 个圆在一张 A4 纸上，通过手机进行拍摄。将 10×10 棋盘格打印在

A4 纸上，通过手机进行拍摄。如图 5-22 所示。

图 5-22　待处理图像

② 对图像进行二值化处理。如图 5-23 所示。

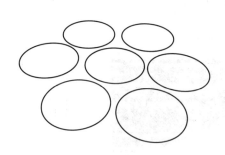

图 5-23　图像二值化

③ 通过查找棋盘格角点得到仿射变换函数。如图 5-24 所示。

图 5-24　得到仿射变换函数

④ 通过变换函数得到校正后的圆图像。如图 5-25 所示。

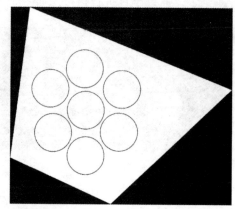

图 5-25　得到校正后的圆图像

⑤ 通过圆检测检测出圆心、半径。如图 5-26 所示。

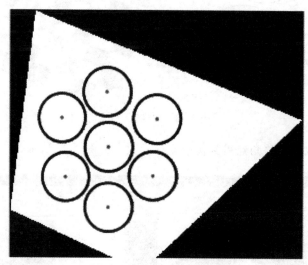

图 5-26　检测圆心、半径

⑥ 计算出实际尺寸。

⑦ 设计 GUI 界面。如图 5-27 所示。

(3) 主要代码

```
% 读取原始图像
orthophoto=imread('.\棋盘.png');
unregistered=imread('.\棋盘_透视.
png');
unwarped=imread('.\圆_透视.png');
% 选取控制点,并由控制点生成变换矩阵
[movingPoints,fixedPoints]=cpse-
lect(unregistered,orthophoto,'Wait',
true);
mytform = fitgeotrans ( moving-
Points,fixedPoints,'projective');
% 根据变换矩阵对图像进行变换
registered = imwarp ( unregistered,
mytform);
figure,imshow(registered);
imwrite(registered,'.\棋盘_校正.
png');
warped=imwarp(unwarped,mytform);
figure,imshow(warped);
imwrite(warped,'.\圆_校正.png');
```

% 二值化处理,膨胀——缩小——膨胀处理(用于圆检测)

```
bw_warped＝im2bw(warped);
```
% 二值化
```
SE＝[0 1 0;1 1 1;0 1 0];
tmp＝~(imdilate(~bw_warped,SE));
```
% 膨胀(对于黑色而言)
```
tmp＝imresize(tmp,0.2);
```
% 缩放
```
bw_dilate＝~(imdilate(~tmp,SE));
    % 膨胀
```

% 圆检测
```
[centers,radii]＝imfindcircles(bw_
dilate,[50,100]);
    figure,imshow(bw_dilate);
    viscircles(centers,radii,'EdgeColor',
'b');
```

% 实际长度与像素单位换算
```
diameter＝radii*2*5*len_per_
pxi;% 单位:mm
```

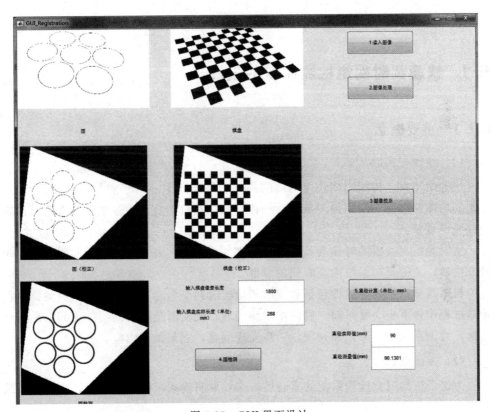

图 5-27　GUI界面设计

上述命令为主要代码,GUI回调函数中与之有些许不同,此处不再赘述。

习　　题

1. 复现 5.3.1 节的所有案例。

2. 复现 5.3.4 节的案例,并找出第二个匹配的实例。

3. 复现 5.3.5 节的案例,设计 GUI 界面,通过人机交互实现标定和测量功能。

第6章 机器视觉工程应用

6.1 快速实时视觉检测系统的设计

6.1.1 重要概念

(1) 快速与实时

快速是指在被检测物体快速运动的条件下采集图像。对于隔行扫描相机而言，采集到的图像容易产生锯齿现象，对于逐行扫描相机而言，采集到的图像容易出现模糊线性现象。

实时是指在需要的时候会及时提供处理结果，操作具有严格的时间限制。实时并非快速，关键是对系统响应时间的掌握。

机器视觉系统的实时性包括软实时和硬实时两个概念。软实时是指被测物体在传送过程中停下来一段时间，供图像采集处理；硬实时是指被测物体无间歇地连续传送，检测系统连续采集和处理，一旦发现问题，立刻做出响应。

(2) 系统延迟

为保证机器视觉检测系统的实时性，必须要明确系统的反应时间，也称作系统延迟。

反应时间是行为的开始到产生结果之间的时间。检测系统从被触发到输出信号，内部事件依次响应，反应时间都不相同，从几纳秒到几秒。实际应用中，只需知道反应时间的最大值和最小值即可。

成像过程中的时间延迟包括：触发到开始成像的延迟；相机拍摄到获取图像的延迟；图像从相机到采集卡的延迟；图像从采集卡到处理器的延迟。

图像处理过程中断延迟包括：算法消耗时间；处理结果送达 I/O 端口的延迟。

(3) 触发

从机器视觉系统设计角度看，触发是指物体输送到拍摄位置时，特定传感器感应到物体的存在，输出脉冲信号通知视觉系统开始采集图像。触发延迟指物体到达的时间与视觉系统受到触发信号的时间之差，范围从纳秒到秒。

触发方式有硬件触发和软件触发两种。

硬件触发通过光电开关或霍尔开关等传感器，检测物体是否到达视场，反应时间从几微秒到几毫秒。多数图像采集卡可以接受外部触发信号，直接开始获取图像，并输出曝光控制，不需要软件干涉，延时在 1ms 内。某些采集卡则发送中断给 CPU，由 CPU 识别中断，进入中断服务程序，发出采集命令给采集卡指示采集开始和中止。

软件触发是通过图像处理的方法检测被测物体是否进入视场。对于离散零件，这种方法复杂且不可靠，比硬件触发方法耗时。

6.1.2 应用项目组织

(1) 组织结构

机器视觉应用项目涵盖了光、机、电、液、气、软件、网络、数据库等多种技术，项目管理繁琐且细致。一个典型的商业化机器视觉项目需要一个团队来完成，团队包括项目经理、研发小组、文档管理小组和安装测试小组。项目经理必须对机器视觉系统非常专业和熟悉，负责项目的总体设计、任务分配、进度安排和必要的开发工作；研发小组致力于光学系统设计、机械安装结构设计、信号与电气设计、软件功能设计和代码开发，并负责现场安装和调试；文档管理小组负责所有相关文档的建立、修订和使用维护说明书的撰写，与研发小组交叉并行工作；安装测试小组主要负责软件功能的测试和完善、软件培训以及现场使用情况的跟踪，可与研发共同进行。

(2) 视觉系统的评价指标

机器视觉系统是通过机器代替人眼检测功能的系统，能显著节省劳动力，提高产品质量，降低废品率，节约原材料，并为企业建立良好的质量管理形象。

机器视觉系统的特点是自动化、客观、非接触和高精度。与一般意义上图像处理系统相比，机器视觉强调的是精度和速度，以及工业现场环境下的可靠性。因此，检测精度、检测速度和系统的可靠性等都可以作为视觉系统的评价指标。

检测精度因系统而异。例如，在尺寸测量系统中，检测精度可以达到 0.01mm；在表面缺陷检测系统中，缺陷面积可以达到 0.1mm×0.1mm。

机器视觉的检测速度需要与生产速度或生产线上的生产节拍相匹配。例如，视觉系统有足够的能力达到 10000 件/min 的在线检测速度；高速印刷生产线上，检测速度可以达到 800m/min。

平均无故障时间（Mean Time Between Failure，MTBF）是衡量一个产品（尤其是电器产品）可靠性的指标。单位为 h。它反映了产品的时间质量，是体现产品在规定时间内保持功能的一种能力。具体来说，是指相邻两次故障之间的平均工作时间，也称为平均故障间隔。它适用于可维修产品。

机器视觉系统应用技术的进步使得其使用已非常广泛，当评估在生产线上安装机器视觉系统的可行性时，制造商们越来越多地把机器视觉系统易于安装维护亦作为一个主要的因素来考虑。

（3）文档管理

机器视觉应用项目的文档应包括：

- 系统综述，性能描述；
- 检测对象的描述（尺寸、颜色、数量等物理变量）；
- 视觉系统的性能要求（速度、精确度、可靠性）；
- 检测过程（部件如何进入相机视野、如何设计外触发等）；
- 光学（场景大小、距离等）；
- 机械要求（尺寸限制、安装方式、封装方式）；
- 附件要求（电源等）；
- 环境要求（环境光、温度、湿度、灰尘、污垢、清洗方式等）；
- 设备接口（网络等）；
- 操作接口（屏幕、控制器、操作权限等）；
- 技术支持（培训、维护、升级等）。

（4）产品测试

机器视觉项目要在生产现场长期、稳定、易维护地运行，在测试阶段需要解决以下问题：

- 操作界面（控制器和屏幕显示是否符合人机工程）；
- 检测精度（准确性和可重复性）；
- 检测效率（能否满足生产能力的要求）；
- 灵敏度（环境和系统的微小变化会不会造成性能变化）；
- 可维护性（零件更换和光学校准是否容易）；
- 长时间运行的稳定性。

（5）成本核算

经济指标是对机器视觉系统评价的重要内容之一。机器视觉系统的成本包含初期成本和操作成本。

初期成本包括：

- 设备采购；
- 系统开发和集成费用；
- 运输与安装费用；
- 培训费用；
- 项目管理费用。

操作成本包括：

- 定期维护；
- 再培训；
- 系统升级。

6.1.3　基本设计参数

机器视觉应用项目在设计初期，要考虑如何选择摄像机的类型、计算摄像机的视场、计算分辨率、计算数据处理量、评估硬件处理的可能性、选择摄像机型号、选择镜头、选择光照技术、选择采集卡、设计图像处理算法等。

(1) 选择摄像机的类型

摄像机的类型包括线阵相机（一维线扫描方式）、面阵相机（二维面扫描方式）以及三维摄像机。根据项目的具体要求，从成本或性价比的角度考虑，一般优先选择面阵相机。线阵相机适用于一维位置测量、移动的卷筒物（如纸）、大量传送的零件、圆柱体外围成像、离散部件的高分辨率成像，相机可以根据位置关系与被测物发生相对移动。

(2) 计算摄像机的视场

被测物体进入摄像机的视场才能获得完整的图像，在设计过程中要选择相机在何处采像、零件上要拍摄的部位、零件上会引起视觉混乱的部位（例如内孔、折弯）、零件位置的变化量以及相机的安装空间。

计算视场 FOV 的公式为

$$FOV = (D_p + L_v)(1 + P_a) \tag{6-1}$$

式中　FOV——某方向上视场大小（包括水平方向和垂直方向）；

D_p——视场方向零件最大尺寸；

L_v——零件位置和角度的最大变化量；

P_a——相机对准系数，通常为 0.1。

例 1，某零件为矩形，设计标准尺寸为 4cm×3cm，安装位置偏差为 ±0.5cm，无旋转位置偏差，由式(6-1) 可知

FOV(水平)=(4+1)(1+10%)=5.5(cm)

FOV(垂直)=(3+1)(1+10%)=4.4(cm)

(3) 计算分辨率

正确计算分辨率，可获得有效的检测精度和合理的成本。分辨率包括图像分辨率、空间分辨率、特征分辨率、测量分辨率和像素分辨率五种。

1) 图像分辨率 R_i

图像分辨率是图像行和列像素的数目，由相机和采集卡决定。普通灰度面阵相机的图像分辨率一般有 640×480 和 1000×1000，线阵相机的图像分辨率特指横向像素个数，常见的有 1024、2048、4096，最大可到 8k 甚至更高。一般图像分辨率的选择原则是：在满足使用要求的前提下，选择相机的图像分辨率和采集卡的图像分辨率中的较低者。

2) 空间分辨率 R_s

空间分辨率是指像素中心映射到场景上的间距，也就是相邻两个像素的空间距离。如 0.1cm/像素。对给定图像分辨率，空间分辨率取决于视场尺寸，镜头放大倍率等因素。

3）特征分辨率 R_f

特征分辨率是指能被视觉系统可靠采集到的物体最小特征的尺寸，如 0.05mm。相机和采集卡都服从 Shannon 采样定律，每个点至少用 2 个像素来描述。在实际应用中，用 3 或 4 个像素描述最小特征点，同时要求较好的对比度和较低的噪声。如果对比度低，噪声高，则需要更多的像素来描述特征。当某个特征在图像中既表现为 3 个像素，又表现为 4 个像素时，就会导致系统很难识别。

4）测量分辨率 R_m

测量分辨率是指视觉系统能够检测到的最小尺寸，如 0.01mm。当原始数据为像素时，可以用数据拟合技术将图像和模型（如直线）进行拟合，理论上测量分辨率可达到 1/1000 像素，而实际应用一般只能达到 1/10 像素。测量分辨率一般取决于拟合算法、每个像素位置误差、用来拟合模型的像素个数和模型拟合实际目标的程度等因素。

测量误差通常来自系统误差和偶然误差。偶然误差是不可预测、不可修正的，影响测量的准确性和可重复性；系统误差不影响测量的可重复性，可以通过校正技术修正。通常要求测量准确度要 10 倍于测量误差，而测量分辨率 10 倍于测量准确度，这意味着测量分辨率要 100 倍于测量误差，实际应用中通常为 20 倍。

5）像素分辨率 M_p

像素分辨率是指像素的灰度或彩色等级，通常由采集卡或相机的数/模转换得到。单色视觉系统每个像素用 8 位表示，即 256 级灰度；也可用 10 位或 12 位表示，以满足高端图像分析的要求（如生物医学分析）。彩色视觉系统中，RGB 每个原色用 8 位表示，共 16 777 216 种颜色。

分辨率的计算公式如下

$$R_i = \frac{FOV}{R_s} \tag{6-2}$$

$$R_s = \frac{FOV}{R_i} \tag{6-3}$$

$$R_m = R_s M_p \tag{6-4}$$

$$R_s = \frac{R_m}{M_p} \tag{6-5}$$

$$R_f = R_s F_p \tag{6-6}$$

式中　　M_p——测量分辨率的像素表示；

F_p——最小特征的像素点数。

例 2，在尺寸为 4cm×3cm 的零件上检测孔的直径，设特征分辨率（R_f）为 0.5mm，最小特征的像素点数（F_p）为 4 像素，假设对比度和图像噪声均理想，求最小图像分辨率（设视场大小为 4cm×3cm）。

解：

计算空间分辨率　$R_s = \frac{R_f}{F_p} = 0.5mm/4$ 像素 $= 0.125mm/$ 像素

计算图像分辨率　$R_i(水平) = \frac{FOV(水平)}{R_s} = \frac{40}{0.125} = 320$（像素）

$$R_i(垂直)=\frac{FOV(垂直)}{R_s}=\frac{30}{0.125}=240(像素)$$

得到最小图像分辨率为 320 像素×240 像素。

例 3，零件尺寸为 4cm×3cm，其尺寸误差在±0.05mm 范围内，需要测量其实际误差，软件要求能测量 1/10 像素（M_p）的精度，取允许误差与测量分辨率的比例为 20，求最小图像分辨率（设视场大小为 4cm×3cm）。

解：

计算测量分辨率　$R_m=\dfrac{0.05}{20}=0.0025(mm)$

计算空间分辨率　$R_s=\dfrac{R_m}{M_p}=\dfrac{0.0025}{0.1}=0.025(mm/像素)$

计算图像分辨率　$R_i(水平)=\dfrac{FOV(水平)}{R_s}=\dfrac{40}{0.025}=1600(像素)$

$$R_i(垂直)=\frac{FOV(垂直)}{R_s}=\frac{30}{0.025}=1200(像素)$$

得到最小图像分辨率为 1600 像素×1200 像素。

（4）计算线扫描速度

线扫描速度是专门针对线阵相机而言，线扫描速度的计算公式为

$$T_s=\frac{R_s}{S_p} \tag{6-7}$$

式中　T_s——相机扫描速度，扫描次数/s；

R_s——空间分辨率；

S_p——零件经过相机的速度。

例 4，检测 18cm 宽的连续运行的编织带，织带移动速度 3m/min，视场 20cm，特征分辨率必须为 0.5mm，允许用 4 个像素来描述，求线阵相机的最小扫描速度。

解：

计算空间分辨率　$R_s=\dfrac{R_f}{F_p}=\dfrac{0.5}{4}=0.125$（mm/像素）

计算图像分辨率　$R_i=\dfrac{FOV}{R_s}=\dfrac{200}{0.125}=1600$（像素）

计算扫描速度　$S_p=3m/min=50mm/s$

$$T_s=\frac{R_s}{S_p}=\frac{0.125}{50}=0.0025（s/像素）$$

（5）计算数据处理量

数据处理量是指计算机每秒处理的像素个数，该值用来评估计算机的处理能力。

$$R_p=\frac{R_i(水平)R_i(垂直)}{T_i} \tag{6-8}$$

式中　R_i——图像分辨率；

　　　T_i——相邻图像采集的最短时间（对线阵相机而言，$T_i = T_s$）。

当数据处理量 $<$ 10 000 000 像素/s 时，可选用一般 PC 机进行图像处理；

当数据处理量 $>$ 100 000 000 像素/s 时，可选专用图像处理计算机或者带图像处理功能的采集卡，或者选用带嵌入式处理器的相机。

例 5，图像分辨率 320×240，要求每秒处理 3 个零件，计算数据处理量。

解：

$$R_p = \frac{R_i(水平) R_i(垂直)}{T_i} = 320 \times 240 \div \frac{1}{3} = 230400（像素/s）$$

（6）面阵相机的选择

当拍摄移动的物体时，最好选择具有逐行扫描功能的面阵相机，再配合电子快门或闪光灯来抓拍图像；拍摄静止物体时，选用隔行扫描相机，可降低项目的硬件成本。

在不涉及色彩分析的场合，面阵相机选用灰度 CCD 或 CMOS 传感器，不仅价格较便宜，而且在相同计算能力条件下，灰度相机的数据处理量是彩色相机的 2～3 倍。

选择面阵相机分辨率时，如果图像分辨率为 320×240，最经济的方法是选用 640×480 的面阵相机来对视场采像，可以提高空间分辨率。若空间分辨率保持不变，在软件处理方面只需取感兴趣的区域进行处理，从而降低数据处理量。

（7）线阵相机的选择

时域积分相机（TDI，Time Domain Integration）是一种典型的线阵相机。由于线阵相机采样频率比面阵相机高得多，每秒可达 20K 以上，因此需要更大的曝光强度，TDI 相机集成了并行线扫描功能，提高了相机的感光度，在实际应用中，要特别注意零件移动与相机扫描的同步，可以通过增量式脉冲编码器来获得同步信号。

彩色线扫描相机分为 3 线式扫描和 3 CCD 式扫描两种。3 线式扫描方式中，红蓝绿 3 条 CCD 芯片在空间上平行相邻排列，每条 CCD 的曝光时间均不一样，因此在组合成 RGB 像素时要进行空间校正才能保证色彩不失真。而 3 CCD 扫描方式能保证 3 个 CCD 曝光时间完全一致，但这种相机内部安装结构复杂，成本昂贵。

对于超大幅面的检测，一个线阵相机是不够的，往往采用多个线阵相机安装，使得它们各自的视场保持直线，并有小段重叠。

（8）采集卡的选择

采集卡必须符合相机特性，即采集卡必须与相机输出相匹配。要确定相机是模拟输出还是数字输出，相机数据率是否符合采集卡吞吐量以及是否匹配相机时序。

采集卡还需与计算机硬件和操作系统兼容，其运行环境要与图像处理软件运行环境兼容。有的采集卡还具备显示输出功能，可以直接与监视器相连来观察实时图像。更高级的采集卡具备板上处理能力，如颜色查找表 LUT 和 DSP 处理器，分担了计算机的处理负荷。

一般采集卡都应具备数字 I/O 功能，例如，接收传感器发来的触发图像采集信号，输出与相机时序同步信号触发闪光灯。

（9）镜头的选择

机器视觉应用项目常用的镜头根据安装方式有 C 安装镜头、CS 安装镜头、F 口镜头、放大镜头等。

C 安装镜头的特点是安装法兰和像平面之间有一个固定距离。CS 安装镜头的特点是适用于小型传感器相机，使用与 C 安装镜头相同的螺纹，但安装法兰到像平面的距离少了 5mm。F 口镜头是性价比最高的，很多面阵相机和线阵相机选择 F 口镜头，但 F 口镜头最大的缺点是它的卡口安装方式。卡口安装方式是为了方便快速更换镜头。F 口镜头的卡口安装方式存在一个较大的间隙，当机械部分晃动、振动或加速时，镜头会移动，需要用锁定的方法将镜头固定。放大镜头多应用于平面拍摄场合，工作距离很近，但焦距有限，光圈调整范围也窄，而且不自带聚焦机构。

（10）镜头焦距的选择

镜头焦距的计算方法如下。

$$M_i = \frac{H_i}{H_o} = \frac{D_i}{D_o} \tag{6-9}$$

$$F = \frac{D_o M_i}{1 + M_i} \tag{6-10}$$

$$D_o = \frac{F(1 + M_i)}{M_i} \tag{6-11}$$

$$LE = D_i - F = M_i F \tag{6-12}$$

式中　M_i——图像放大倍数；

　　　H_i——图像高度；

　　　H_o——目标高度；

　　　D_i——图像与镜头距离；

　　　D_o——目标与镜头距离；

　　　F——镜头焦距；

　　　LE——为了聚焦，镜头必须离开图像的距离。

镜头焦距的计算有以下步骤。

步骤 1：选择目标距离，如果目标距离有变化，取中间值，到步骤 2；如果没有给定目标距离，则采用与传感器最大尺寸接近的焦距，到步骤 4；

步骤 2：计算图像放大倍数，使用预定的场景大小和图像传感器尺寸；

步骤 3：用放大倍数和目标距离，计算焦距；

步骤 4：选择与计算焦距最接近的镜头；

步骤 5：再重新计算选定镜头的目标距离。

例 6，场景大小定义为 8cm×6cm，图像分辨率为 320×240，相机分辨率选为 640×480，图像采集芯片 8.8mm×6.6mm，空间分辨率为 0.125mm/像素，求镜头安装方式及焦距。

解:

采用 C 安装镜头,计算放大倍数 $M_i = \dfrac{H_i}{H_o} = \dfrac{6.6}{60} = 0.11$

镜头与物体距离为 10～30cm,取 20cm 来计算焦距 $F = \dfrac{D_o M_i}{1 + M_i} = \dfrac{200 \times 0.11}{1 + 0.11} = 19.82$mm

可供使用的镜头有 8mm、12.5mm、16mm、25mm 和 50mm,其中 16mm 最接近。

重新验算目标距离 $D_o = \dfrac{F(1 + M_i)}{M_i} = \dfrac{16 \times (1 + 0.11)}{0.11} = 16.2$ (cm)

镜头伸长 $LE = M_i F = 16 \times 0.11 = 1.76$ (mm)

即镜头伸长通过一个 C 安装镜头扩展器来实现,包括一个螺纹套和两个垫圈,其中一个 1mm 厚,一个 0.5mm 厚,在镜头与相机之间使用两个垫圈,可以使镜头伸长 1.5mm,以便相机进行聚焦。

例 7,场景为 4cm×3cm,空间分辨率 0.025mm/像素,覆盖场景的图像分辨率为 1600×1200 像素,高分辨率相机才能满足此要求。考虑用两个分辨率各为 640×480 的相机,传感器尺寸 6.4mm×4.8mm,求镜头焦距。

解:

计算相机的视野   FOV(水平) = R_i(水平)$\times R_s$ = 640×0.025 = 16 (mm)

FOV(垂直) = R_i(垂直)$\times R_s$ = 480×0.025 = 12 (mm)

可使用放大镜头,焦距有 40mm、60mm、90mm 和 135mm,物体与镜头距离在 40cm 和 80cm 之间,计算放大率 $M_i = \dfrac{H_i}{H_o} = \dfrac{4.8}{12} = 0.4$

使用 60cm 物体距离,计算焦距 $F = \dfrac{D_o M_i}{1 + M_i} = \dfrac{600 \times 0.4}{1 + 0.4} = 171$ (mm)

因此 135mm 镜头最合适。安装时,如果两个相机不能并列安装,可以用平面镜或棱镜改变光路。

再计算物体距离 $D_o = \dfrac{F(1 + M_i)}{M_i} = \dfrac{135 \times (1 + 0.4)}{0.4} = 472.5$ (mm)

例 8,设 2048 像素的线阵相机,场景为 20cm,芯片长为 28.67mm,选择镜头并求物体距离。

解:

镜头焦距有 35mm、50mm、90mm 和 135mm,由于没有确定物体距离,取镜头焦距等于或大于图像芯片的最大尺寸(即采集图像长度),最接近 28.67mm 的是 35mm,计算放大倍数 $M_i = \dfrac{H_i}{H_o} = \dfrac{28.67}{200} = 0.143$

计算物体距离 $D_o = \dfrac{F(1 + M_i)}{M_i} = \dfrac{35 \times (1 + 0.143)}{0.143} = 280$ (mm)

计算镜头聚焦伸长 $LE = M_i F = 35 \times 0.143 = 5.0(\text{mm})$

由于所有的 35mm 镜头可在 1m 内聚焦，所以无需附加镜头扩展。

(11) 曝光时间的选择

如果曝光过程中出现局部运动，则会出现图像模糊。图像模糊的程度取决于部分运动的速率、视场的大小和曝光时间。假设一个相机正在观察一个 10cm 的视场，曝光时间是 33ms，图像水平像素为 640，并以 1cm/s 的速度移动，图像模糊的计算方法如下：

$$B = \frac{V_p T_E N_p}{\text{FOV}} = \frac{1 \times 0.033 \times 640}{10} = 2.1(\text{像素})$$

式中，B 为像素单位；V_p 为移动速度；FOV 为相机水平方向视场大小；T_E 为曝光时间；N_p 为横跨视场的像素数。

多数情况下，图像模糊超过一个像素时，模糊就影响图像质量，尤其在需要亚像素精度的精密测量应用中，即使是一个像素的模糊也可能太多。减少图像模糊的唯一方法是减慢运动或减少曝光时间，下面公式给出了只允许一个像素模糊的曝光时间：

$$T_E = \frac{\text{FOV}}{V_p N_p}$$

在实时系统中，特别是在高速系统中，减慢零件速度通常是不切实际的，只能减少曝光时间，方法是使用电子快门相机、使用频闪灯照明来增强照度或二者兼用。

6.1.4 光照技术的设计

光照可以改变被测物体与背景的对比度。在机器视觉中，对比度用来区分物体与背景。设计光照时，先考虑物体与背景的差异，再用光照来加强差异。

光照技术设计时，需要考虑的因素有：

(1) 入射光方向

入射光方向有两种形式，光源在物体前方的前置照射和光源在物体后方的透射。

1）前置光照技术

镜面反射：光线通过镜面反射进入相机，这种方式对零件的移动比较敏感。

偏轴光：镜面反射光线不进入相机，而漫反射光进入相机，这种方式通常用来消除阴影，但光照不均匀。

半漫射：光线来自环形光源，可在有限视场内获得比较均匀的光照。

全漫射：光线来自各个方向，用来消除镜面反射和物体表面的变化。

暗场：光线与相机中心线夹角为 90°，所有的来自物体表面的镜面反射和漫反射都不进入相机，这种方式常用来拍摄有强反光的不规则表面。

2）透射光照技术

漫射：由半透明漫射板和背后光源组成，这种方式的光照比较均匀。

聚光器：用聚光镜头直接将光线导入相机，这种方式可以产生光线的方向特性。

暗场：用来观测透明材料的杂质，杂质阻挡光线进入相机，适用于获得零件的轮廓图。

（2）光谱

光谱指光的颜色或频率范围，可通过光源类型来控制或通过光学滤镜实现。

（3）偏振

偏振可消除镜面反射光。

（4）光强

光强影响相机的曝光量，光强不足意味着较低的对比度。可以通过相机来放大感光增益，弥补光强的不足；但同时会放大噪声。过大的光强也会消耗能量，产生热量。

（5）均匀

所有的光源都会随距离增加或角度的改变而减弱。设计光照时，通常会照明一个较大的区域，而中心区域是光线较均匀的视场。

（6）物体表面特性的影响

反射：包括镜面反射（可能造成炫光）和漫反射（理想的漫反射是光能散发在所有方向）。

色彩：选择合适的波长的照明，可以弱化场景内不感兴趣的色彩特征，而强化要检测的色彩特征，从而加强图像对比度。

光密度：物体的材料不同，厚度不同，成分不同，穿透物体的光量也会不同。

折射：物体的材料不同，折射效果也不同。

纹理：物体表面纹理会影响反射；有些检测场合需要纹理分析，但许多场合，表面纹理会成为噪声。

高度和表面朝向：物体表面高度变化和表面朝向的不同，会影响照明的强度和反射特性。

6.1.5 设计图像处理算法的步骤

图像处理算法的设计主要分两个步骤，即图像简化和图像解释。

图像简化，是通过对原始图像进行预处理和图像分割，来突出特征，消除背景。

图像解释，是提取被测物体的特征，包括统计特征或几何特征，并根据预设的判断依据输出决策。统计特征包括平均灰度或像素和等统计信息，鲁棒但不精确；而几何特征比较精确，但容易被杂质干扰；决策技术有基于统计的，如线性分类，用于零件分类或OCR；也有基于决策树的，用于精确测量的应用场合。

图像处理算法的设计，也可以通过反求的方法，从决策输出反推到图像输入，先选择图像解释技术，再识别特征，然后选择图像简化算法。如果有多个特征，则要选择不同的分割算法。

在实际应用中，图像简化的耗时是最大的，通常占 80％左右的处理时间。多数情况下，尽可能设计合适的光照和仪器以获得高质量的图像，即高对比度和低噪声的图像，减少预处理的工作量。合理设计拍摄对象进入相机的方式，也可以减少分割的工作。分割和预处理都是非常耗时的，尤其是对象是重叠的或相互接触的，基于形状的分割技术可以提高分割的可靠性，但计算量大大增加。

6.1.6　可行性分析

当项目组接到机器视觉应用项目时，需要对其进行可行性分析。分析内容包括：

(1) 实验条件

1）何种图像质量可以接受？

2）能否建立测试环境，可以再现图像处理过程中会面临的问题？

3）能否验证操作方式和速度，达到实用的要求？

4）有无最终系统的精确光照模型和摄像器材？

5）有无完善的图像样本？

6）图像处理能力是否满足实时性的要求？

(2) 环境要求

1）相机和光源的定位

定位中最大的问题就是调整相机和光源的位置，项目开发者要意识到相机或光源有 6 个自由度，其中一些是可以忽视的，而关键自由度的调节，必须稳定可靠，调好后能牢固锁定。

定位的设计要求是：自由度尽可能少；操作简单，便于维护。很多设计者将相机，光学器件和光源做成模块，成为光学组件，再接入视觉系统。可维护性要好。一个好的系统，能方便维护人员更换部件，而且只需最小的重定位和重校正。

2）校正

视觉系统的校正，包括确定空间分辨率、确定相机的位置、确定颜色平衡等工作。当系统只是检测某些特征的存在，如孔、洞等，无需尺寸或颜色信息，就无需校正。在相机校正时，尽可能采用标准件调节；色彩校正时，可以利用固定在场景上的某个物体，来作为颜色调节标准；校正方式包括多点校正或单点校正。

3）零件移动

零件移动会模糊图像。解决方法可以采取提高采样速度，但产生的问题是提高了数据处理量，同时还必须提高曝光亮度。使用面阵相机时，零件任何可见移动都会削弱图像的清晰度，必须使用逐行扫描相机。隔行扫描相机中的奇场和偶场的交错会造成垂直边缘的锯齿状模糊。

电子快门的工作时间是百万分之一秒级，所以提高照明亮度，还要考虑零件到达的时间，必须使用有外触发功能的相机。闪光照明也是提高照明亮度的一个选择。氙闪光灯的时序是毫秒。LED 闪光灯适用于较小的场景，时序是微秒级。闪光照明类似电子快门，也要通过采集卡来触发。在现场使用过程中，使用闪光照明要考虑对人眼的保护。

4）摇晃和振动

摇晃和振动会造成定位和校正问题，图像模糊，以及零件损坏。解决方法是隔离光学系统与振动源。在器件选择时，尽量使用工业相机、结实的 LED 光源或粗灯丝的白炽光源。

5）工作温度

在寒冷环境下工作，要防止镜头凝雾。注意对光学组件进行加温和密闭，并提供干燥的循环空气。

在高温下工作，过热会使零件老化，增加图像噪声，经验法则是：温度每升高7℃，电子元件寿命降低一半，因此要加强对光学系统和电子器件的对流和冷却。

6）湿度

湿度较大会造成凝结，视觉系统温度要略高于室温，并使用干燥空气。

7）空气杂质

灰尘、雾、杂质等会影响成像质量，可采用隔离或者使用干燥空气吹光学部件。

8）电子干扰

电子干扰会造成系统无法正常工作。干扰源一般来自电压波动、电压尖刺或其他设备的电磁辐射。解决办法是隔离和接地。接地要防止大地回路，需要对电源采用滤波和稳压。

6.2 在包装印刷中的应用及案例分析

6.2.1 自动印刷品质量检测概述

近年来国内印刷竞争日趋激烈，精美印刷产品不断涌现，使得产品设计和印刷工艺越来越复杂，所用材料也越来越讲究，凹印、胶印、柔印、丝印、UV 印刷、UV 上光、全息烫印、激光铝箔纸等技术纷纷上阵，多种印刷技术组合的产品随处可见。随着印刷工艺的复杂化和多样化，对成品检验的要求也越来越高。各道工序出现缺陷产品（如飞墨、刀丝、套印不正等）后，最终流入到最后检验工序，若全部由人工完成，工作量极大，且依靠人的视力检测很难保持持续性和稳定性，容易产生疲劳和漏检现象，造成质量事故。

根据印刷的重复性原理，印刷缺陷在线检测系统通过高速摄像头连续拍摄印刷图案，并将其与一个完好无缺的基准图像做比较，当二者差异（这种差异对应着印刷过程中产生的各种缺陷，如污迹、飞墨、色差等）超出了设定的范围时，检测系统即判定印刷缺陷产生，保存缺陷图案并用声光报警，同时控制贴标机对有缺陷的纸张进行贴标。最早用于印刷品质量检测的是将标准图像与被检测图像进行灰度对比的技术，现在普遍采用的技术是以 RGB 三原色为基础进行对比。

从实际使用上来说，影响检测能力的因素有如下几点。

（1）印刷材质

印刷材质除了常见的白卡纸、铜版纸外，还存在很大比例的转移纸（包括金银卡纸、激光纸）。纸上除了印刷油墨外，还有素面烫金、全息定位烫金等印后工艺，其强反射特性给普通照明条件下的检测带来难度；而且压凸图案由于低色差特性也给检测带来困难。

（2）设备波动造成的纸张蛇形跑动

在印刷过程中，随着张力的变化和速度的波动，纸张在前进过程中会产生蛇形跑动现象，表现在运动方向的不同程度的拉伸，以及宽度方向的不同程度的偏移，给图像的采集和比对造成困难；同时由于卷筒生产过程中再现性差，无法真正获得理想的模板，假设的理想模板并非完美无缺，而待测图像无论用何种图像复原算法或对齐算法，只能从图像轮廓上与模板匹配，缺陷细节和材料形变细节仍然无法分离。

（3）检测精度

基于摄像的检测系统其检测依据是图像的色彩信息，如果缺陷的尺寸或色差超出摄像的观测范围，这种缺陷理论上检测不出，或者称为不可信检测。如何使检测精度与企业的质量标准达成一致，是检测设备商面临的主要问题。

（4）图像处理的网络化

随着观测面积的增大和检测任务的日益复杂，数据处理量急剧增长。印刷生产速度在每分钟百米以上，观测面积从几米到十几米，测量精度 0.1～0.01mm，单机系统无法满足图像显示、数据传输、图像处理和实时控制的要求。以网络为基础的多目视觉检测和分布式计算成为现代自动化生产线计量和品检的主流需求。

（5）图像处理的速度

处理速度的高速化永远是机器视觉系统所追求的目标。处理速度受制于数据流量、处理算法和硬件结构。20 世纪 90 年代末，Intel 公司推出 NSP 技术、MMX 指令集和 SSE 指令集后，PCI 总线技术与 MMX/SSE 技术成为新一代图像处理系统的关键技术，可以利用强大的微机资源实现快速、低成本的运算处理。但要实现真正意义上的实时处理，还需要配以专用采集硬件。基于 FPGA/DSP 的专用硬件结构并行处理效率较高，但在数据管理、人机界面和灵活性等方法则不如通用硬件。

（6）检测后处理

检测只是质量管理的手段，检测的目的是为了指导生产，及时杜绝连续废品的发生；同时也应当为成品出厂提供判断依据。

（7）在线检测设备的安装

条件允许的情况下，在线检测系统可以装在印刷机、烫金机、分切机等生产设备上，但对于多数企业而言，选装在合适的工位上，既能降低成本，又能提高设备利用率。

（8）检测数据与企业生产质量管理系统的结合

如何将检测数据通过网络在企业内部建立数据库，并实现数据共享，进而为生产管理、质量控制提供正确的依据，是检测系统数据管理的主要内容。

上述关键问题对光源的设计和算法的处理是极大的考验。本节介绍的对高速印品进行在线缺陷检测的机器视觉检测系统，通过独特的光学系统，可以检测到印品上的微小印刷缺陷；系统中采用的图像处理算法，避免了因纸张形变造成的误检；系统通过 C/S 网络化并行结构，可以对图像数据进行分布式处理和集中管理；通过网络接口，为打标机提供剔除废品信息。

6.2.2 系统描述

（1）系统组成

印刷品质量在线检测系统的结构如图 6-1 所示。该系统采用多个彩色线阵摄像头对大幅面印刷品进行同步采集，图像数据通过 FPGA/DSP 采集卡进行辅助处理，由对应处理单元进行图像比较、缺陷提取和分类，缺陷数据通过高速以太网传送到服务器进行统计和管理，输出报警信号和缺陷位置信息；通过光电编码器与生产线保持同步，通过张力传感器获取印刷品张力信息，通过生产线接口获得纸张拉伸形变信息。

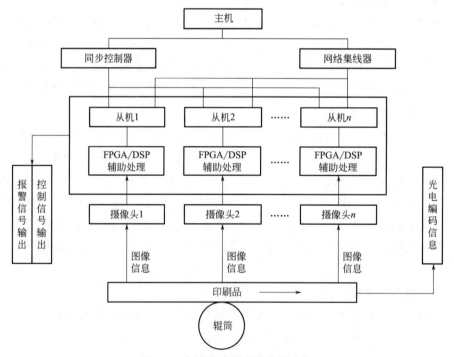

图 6-1 印刷品质量在线检测系统

（2）成像设计

检测系统的硬件核心器件是 CCD 相机，它将影响到系统的检测方式、检测能力以及后续图像处理的运算量和数据处理方式等。线阵 CCD 相机由于其成像系统占用空间小，光源设计简单等原因，在表面检测中应用很广泛。

线阵 CCD 相机的线扫描操作与传统的扫描仪非常相似，相机中的传感器在运动物体通过它时每次扫描一行图像，然后通过一个图像采集卡将所有采集到的行合并成为一个完整的二维图像。其成像原理如图 6-2 所示。

（3）照明设计

印刷品摄像对照明系统的要求是：①亮度足够；②防止炫光进入摄像头；③无频闪；④光源波长分布均匀；⑤照射幅面大。

根据上述要求，有两种光源可以选用：白光 LED 光源和三基色荧光光源。白光 LED 光源与白炽钨丝灯泡及荧光灯相比，具有体积小、发热量低、耗电量小、寿命长、反应速度快、环保、可平面封装易开发成轻薄短小产品等优点，没有白炽灯泡高耗电、易碎及日光灯废弃物含汞污染等问题。稀土三基色直管荧光灯是一种高效、节能的新型电光源，显色性好，是名副其实的日光型光源，已被广泛应用于电视摄像照明，但寿命不及 LED 光源。本系统选用 LED 光源。

光源结构设计如图 6-3 所示，四条 LED 光源分别以高角度和低角度入射到辊筒表面。低角度光用于突出印刷品表面轮廓，高角度光用于补偿整体亮度。为防止镜面反射光射入镜头，对高角度光采用漫透射面过滤。通过这种照明技术，还能实现对烫金和全息商标特征的准确提取，如图 6-4 所示。

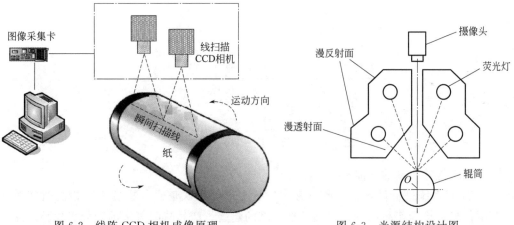

图 6-2　线阵 CCD 相机成像原理　　　　图 6-3　光源结构设计图

图 6-4　烫金和全息成像

（4）处理器结构

在印刷生产时，印品观测幅面较大（650mm以上），印刷精度要求很高（0.1mm/像素），单摄像头和单处理器无法完成庞大数据量的处理（100Mbyte/s以上），因此采用多摄像头结构，对不同区域进行同步并行处理，处理结果通过高速以太网传送至服务器进行数据管理和统计。系统要解决的关键问题是同步问题。

同步问题有两类：一是采集和处理的同步；二是缺陷数据传输的同步。采集和处理的同步通过脉冲编码器实现，各处理器由脉冲编码信号同时触发工作。同一版面的印品缺陷数据上传的同步通过脉冲编码器产生的固定时序来保证。

（5）系统工作流程

图6-5为印刷品在线检测系统的软件结构图。

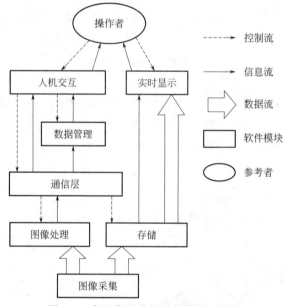

图6-5　高速印品检测系统软件工作图

系统能够实现的功能有：

① 对系统进行设置。生产设置，包括生产的批次信息、检验人、检测时间等基本信息；检验产品设置，包括标准产品的建立、产品缺陷等级的划分、检验产品的区域设置等。

② 反馈系统状态和数据显示。系统的工作状态能实时反馈到交互界面，便于用户管理。另外，实时数据通过交互界面呈现给用户，用户通过查看、编辑对这些数据进行管理。

人机界面将系统设置以控制流的方式传送给数据管理模块，通过通信层传给图像处理分析模块和存储模块。该模块根据设定启用相应的功能。图像分析处理模块从相机板卡处获得图像数据，处理完后得到缺陷数据，并将其以信息流的方式传送给数据管理模块。而存储模块根据需要，将原始图像数据分为图像数据或加工后的数据，并存储于磁盘中，在控制指令的调度下将其送于实时显示模块。实时显示模块获得图像数据源后，在用户的控制下可以全局或局部地查看产品状态。

6.2.3　算法描述

（1）算法流程

检测系统的图像处理算法流程如图 6-6 所示。检测系统采集到一个印刷版周的图像之后，通过色彩空间的转化和预处理，在质检人员的参与下，选择一张完好的图像作为模板图像，保存下来并建模。随后检测系统将实时采集到的版周图像与标准图像进行比对，通过自动配准算法将待测图像与模板图像对齐，再比较对应位置上的像素点的差异。设标准图像为 S_{RGB}，待测图像为 R_{RGB}，图像比对后得到图像差。

$$E_{\mathrm{r}} = |S_{\mathrm{RGB}} - R_{\mathrm{RGB}}| \tag{6-13}$$

图像差 E_{r} 中包含了 R、G、B 三通道的色差信息，通过合理的超差阈值的选择，首先消除图像采集系统的噪声信号，而后根据质检标准，对真实的超差点的色彩、强度、大小、形状进行分析和判断，找出需要报警输出的缺陷，忽略无需报警的缺陷。

（2）模板匹配与对准

检测系统中，考虑到采集图像主要存在横、纵向偏移和相对较小的拉伸变形，而且检测系统对处

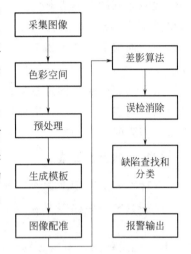

图 6-6　图像处理算法流程

理的实时性要求较高，本系统采用基于模板的方法进行匹配。如图 6-7 所示，（a）为标准图像，（b）为待测图像，（c）为配准后的待测图像，（d）为对图（a）和图（c）做一次差影后取单通道阈值 15 的二值图像。

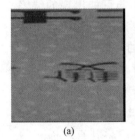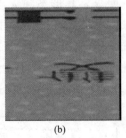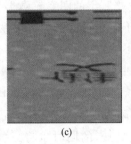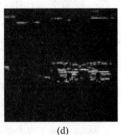

　　　（a）　　　　　　　（b）　　　　　　　（c）　　　　　　　（d）

图 6-7　配准及一次差影图例

印刷过程中，为了使套色准确，印版中常刻有色标或十字线，称为马克线，马克线稳定可靠。本算法的块区域即选择马克线，将其作为子图 $W(x,y)$，将标准图像记为 $f_{\mathrm{s}}(x,y)$，如图 6-7(a) 所示，待测图像为 $f(x,y)$，如图 6-7(b) 所示。从印刷品的成像分析可知，纵、横向的平移是导致图像变化的主要因素，而伸缩变形则是次要因素。因此，匹配时先考虑配准纵、横向平移，然后通过特殊的差影法处理伸缩变形，进而满足实时性要求。

根据求取相关函数的思路，系统中采用如下算法来配准纵、横向平移。

$$MS = \sum_{x=1}^{M} \sum_{y=1}^{N} |f(x,y) - w(x+i, y+j)| \tag{6-14}$$

$$MSM = \min_{\substack{i \in [i_s, i_e] \\ j \in [j_s, j_e]}} \{MS(i,j)\} \tag{6-15}$$

$$D_x = i_0 - i_{MSM}, D_y = j_0 - j_{MSM} \tag{6-16}$$

这里，(i_0, j_0) 为所需计算的纵、横起始位置坐标，(i_s, i_e)，(j_s, j_e) 分别为搜索区域的起始点和终止点坐标。MS 为特征块与待检测区域的绝对差值，若求出最小的 MS，即认为匹配成功，并求出此时的偏移量 D_x，D_y。重构图像，得到纵、横向配准后的图像为

$$f_c(x,y) = f(x+D_x, y+D_y) \tag{6-17}$$

由于马克线位置固定且颜色单一，加之平移量在 4 个像素以内。因此，搜索区域起点可定在 (i_0, j_0) 坐标位置附近，然后采用 RGB 某通道的数据，这样能大大减少搜索时间。

（3）快速差影算法

上述配准后的图像整体位置已经和标准图像对齐。但由于伸缩变形没有考虑，所以分别对单通道做绝对差影，可以将图案的轮廓和缺陷都反映出来，如图 6-7 (d) 所示。图 6-7(a)、(c) 均为彩色图像。求一次差时先分别得到 f_s 和 f_c 的 R、G、B 三通道数据，然后分别求对应通道的绝对差。两幅图像 $f(x,y)$ 与 $h(x,y)$ 的绝对差表示为

$$g(x,y) = |f(x,y) - h(x,y)| \tag{6-18}$$

再将求出的绝对差累加。两幅图像 $f(x,y)$ 与 $h(x,y)$ 的和表示为

$$g(x,y) = f(x,y) + h(x,y) \tag{6-19}$$

这样就可将相同的背景图案消除，从而分割出每个通道的差异之处。

图 6-7(d) 中"雙"字的图案轮廓十分明显，其形态和大小与可能出现的缺陷极为接近。这是由于印刷过程中的再现性是不稳定的，在张力控制的作用下，纸张会在行走方向发生不同程度的拉伸形变，这种形变对待测图像的直接影响就是与标准图像比对后，发生纹理轮廓部分的误检，记此一次差影为 f_{Absc}，则 $f_{Absc} = |f_s - f_c|$。由于 f_{Absc} 中含有轮廓伪影和真实缺陷成分，可分别令其中的轮廓伪影为 f_{Absc}^f，真实缺陷为 f_{Absc}^r，则有 $f_{Absc} = f_{Absc}^f + f_{Absc}^r$。可以采用如腐蚀等方法去除此伪影。但腐蚀伪影的同时也将一些小点、线缺陷去除掉或将其真实面积减小，从而不能正确反映缺陷。从图中分析，轮廓伪影主要分布在图案边缘。如果能够将这些处在边缘处的伪影去掉，就可以得到只含缺陷的图像。

标准图案的轮廓在位置上和一次差影后的轮廓伪影已经对齐。可以考虑提取出标准图像的边缘轮廓，再与 f_{Absc} 做差。提取边缘可由 4.5 节所述的边缘检测算法完成。Roberts 算子简单直观，拉普拉斯算子利用二阶导数零交叉特性检测边缘，两种算子定位精度高，但受噪声影响大。Sobel 算子具有平滑作用，能滤除一些噪声，去掉部分伪边缘。而且它对图像的每个像素，分别在水平方向与垂直方向考察邻点灰度的加权和，可以提供最精确的边缘方向估计，因此采用此算子做边缘检

测。由于产生的差影在上下左右均存在，所以使用 Sobel 算子时对其进行扩充，如图 6-8(a)～(d) 所示。

对标准图像 f_s 经过上述算子计算过的图像分别记为 f_{ss1}，f_{ss2}，f_{ss3}，f_{ss4}。则令 $f_{sse}=f_{ss1}+f_{ss2}+f_{ss3}+f_{ss4}$，$f_{sse}$ 即为提取边缘后的完整轮廓图像。其边缘处图像灰度值加强，而非边缘处灰度值基本为零。若为了突出轮廓，也可将其阈值化，即令轮廓处灰度值为 255。处理后的效果如图 6-8(e) 所示。

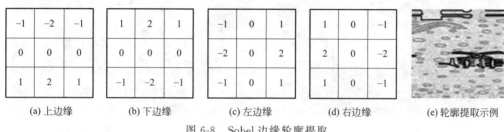

(a) 上边缘　　　　(b) 下边缘　　　　(c) 左边缘　　　　(d) 右边缘　　　　(e) 轮廓提取示例

图 6-8　Sobel 边缘轮廓提取

提取边缘轮廓后的图像与 f_{Absc} 做差，即令 $f_f=f_{Absc}-f_{sse}=f_{Absc}^f+f_{Absc}^r-f_{sse}$。这里轮廓伪影 f_{Absc}^f 其灰度值至多为 255。而 f_{sse} 中加强后的轮廓灰度值为 255，因此有 $f_{Absc}^f \leqslant f_{sse}$，所以在实际运算中有 $f_f=f_{Absc}^r$，这样就将一次差影中的轮廓伪影去除，只留下缺陷图案。在实际运用中如果伸缩量太大，即伪影范围超过求取标准图像的轮廓。可以对 f_{sse} 做膨胀处理，用来扩大边缘轮廓，使标准的轮廓 f_{sse} 总能覆盖 f_{Absc}。

（4）缺陷定位（RLE 算法）

缺陷的定位算法采用行程长编码（Run-length-encoding，RLE）算法，本系统利用此算法设计了线阵图像的污点（Blob）查找算法，得到缺陷的坐标值、像素面积、范围等参数。

（5）缺陷分类（BP 神经网络算法）

印刷过程中产生的缺陷类型有纸张缺陷、污迹、飞墨、窜墨、刀丝、脏板、脏点、拼接、毛刺、白点、皱褶、纸带、破洞、渣子、砂版、七彩印子、渣点、花版、脏块等 20 余种，缺陷提取出来后，对缺陷进行正确的分类，对指导印刷生产过程具有重要的现实意义。

系统采用 BP 神经网络完成了缺陷的分类。BP 网络的输入对应了缺陷的 6 种特征：位置、面积、长宽比、密度、色度和形状，输出对应了常见的 7 种缺陷类型，通过反复学习和改进，识别的准确率达到了 90% 以上。

6.2.4　检测结果

系统采用两台彩色线阵 CCD 摄像头对 650mm 宽的印刷版面进行检测，宽度方向的检测精度为 0.15mm/像素，行走方向的检测精度为 0.35mm/像素，生产线的最大速度为 4m/s，通过千兆以太网进行并行处理和分布式控制，通过客户机/服务器方式进行集中数据查询和管理，该系统如图 6-9 所示。

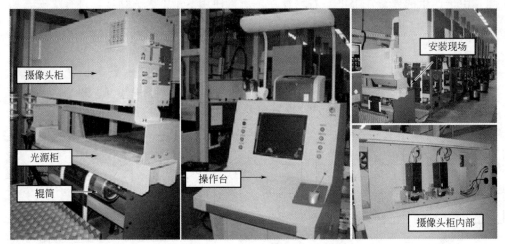

图 6-9　检测系统实物图

（1）算法效率

系统中图像处理部分全部采用 MMX/SSE 优化指令集编写，实现了单指令多数据的并行处理，算法效率是 C 语言的 8 倍以上。表 6-1 统计了处理流程的消耗时间总和，并在同一主机上与 C 语言实现方式做了比较。

表 6-1　处理流程的消耗时间统计

流程	本系统消耗时间/ms	C 语言实现方式消耗时间/ms	加速比
三通道分色	15	92	6.133
图像比对	12	156	13.0
阈值化	14	89	6.357
轮廓消除	56	510	9.107
缺陷定位	31	314	10.129
总计	128	1161	9.107

当生产线的速度最大（300m/min）时，检测系统采集完整一版图像的周期为 211ms，处理时间（128ms），足以满足实时性的要求，最大可以满足 500m/min 的印刷速度；而采用 C 语言则无法实现实时处理的要求。

（2）检测精度

系统的检测精度取决于检测分辨率和检测等级。

CCD 是离散采样器件，根据奈奎斯特采样定理，能检出最小缺陷尺寸在检测分辨率的 2 倍以上。例如使用上述相机观测 410mm 的幅面，印刷速度在 200m/min 时，横向像元分辨率为 0.1mm，纵向分辨率为 0.22mm，能检出稳定检出的最小缺陷为 0.2mm×0.44mm。

检测等级是系统的一个重要功能。由于印品的每个位置检测要求的严格程度不同，例如条码区最严格，而粘胶区或裁剪区最宽松，因此对所有区域采用相同等级是不现实的，会造成很大的浪费。区域等级的设置实际上对不同的区域采用不同的阈值，这些阈值在系统检测开始之前按照质量管理的要求预先设置。

（3）检出缺陷类型

图 6-10 列出了四种典型的印刷缺陷和缺陷检出图例，实际图片均为彩色图片。印刷缺陷中，飞墨占了 80%以上，而最致命的缺陷是刀丝类缺陷，此类缺陷由于尺寸小，痕迹轻微，有时肉眼都不易检出，在本案例中，通过对邻域像素的分析，检出了 0.25mm 宽的刀丝。

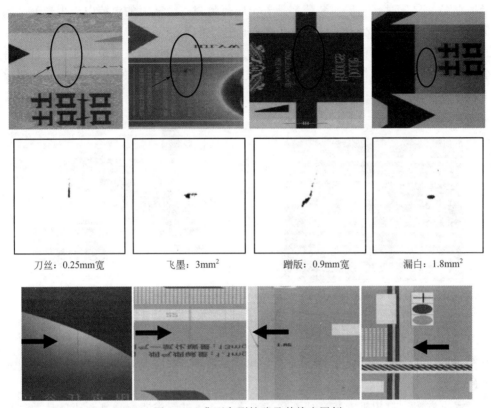

图 6-10　典型印刷缺陷及其检出图例

6.2.5　在医药包装行业的应用

药品类型中的水针、粉针、口服液、糖浆及输液等产品在我国使用量巨大，仅输液一项，我国年产量已超 100 亿瓶，居世界产量榜首。由于生产工艺或生产环境等方面的原因，产品中可能含有玻璃碎屑、铝屑、橡皮屑、毛发、纤维等异物。而对这些产品的质量检验，过去国内药厂普遍采用人工灯检的方式，即工人将线上产品逐一放置到背景灯箱前观测，依靠肉眼来判断液体中是否存在可见异物。这种人工灯检方式弊端很多，如人长期在高强度灯光下目测，劳动强度大，检测精度低，在产量超过 150 瓶/min 后，工人有效工作时间不超过 2h，否则将极度疲劳，这样及其容易产生漏检和误检，从而引起药品安全事故。

基于机器视觉的全自动检测模式运用图像处理、分析及识别技术对产品进行在线自动化检测，提高了检测的速度和精度，解放了人力资源，具有巨大的经济效益和社会效益。当今企业之间的竞争，已经不允许哪怕是 0.1％的缺陷存在，各药品生产厂家，尤其是世界知名大厂对药品的整个生产过程甚至后段的包装都给予了非常大的重视。在食品药品的生产、包装过程中，无论是药品的泡罩包装、液体灌装，还是后段的压盖、贴标、喷码，以及最后的装盒检测，都广泛采用了机器视觉技术。

（1）缺药或者缺瓶检测

当药粒被装进泡罩后，生产商必须保证所有泡罩内的药粒都是完好无损的。或者，在药品出厂时，一般瓶装药都是若干瓶药装在一个较大的包装内，生产商必须保证每个包装内不缺少药瓶，以避免因此而造成的对药品生产厂家信誉的影响。

解决方案：通过相机获取包装后的对象的图像，通过预先设定的面积参数对每个药粒或者药瓶进行检测比对，这样，破损的药粒或者缺瓶的包装都将被检测出来，包装无误的产品正常通过。如图 6-11 和图 6-12 所示。

图 6-11　药粒泡罩检测

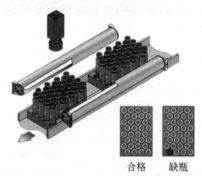

合格　　缺瓶

图 6-12　缺瓶检测

（2）瓶口破损检测

液态药瓶经灌装后，要判断瓶口是否有破损，如有破损可能会导致药液中混入玻璃碎屑。

解决方案：将相机安装在药液罐装工序后，通过图像匹配来判断瓶口是否有破损。在检测之前，检测系统记录下正常的瓶口特征，作为模板储存起来。当灌装好的药瓶经过相机时，相机会捕捉当前的瓶口特征，将其与模板进行比较，看是否一致。如果不同，检测系统会发出信号让剔除机构将此瓶剔除，如图 6-13 所示。假设用户设置瓶口特征相似度为 90％，当被检测瓶口的特征与标准特征相似度达90％及以上时，检测系统才认定瓶口是完好的。

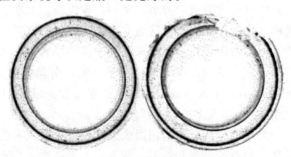

图 6-13　瓶口良好与瓶口破损示意图

（3）灌封质量检测

在药品灌装生产线上，两个重要问题是：压盖后盖子必须压装到位，以确保瓶子封装完好，保证瓶内的真空度；药液灌装必须够量，以确保药量正确。

解决方案：将相机安装在压盖工艺环节后，测量瓶盖及液位在 Y 轴方向上的变化来判断瓶盖是否安装到位以及药量是否正确，如图 6-14 所示。通过测量瓶盖与瓶口之间的缝隙来判断瓶盖是否安装到位；通过测量液面与瓶口的距离来判断液位的高低。这都是相对位置的测量，因而不会受瓶身整体在传送带上微弱跳动的影响。经过此道检测，能确保瓶盖未安装到位和药液不够量的药瓶全部被剔除出去。

图 6-14　瓶盖及药液高度检测

（4）药液异物检测

药液异物的检测也是非常关键的检测环节，由于异物容易沉积在瓶底不易成像，需要设计机构令异物悬浮起来。

解决方案：如图 6-15 所示，将药瓶容器高速旋转后突然制动并静止，里面的液体继续运动，微粒等异物也随着液体而动，中心反光镜随着容器的传送而同步运动。相机连续曝光 5 次得到 5 幅连续图像，图像被传送至处理器，相互按每个像素进行重叠对比，位置有变化的微粒（如微粒随液体移动）被认为是异物，从而被剔除。容器表面的灰尘或者划痕在不同图像上位置没有变化，不会被剔废。采用多个检测位，加以不同的转速和光源设置，可以检测到极轻或极重的微粒。

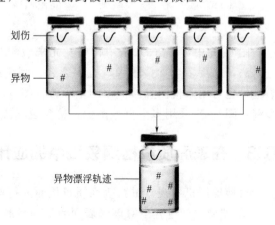

(a) 药液成像设备　　　　　　　　　(b) 悬浮微粒检测原理

图 6-15

(c) 底部光源的微粒反射成像　　　(d) 侧面光源的微粒反射成像　　　(e) 背面光源的微粒透射成像

图 6-15　药液异物检测

（5）瓶身破损检测

为了保证产品的完整性，对外观和功能性缺陷的检测与对微粒的检测同等重要。不论哪种缺陷，都会对病人和药品生产商的声誉产生致命的影响。如图 6-16 所示，通过多重成像和各种发光技术，对容器及其底部进行全外观检测，即使是最微小的缺陷都可以在高对比度下被检测出来。

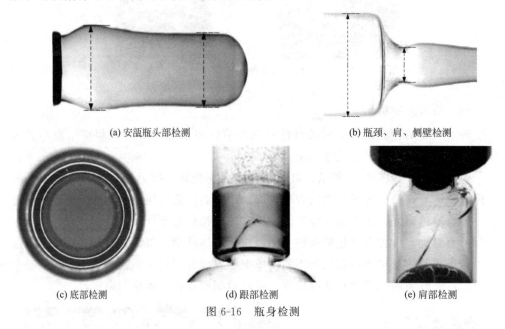

(a) 安瓿瓶头部检测

(b) 瓶颈、肩、侧壁检测

(c) 底部检测　　　　　　　(d) 跟部检测　　　　　　　(e) 肩部检测

图 6-16　瓶身检测

图 6-16 中，图（a）采用背景发光来检测头部形状缺陷和黑头；图（b）选择透射法，采用多个重叠图像，检测裂缝、刮痕或碎片；图（c）检测刮痕、脏物或裂缝，也可用来检测悬浮液中的重颗粒；图（d）采用多个重叠图像来检测跟部的裂缝；图（e）采用多个重叠图像，检测裂缝或脏物。

6.3　在表面质量检测领域中的应用及案例分析

目前应用机器视觉进行表面质量检测的行业主要有：
① 玻璃生产过程中对玻璃表面质量的检测；
② 钢铁生产过程中的冷轧钢板、镀锌钢板等彩钢板表面质量检测；
③ 纺织品生产过程中对布匹的纺织缺陷和染色缺陷的检测；

④ 造纸生产过程中对纸张表面（包括厚度）质量的检测；

⑤ 塑料生产过程中对表面质量要求较高的塑料制品的表面检测；

⑥ 电子产品生产过程中对表面质量要求较高的器件表面质量检测，如晶圆表面、LCD 显示面板质量检测等。

6.3.1　玻璃表面质量的检测

建筑、汽车、通信、家电、计算机等行业对玻璃的需求日趋增加，对高质量玻璃的需求也越来越大。对于玻璃的生产厂家而言，不仅需要提高玻璃的熔炼技术，也需要相应地提高对玻璃缺陷的检测技术。一般来说，不允许玻璃中有大量的明显的缺陷，否则会影响玻璃的外观质量，降低玻璃的均一性和透光性，降低玻璃的机械性能和热稳定性，造成大量的废品和次品。鉴于此，一套切实可用的玻璃表面质量检测设备是非常需要的。

通过对玻璃表面质量的在线检测，可以对玻璃表面质量缺陷进行判别和分类，从而更好地判断玻璃制造工艺过程中存在的各种问题，指导技术人员对其进行分析和调整。通过对玻璃表面质量的在线检测，还可以更加准确、快速地对玻璃进行分类和分割。这不但提高了成品率，而且降低了工人的劳动强度。

在玻璃表面质量缺陷中，出现频率比较高的有气泡、夹杂、畸变、裂纹等。由于玻璃是透明制品，无缺陷的玻璃样本质地均匀，表面光滑、洁净，获得的图像整体灰度的均匀性较好，相邻像素点间的灰度值变化也较小。然而对于存在缺陷的玻璃，对其进行成像的时候，不同的缺陷，产生的图像畸变也不会相同。如果玻璃内部含有气泡缺陷，由于内部气泡是在压模过程中形成的，其内部是残留的空气，透射光在其表面发生折射，在灰度图像中气泡边缘处的灰度值低于周围背景的灰度值；表面划伤是由于外力造成的损伤，它使破损处光洁度降低，光线透射率下降，同时，在缺陷边缘处也会发生光线的折射，使得灰度图像中局部灰度值与其周围背景相比有交大的变化，破损处边缘及其内部的灰度值均低于背景灰度值。因此，基于玻璃缺陷的以上视觉特征，利用图像处理技术可以对玻璃的缺陷进行检测与分类。

（1）系统描述

1）系统组成

玻璃表面质量在线检测系统的结构如图 6-17 所示。本系统采用多个灰度线阵摄像头对大幅面浮法玻璃进行同步图像采集，图像数据通过 FPGA/DSP 采集卡进行辅助处理，并由对应的处理单元进行图像比较、缺陷提取和分类，缺陷数据通过高速以太网传送到服务器进行统计和管理，输出报警信号和缺陷位置信息；通过光电编码器与玻璃生产线保持同步。

2）照明设计

光源分为自然光源和人造光源两类。自然光源使用不方便，且其发光特性不容易控制，一般不适合用作图像采集系统的照明光源。人造光源有许多种，诸如卤素灯、日光灯、LED 照明光源、高频荧光灯等。日光灯为常用的照明光源，其价格便宜。LED 照明光源是一种新型的照明光源，其使用寿命长，响应速度快，光强基本不变，有多种颜色可供选择。从长远来看，运行成本比较低。而且，CCD 感光芯

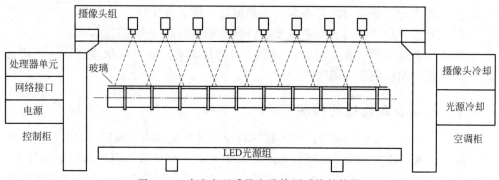

图 6-17　玻璃表面质量在线检测系统结构图

片对红光波长很敏感，因此，检测系统适宜于选用红光 LED 光源作为照明光源。

照明方式采用背光照明方式中的正透视的照明方式，即在玻璃的背面放置光源，光线经玻璃透射进入摄像机镜头，如图 6-17 所示。光源采用 LED 阵列，垂直于玻璃运动方向（X 方向）。在计算机控制下，LED 阵列在 X 方向分为两相交替闪亮，同一时刻只有一相起作用，每一相的强度是总强度的 50％。这种方式使玻璃图像背景与目标层次分明，使玻璃图像中缺陷目标边缘特征得到了增强，能够产生比较清晰、明确的边缘，在后续图像处理步骤中可以比较容易将玻璃特征进行提取并识别出来。

当玻璃中没有杂质时，光线垂直入射玻璃后，出射方向不会发生改变，因而摄像头 CCD 靶面上探测到的光强信号是均匀的，如图 6-18（a）所示；当玻璃中存在光吸收型缺陷时，如砂粒等夹杂，入射光在夹杂表面发生反射，该位置的光强便被削弱，因而 CCD 靶面探测到的信号与周边相比也相应减弱，如图 6-18（b）所示；当玻璃中存在透射型缺陷时，如气泡等，入射光经由空气再折射出去，该位置光强

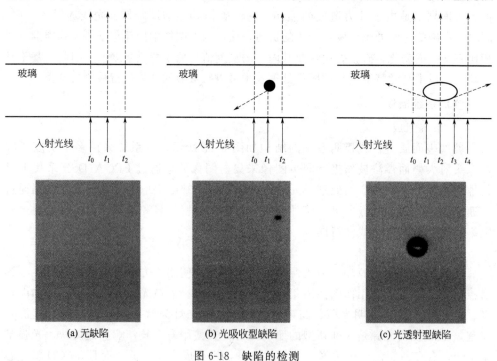

图 6-18　缺陷的检测

便有可能比周围大，因而 CCD 靶面探测的信号与周边相比也相应增强，如图 6-18(c) 所示。分析摄像头采集到的图像信号的强弱变化，便能获取相应位置的缺陷信息。

3）处理器结构

本系统采用分布式并行处理方式。由于在检测时玻璃观测幅面较大（4000mm 以上），检测精度要求高（0.1mm/像素），用单摄像头和单处理器都无法实时完成庞大的数据量的处理（100Mbyte/s 以上），因此采用多摄像头对不同区域进行同步并行处理，处理结果通过高速以太网传送至服务器，由服务器进行数据管理和统计。

根据玻璃生产的幅面宽度，确定需要的 CCD 传感器的个数。根据系统的要求，采用 $n+1$ 的方案，即 n 台客户计算机（下位机）接 n 只 CCD 传感器完成图像数据的实时采集、处理，将数据通过局域网传输到一台服务器计算机（上位机），所有客户机的数据在服务器进行整合后，给出检测结果。检测系统的网络拓扑结构如图 6-19 所示。其中，服务器和客户端的运行流程如图 6-20 和图 6-21 所示。

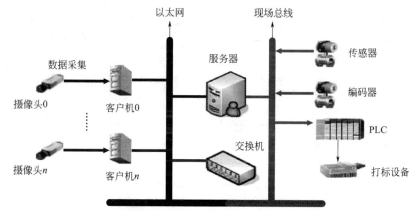

图 6-19　玻璃表面质量在线检测系统分布式网络拓扑结构

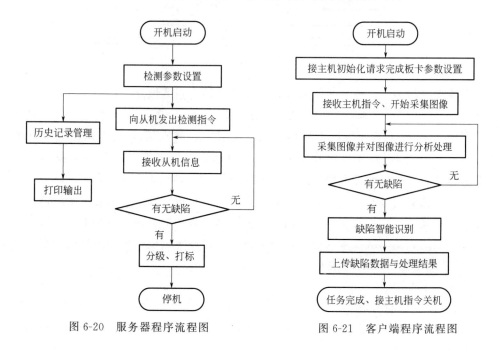

图 6-20　服务器程序流程图　　　　图 6-21　客户端程序流程图

这种结构的关键问题是同步问题。同步问题有两类，一是数据采集和数据处理的同步，二是缺陷数据传输的同步。数据采集和数据处理的同步通过脉冲编码器实现，各处理器由脉冲编码信号同时触发工作。同一版面的玻璃缺陷数据传输的同步则通过脉冲编码器产生的固定时序来保证。

（2）算法描述

1）算法流程

玻璃表面质量检测的内容包括表面缺陷的检测和玻璃整体光学质量的检测。表面缺陷的检测包括点缺陷（如砂石、气泡等）和线缺陷（如波筋、划痕等）；玻璃整体光学质量的检测是指斑马角（Zebra Value）的测量。算法流程总体上分为缺陷通道和光学通道，检测系统的算法流程如图 6-22 所示。

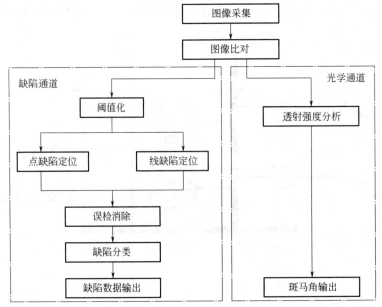

图 6-22　算法流程

设标准图像为 S，待测图像为 R，图像比对后得到图像差。

$$Er = |S - R| \qquad (6-20)$$

图像差 Er 中包含了强度差异信息。设定图像差阈值 T_1，色差阈值 t_1，像素个数阈值 t_2，对 Er 做阈值化处理 T_1，如果色差超过了设定的阈值 t_1，则对缺陷像素进行计数，如果此计数值超过了设定的阈值 t_2，则认为存在缺陷。

上述算法对明显的缺陷（如较大的砂石或气泡）很有效，但是对于轻微痕迹的缺陷（如波筋）则不敏感，为检测出此类缺陷，采用的办法是阈值化 T_1 后，再比较一次缺陷处的邻域像素的信息，如果色差超过设定阈值，则视为缺陷检出。

2）缺陷定位（RLE算法）

详见 6.2.3 节。

3）光学变形的测量

所谓光学变形是指人透过玻璃观察景物时，因玻璃表面的不平整和内部折射率的不均匀而产生的景物变形程度。产生光学变形的主要原因是玻筋（条纹）的存在。玻筋是玻璃生产中性质与玻璃很相近的条状物质，形状不规则也没有清晰的分界。目前国内外都统一采用斑马法来测试评价浮法玻璃的光学变形，斑马角范围为 0°～90°。

斑马角又称为光学变形角，是反映玻璃透射质量的一个重要技术参数。本系统通过对光强的测量来计算斑马角。光强（单位是 mdpt）与斑马角的对应关系如图 6-23 的实验数据所示。

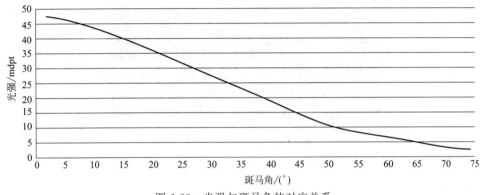

图 6-23　光强与斑马角的对应关系

4）缺陷分类（BP 神经网络算法）

浮法玻璃制造过程中产生的缺陷类型一般有气泡、结石、小坑、波形、波筋、锡点、节瘤和未知缺陷等 8 种。每种类型形态各异、大小不等，为了准确地区分，首先对缺陷图像提取如下 9 个特征参数。

x，y：缺陷在玻璃板带 X 与 Y 的位置。

L，W，R_{lw}：玻璃缺陷变形区域的长、宽以及长与宽比的阈值。

R_c：由折射光的强度计算出来的，或从光强图像中测得的缺陷核心的直径。

P_{max}：最大的折射强度。

$Grad$：折射光强的梯度。

$Diff$：变形区域和周围区域的强度区别。

基于上述特征参数，本系统采用 BP 神经网络完成了缺陷的分类，BP 网络的输入对应了缺陷的特征参数，输出对应了常见的 8 种缺陷类型，通过反复样本学习和改进，识别的准确率达到了 90% 以上。

5）检测信息的传递

检测系统的目标有两个，一是为生产管理提供缺陷数据统计报表；二是根据国家标准（GB 11614—1989）为玻璃划分等级。

对于目标一，系统提供了实时缺陷显示图和按品质、时间进行统计的缺陷分布图；对于目标二，根据设定的标准对玻璃表面缺陷进行统计和分类，并以此划分玻璃等级，同时提供打标信号给打标设备，标识出缺陷的位置。

(3) 检测结果

1）算法效率

系统采用 8 台灰度线阵 CCD 摄像头对 4800mm 宽的玻璃板面进行检测。宽度方向的检测精度为 0.1mm/像素，行走方向的检测精度为 0.1mm/像素，生产线的最大速度为 30m/min。通过快速以太网进行并行处理和分布式控制，通过客户机/服务器方式进行集中数据查询和管理，系统如图 6-24 所示。

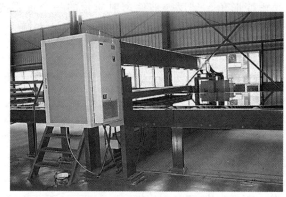

图 6-24　检测系统实物图

系统中，图像处理部分全部采用 MMX/SSE 优化指令集编写，实现了单指令多数据的并行处理，算法效率是 C 语言的 8 倍以上。

2）缺陷的检测率和误检率

在正常的生产条件下，玻璃透光率 > 25% 时，检测系统可以检测到所有肉眼可见的点缺陷和光学缺陷。能检测的缺陷包括：气泡、结石、小坑、波形、波筋、锡点和节瘤。

当统计缺陷包括光学形变尺寸时，检测率和误检率如表 6-2 所示。

表 6-2　产生光学形变的缺陷的检测率和误检率

缺陷尺寸/mm	≥1.5	≥1.0	≥0.6	≥0.2
检测率/%	99.0	99.0	96	95
(未洗)误检率/%	0.1	0.2	0.3	0.6

当统计缺陷为缺陷核心尺寸时，检测率和误检率如表 6-3 所示。

表 6-3　统计核心尺寸的缺陷的检测率和误检率

玻璃厚度/mm	3～5				>5～12			
缺陷尺寸/mm	≥1.5	≥1.0	≥0.6	≥0.2	≥1.5	≥1.0	≥0.6	≥0.2
检测率/%	99.0	99.0	95	90	99.0	96.0	90	80
(未洗)误检率/%	0.1	0.2	0.3	0.6	0.2	0.3	0.5	0.8

当统计缺陷为无光学形变时，检测率和误检率如表 6-4 所示。

表 6-4　不产生光学形变的缺陷的检测率和误检率

透光率	>50			50～25		
缺陷尺寸/mm	≥1.5	≥1.0	≥0.5	≥1.5	≥1.0	≥0.5
检测率/%	92.0	90.0	75.0	90.0	75.0	60.0
(未洗)误检率/%	0.5	0.8	1.0	0.6	0.9	1.0

检测率定义为

$$检测率=\frac{被检测系统检出的缺陷总数}{测试样片中实际缺陷总数}\times100\%$$

漏检率定义为

$$误检率=\frac{不存在但被检出的缺陷总数}{测试样片中实际缺陷总数}\times100\%$$

3）检出缺陷类型

利用玻璃表面质量检测系统对玻璃生产过程进行检测，检测出的典型瑕疵如图 6-25 所示。由图可知，玻璃内部的真实缺陷和玻璃表面的虚假缺陷区别标志为是否有畸变。对于气泡和夹杂而言，气泡缺陷核心一般为圆形，比较大的气泡中间为中空；夹杂缺陷形状不固定，且分割出较小的畸变块，在实际生产中多以单个小气泡形式出现，形状为圆形；而灰尘是由于生产过程中，设备或其他原因落到玻璃表面所致，它通常为多个物体，不均匀分布；异物是一些不规则物体，形状不唯一。

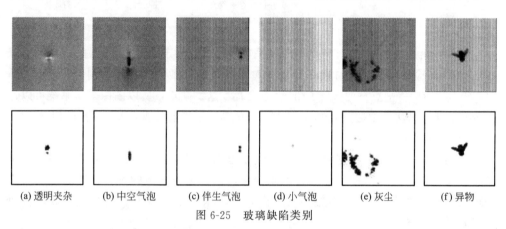

| (a) 透明夹杂 | (b) 中空气泡 | (c) 伴生气泡 | (d) 小气泡 | (e) 灰尘 | (f) 异物 |

图 6-25　玻璃缺陷类别

6.3.2　钢板表面质量的检测

钢板的表面质量直接关系到板材成品率的高低，影响板材外观；表面质量不高会降低板材抗腐蚀性、耐磨性和疲劳强度，造成巨大经济损失。对热轧钢板的表面质量进行在线实时测量非常重要。

不同的钢板其表面缺陷有不同的表状，如冷轧钢板与钢带的表面缺陷，可以分为两类：不允许存在的缺陷和允许存在的缺陷。不允许存在的缺陷，如气泡、裂纹、结疤或结瘤、夹杂、折叠、黑膜或黑带、乳化液斑点、波纹和折印、倒刺或毛刺等，是必须通过检测系统剔除的缺陷类别。允许存在的缺陷，如划痕、擦伤、轧辊压痕、凹坑等，可根据缺陷类型划分不同表面质量等级，以便进行后续处理。

（1）系统描述

1）系统组成

钢板表面质量检测系统的结构图如图 6-26 所示。该系统主要由照明装置、图像采集装置、图像处理系统、显示系统组成。系统的工作原理：由照明装置 LED 光源发出的光均匀地照射到检测平台上面的钢板上，经光学成像系统将钢板图像成像在 CCD 传感器上。CCD 将接收到的光信息转换成电信号，并通过视频线输入计算机进行处理。

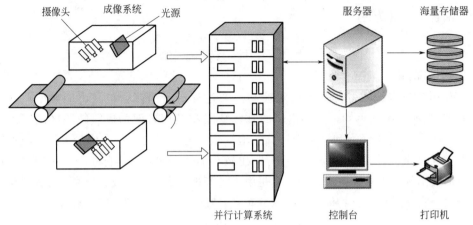

图 6-26　基于机器视觉的钢板表面质量检测系统结构图

　　图像采集系统由 CCD 传感器、图像采集卡组成。对于 CCD 传感器的选择，由于面阵 CCD 在检测运动图像时存在对观测对象的抖动很敏感、要求均匀的照射面、单次采集范围有限等缺点，而线阵 CCD 就不会存在这些缺点，所以图像采集系统可以选择线阵 CCD。采集卡则选择 CameraLink 接口的高速采集卡，适应大数据量的传输。

　　2）照明装置

　　照明装置设计包括根据测量精度、测量范围、现场条件，选择光学元件、布置光路、安装设备等一系列工作。在本系统中，根据事先确定的参数：测头距离对象的距离、视场大小及 CCD 传感器的规格等，计算出光学镜头的焦距等参数，从而确定光学成像镜头。

　　由于钢板生产现场环境恶劣，温度非常高，系统把光源和相机封装在一起做成检测传感器箱，箱体中图像采集光路配置为明场、暗场或者明暗场的组合，如图 6-27 所示。传感器箱体的标准化设计能够简化图像采集硬件的调整。目前，CCD 传感器的检测光路普遍采用扇束光路的形式，更为优化的检测光路应采用远心光路形式，如图 6-28 所示。在远心光路中，由于 CCD 的焦平面与带钢表面重合，有可能进一步提高检测灵敏度。

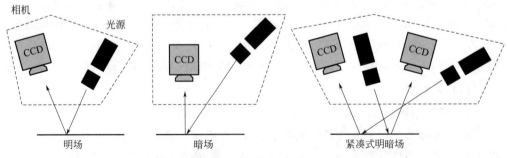

图 6-27　封装相机和光源的图像传感器

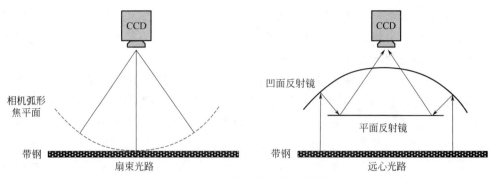

图 6-28　扇束光路和远心光路

(2) 关键技术

系统的信息处理流程如图 6-29 所示。

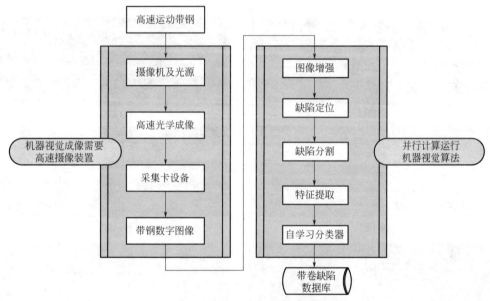

图 6-29　系统的信息处理流程图

图像采集模块完成对钢板图像的采集功能。图像采集模块包括 CCD 图像传感器、图像采集卡和触发采集卡的速度编码器。线阵 CCD 图像传感器采集图像时，为了保证图像在带钢运动方向上分辨率的稳定，CCD 传感器受轧制机组辊子上的编码器触发采集图像。同时，CCD 采用定时曝光工作模式，在现场光源亮度相对稳定的情况下，图像的亮度不受带钢移动速度影响而具有均匀性。

图像处理模块完成钢板图像预处理、目标检测、目标分割、特征提取和缺陷分类等功能。随着轧制技术的成熟，带钢运行速度逐渐提高，最高达到 1600m/min。同时对带钢的加工精度也有更高的要求，因此必须提高数据采集和处理速度。检测中数据处理一般采用分级处理的方式，将实时和即时处理相结合。实时处理即快速检测带钢图像是否存在异常，如果存在异常则进一步处理，否则放弃图像；即时处理即进一步处理可疑图像，计算分析缺陷的特征数据，对缺陷进行识别分类。

数据存储和后处理模块储存钢板缺陷数据，并产生缺陷报表。操作人员可以根据报表进行质量分析，并划分产品的质量等级。缺陷数据可合并到生产企业的信息系统中，根据需要随带钢的生产过程传送至下道工序。

显示系统用于监控和管理生产过程。该模块可保证在生产过程中及时发现缺陷，分析缺陷产生的原因，从而进行生产调整，减少不必要的损失。网络连接模块从硬件上连接系统的各个部分，包括图像处理计算机与数据服务器的连接、操作终端与服务器的连接和系统与生产现场信息系统的连接。网络连接模块不但实现了系统内部的缺陷数据、控制命令的交换，而且通过与现场生产信息系统连接，使系统能够获取当前生产带钢的钢卷信息、材质信息等，并完成缺陷信息的上传。

(3) 检测结果

利用钢板表面质量检测系统对带钢生产过程进行检测，检测出的典型瑕疵如图 6-30 所示。

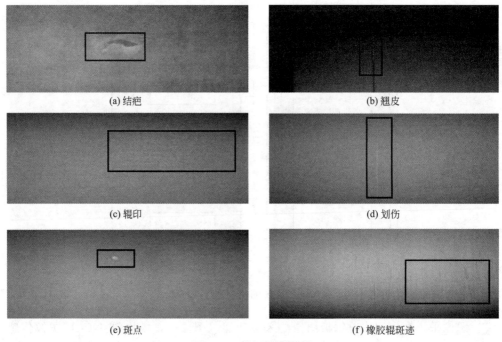

(a) 结疤   (b) 翘皮

(c) 辊印   (d) 划伤

(e) 斑点   (f) 橡胶辊斑迹

图 6-30　带钢缺陷类别

从现有技术水平看，带钢表面缺陷视觉检测系统需注意以下问题：

① 图像采集质量。带钢生产现场环境恶劣，存在噪声和油污等干扰，生产过程中还经常出现带钢抖动，使带钢表面图像质量很不稳定。系统设计者要充分了解众多缺陷的产生机理和外在表现形式，优化组合光源，以便提高对表面微小和低对比度缺陷的显现能力。

② 缺陷分割和模式识别是带钢检测的关键技术。在背景不稳定的带钢图像中把异常的缺陷有效地分割出来，并量化为图像缺陷特征。采用模式识别技术时，需要充分融合现有的分类识别技术、缺陷产生机理和人工经验规则，进一步提高分类的准确度。

③ 在生产系统中，对缺陷数据需要进一步挖掘和利用，使操作者可以根据检

测结果分析缺陷产生的原因，并作为划分带钢质量等级的依据，帮助生产决策者根据质量要求控制带钢的产出流程。

6.4 在尺寸测量领域中的应用及案例分析

尺寸测量无论是在产品的生产过程中，还是产品生产完成后的质量检验中，都是必不可少的步骤，而机器视觉在尺寸测量方面有其独特的优势。零部件的尺寸测量（如距离、角度、直径）和零部件的形状匹配（如圆形、矩形）等，利用机器视觉的测量方法不但速度快、非接触、易于自动化，而且还精度高。这种非接触测量方法既可以避免对被测对象的损坏，又适用于被测对象不可接触的场合，如高温、高压、流体、危险环境等；同时机器视觉系统可以同时对多个尺寸同步测量，实现测量工作的快速完成，测量效率高。对于微小尺寸的测量，机器视觉系统可以发挥它的长处，利用高倍镜头放大被测对象，使得测量精度达到微米以上。

用于尺寸测量的机器视觉系统主要由照明系统、图像采集系统、图像处理系统、数据库等构成。在光源的照射下，被测工件的待测项目信息（如高度、宽度等）处于特定的背景中，其图像被光学系统获取，经透镜滤掉杂光后聚焦在 CCD 传感器上，CCD 传感器将其接收的光学图像转换成视频信号输出给图像采集卡，图像采集卡再将数字信号转换成数字图像信息供计算机处理和显示器显示，计算机运用图像处理算法对图形数据进行处理运算，从而求得图像中需要测量的边界点的坐标，并求出被测工件的尺寸值，最后与预先设定的标准尺寸相对比，从而判断出工件是否合格。同时生成检测结果保存到数据库系统中，进行后续数据处理。其基本流程如图 6-31 所示。

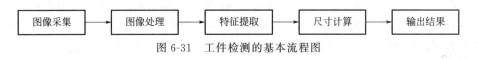

图 6-31　工件检测的基本流程图

6.4.1 长度测量

长度测量是尺寸测量技术中应用最为广泛的一种测量。基于机器视觉的长度测量，测量精度高、速度快，在在线有形工件的实时 NG（Not Good）判定、监控分拣方面应用较广泛。

长度测量可分为直线间距离测量与线段长度测量两种方式。

(1) 距离测量

在距离测量时，需要对定位距离的两条直线进行识别和拟合，在得到直线方程后，可根据数学方法计算得到两线之间的距离。因此，距离测量的关键是对定位距离的直线拟合。直线拟合方法已在本书第 4 章详细介绍。

距离测量的基本流程为：采集到的图像首先需要进行滤波和增强，然后通过阈值分割将其转化为二值图像，再进行边缘提取得到图像边缘，最后通过霍夫变换或者最小二乘法拟合图像中的直线并计算直线间的距离。如图 6-32 所示，选择一个矩形工件作为测量对象，需要测量工件上、下边间的距离。

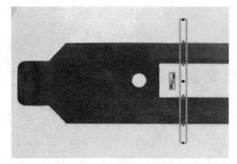

图 6-32　工件的距离测量

（2）多距离测量和齿长测量

多距离是指多条平行直线间的多个距离。对于多距离测量，如果采用霍夫变换法，则需要拟合多条直线，速度较慢，不利于实时性的要求，所以，多距离测量采用最小二乘法。

图 6-33 所示为一个接插零件，需要同时测量针脚间距。

图 6-33　针脚间距测量

在工件检测中，有齿工件的齿长也是重要的测量内容。齿长测量的步骤是：首先在工件图中设置待测齿长区域；然后对区域内的图像进行边缘提取；对提取到的边缘进行逐行扫描，分别获得其上、下两条边的边缘点；根据得到的边缘点分别拟合出上、下两条边的直线；最后计算两条直线间的距离作为齿长结果。

（3）线段测量

在工件检测中，通常要测量多边形工件的边长，即测量两个端点间的线段长度，这种测量称为线段测量。线段测量的核心是在工件图像中找到线段的两个端点，通常这些端点是图像的角点。因此，线段测量的重点是对图像中的角点进行检测。

常用的方法是基于 Harris 角点检测的线段测量方法，其基本流程为：首先对采集到的工件图像采用 Harris 角点检测的方法进行角点检测；然后对工件图像进行轮廓检测；再利用轮廓信息对角点位置进行精确定位；最后根据检测到的角点计算角点间的线段长度。

6.4.2　面积测量

面积测量在工业测量领域中的应用十分广泛，一般有基于区域标记法和轮廓向量法。

（1）基于区域标记的面积测量

如果已知图像中待测物体的所在区域，即可通过计算该区域内的像素点的个数得到其面积。实际应用中，待测图像内可能有多个需要测量面积的物体，这时就需要判定区域中物体是否是独立的物体，以及区域中的物体是否只是噪声。连通区域标记可以有效地解决这一问题。它的目的就是给图像中每一个连通的区域分配一个唯一的标记值。最常用方法是 8 连通判别算法，它的基本思想是：判断一个像素点的 8 个连通像素点是否有某已知区域内的点；如果有，则判定该点为该区域内的点；如果没有，则标记其为新区域内的点。

连通区域标记的另一个用途就是可以进行小区域的消除。在求得图像中每个连通区域的面积后，可以设置一个阈值，当区域面积小于（或大于）这个阈值时，则消去该区域。这种方法可以消除一些不关注的区域，更有利于用户对目标进行后期处理。面积测量亦可以用前文提到的基于 RLE 方法。

（2）基于轮廓向量的面积测量

数字图像中不规则区域的面积，可以用轮廓向量分析的方法进行测量。基于向量的分析方法能准确地确定边界内像素，精确地得到需要测量的面积。

该方法的原理是按一定的方向对感兴趣区域进行边界跟踪，获得一组有序边界点。把前一边界点（P−1）到当前边界点（P）的路径称为前级向量；把当前边界点（P）到下一边界点（P+1）的路径称为次级向量。针对不同的方向结合前级向量和次级向量，来判断当前边界点右侧像素是边界点、边界内点还是边界外点。在感兴趣区域的轮廓向量已知的情况下，可以用外轮廓所包含的面积减去其内部各个内轮廓所包含的面积，就可以得出该连通域实体的面积，进而可计算出具有任意形状的每个感兴趣区域的面积。

图 6-34 中是用机器视觉检测泡罩内药片是否完整，可用面积测量的方法，检测内容有：泡罩缺粒、药片破损、药片颜色、药片形状、药片位置错误等。

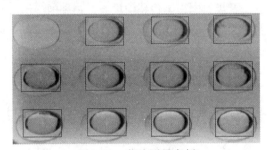

图 6-34　药片测量案例

6.4.3　圆测量

传统物理接触方式测量圆弧，参考点太多，无法从整体上来把握其综合参数，速度慢而且精度非常低。基于机器视觉技术的圆测量则可以大大提高工件测量的速度和精度。

（1）正圆的测量

圆测量中应用最为广泛的是正圆测量，如轴类工件的直径测量、面板圆孔的直径测量等。进行圆测量首先需要对圆的外形轮廓进行识别和拟合，获取相关的各种参数，如直径、圆心位置等。圆拟合方法已经在本书第 4 章详细介绍。

对图 6-35 所示的测量对象，设定拟合圆的内外范围，就可用上述方法测量工件上孔的直径与圆心。

（2）多圆测量

进行多圆测量，首先对工件图像进行轮廓提取；在得到多个圆的轮廓后，把每个圆轮廓加入链表；然后对每个链表中的像素利用最小二乘法进行圆拟合。图 6-36 所示的环形工件的直径检测。

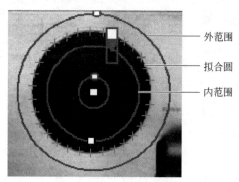

外范围

拟合圆

内范围

图 6-35 工件的直径测量

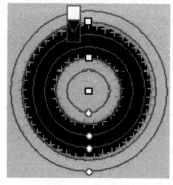

圆圈线从外到内，
依次为：
外圆范围；
外拟合圆；
外圆范围；
内圆范围；
内拟合圆；
内圆范围

图 6-36 环形工件的直径检测

（3）利用曲率识别法

以上两种圆测量方法主要针对简单背景下的圆图像进行测量。在复杂背景下，如背景中含有多边形、椭圆等其他图形时，这些测量方法就不能很好地应用。利用圆的曲率来识别圆的方法，能分离圆和其他图形，进而求解出目标圆的参数。

这种算法的原理是：首先对图像进行轮廓提取，得到图像中所有图形的轮廓；再计算所有轮廓的质心和面积，进而求解出其曲率；因为圆的曲率是常数 1，因此可以根据各轮廓的曲率判别其是否为圆；剔除非圆的轮廓，对圆轮廓进行拟合，得到圆的参数。

计算图形质心 (X_c, Y_c) 的公式为

$$X_c = \frac{\sum\limits_{i=0}^{m}\sum\limits_{i=0}^{n} X_i g(x_i, y_i)}{\sum\limits_{i=0}^{m}\sum\limits_{i=0}^{n} g(x_i, y_i)} \qquad Y_c = \frac{\sum\limits_{i=0}^{m}\sum\limits_{i=0}^{n} Y_i g(x_i, y_i)}{\sum\limits_{i=0}^{m}\sum\limits_{i=0}^{n} g(x_i, y_i)} \qquad (6\text{-}21)$$

其中

$$g(x, y) = \begin{cases} 0 & (x, y)\text{不属于目标轮廓中的点} \\ 1 & (x, y)\text{属于目标轮廓中的点} \end{cases} \qquad (6\text{-}22)$$

得到闭合轮廓的面积和质心后，就可以计算其曲率

$$circularity = \frac{s}{d_{max}^2 \times \pi} \qquad (6\text{-}23)$$

式中，s 是面积；d_{max} 是质心到轮廓上点的最大距离。

6.4.4　线弧测量

线弧测量的主要目的是检测图像轮廓中的直线和弧线，并将其分离开来。线弧分离在模式识别以及工业测量等领域都有着重要的应用。

1）基于 Harris 角点检测的线弧分离

基于 Harris 角点检测的线弧分离方法的基本思路：首先对图像进行轮廓提取，得到对象的轮廓信息；然后对轮廓进行平滑，这是因为轮廓提取得到的轮廓可能不

光滑，这种不光滑会使找到的角点或切点有误差；接下来使用 Harris 角点检测方法检测出轮廓的角点；角点将轮廓分割成若干段，提取其中的切点，根据得到的切点区分轮廓中的直线和曲线，可以实现线弧分离；对每段轮廓分别进行曲线拟合可以得到其直线或曲线方程。

2）基于霍夫变换的线弧分离

该方法的基本思路是：首先提取图像的轮廓信息；然后利用霍夫变换拟合出轮廓中的直线；再利用霍夫变换拟合出轮廓中的整圆或圆弧；根据拟合出的直线和圆弧信息找到图像中的角点；利用角点进行线弧分离并计算线段的长度。

6.4.5　角度测量

在工业零件生产中，常需要对工件中的一些角度进行测量，如螺母正视图中每条边相互的夹角大小是否相等、零件底面与侧面的垂直度检测等，都是比较常见的角度测量应用。角度检测的关键是对所测角度的两条边线的提取，可采用之前介绍的直线或者线段提取方法，得出两条直线的方程，其夹角就可以利用斜率得出。

直线提取的方法很多，最常用的有最小二乘法和霍夫变换法。因为霍夫变换法速度较慢，实际应用中多采用最小二乘法。以图像的左上角作为坐标原点，采用计算机屏幕坐标系，直线斜率与其角度的变换公式为

$$Ang = -(\arctan k \times 180/\pi) \tag{6-24}$$

式中，Ang 是求出的角度；k 是通过最小二乘法拟合直线得到的直线斜率。图 6-37 所示为工件倾斜角的测量。

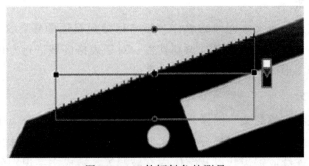

图 6-37　工件倾斜角的测量

6.5　在字符识别中的应用及案例分析

OCR 的英文全称为 Optical Character Recognition（光学字符识别），指通过扫描等光学输入方式将报刊、书籍、票据及其他印刷品上的文字转化为图像信息，再利用识别技术将图像中的文字转换成文本格式，以便计算机进行编辑处理。

6.5.1　OCR 技术原理

OCR 识别系统的工作流程如图 6-38 所示。原始图像经过图像输入、图像预处理、版面分析、行字切分、特征提取、比对识别、字词校正，最终输出结果。

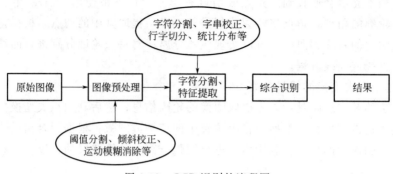

图 6-38　OCR 识别的流程图

（1）图像输入

通过各种光学输入方式，如扫描仪、传真机或摄像机等，将票据、报刊、书籍、文稿及其他印刷品的文字转化为图像信息输入到计算机中。使用较广泛的输入方式是平台型扫描仪或掌上型扫描仪，将需识别的文件先行扫描成图像文件。扫描的分辨率越高，越有利于文字的识别工作。

（2）图像预处理

输入文件的表面不整洁，或镜头存在畸变，会使输入的图像存在一些污点或独立点，影响到文字的正确识别。因此，在文字识别前，需对获取的文本图像进行畸变校正、彩色处理并清除图像上的污点或独立点。

（3）版面分析

版面分析主要是对文本图像的总体分析，区分出排版顺序、文本段落及图形、表格的区域。对于文本区域将进行识别处理；对于表格区域进行专用的表格分析及识别处理；对于图形区域进行压缩或简单存储。

（4）行字切分

行字切分是将大幅的文字图像先切割为行，再从图像行中分离出单个字符的过程。由于镜头畸变，或由于扫描分辨率太低，会导致扫描后的字体出现不完整的现象，如字符的不连续或锯齿状以及字体内有破洞等，造成文字识别的错误。形态学运算可针对文件中部分文字笔画不连接的情况，进行文字切割或合并。

（5）特征提取

特征提取是从单个字符图像上提取统计特征或结构特征的过程。提取的特征，其稳定性及有效性，直接决定了识别的性能。特征可分为两类：一类特征为结构的特征，在文字细化（所谓细化是将中文字体做剔除，让字体只剩下单像素宽骨架，因此这项技术又称骨架化。细化程序可以保留中文字体的信息，并且消除不必要的信息）后，取得字的笔画端点、交叉点的数量及位置，或以笔画段为特征，配合特殊的比对方法进行比对。另一类为统计的特征，如文字区域内的黑/白点数比，当文字区分为几个区域时，这些区域黑/白点数比的联合，就成了空间的一个数值向量，在比对时采用相关的数学方法即可。

（6）比对识别

当提取文字特征后，无论是用统计或结构的特征，都必须有比对数据库或特征数据库来进行比对识别。数据库的内容应包含所有待识别的文字字集，以及与输入文字一样的特征抽取方法所得到的特征群组。对比识别模块根据不同的特征特性，选用不同的距离函数，常用的比对方法有：欧式空间的比对法、松弛比对法（Relaxation）、动态程序比对法（Dynamic Programming，DP），以及神经网络比对法、HMM（Hidden Markov Model）法等方法。

（7）字词校正

OCR 的识别准确率很难做到百分之百，除错及更正功能是 OCR 系统中的必要模块，该功能包括字词后处理和人工校正。字词后处理即利用比对后的识别文字与其可能的相似候选字，根据前后的识别文字找出最合乎逻辑的词做更正。而人工校正则是通过对照当前字符的原始图像校正识别结果，替换或修改识别有误的字符。对于 OCR 软件而言，稳定的图像处理及识别算法可以降低识别错误率，除此之外，人工校正的操作流程及功能也会影响 OCR 的处理效率。利用人工智能技术分析上下文语义，能部分代替人工校正。

（8）输出结果

将识别结果输出为需要的格式进行保存，或者通过导出命令输出到其他应用程序中。

6.5.2　票据字符识别系统

（1）系统描述

票据字符识别系统通常包括实时处理、存储、输出显示、数据管理等功能。

实时处理功能是为了保证对采集的图像数据及时准确地处理，包括预处理、特征提取、分类等算法的实现。该功能模块的特点是输入的是底层的原始图像数据，而输出的则是抽象的符号表示。

存储功能即能够将所需要的原始图像或中间处理图像存储下来，供用户分析。对于检测系统而言，由于连续采集图像，使得数据量巨大。

输出显示功能是检测系统与用户交流的人机界面。主要设置有：设置图像的 ROI 区域、设置检测范围及等级等。系统处理后的结果通过该模块输出，对于"拒绝识别"情况可以是提示、报警或者剔除等。

数据管理功能主要是提供系统管理历史数据的功能。这些历史数据包括标准产品图像数据、生产批次数据记录、每批次识别结果记录、设置数据等。对生产批次能做生产基本状态记录，并且给出长期的检测报告，给用户的生产、决策提供依据。

按照上述功能对系统进行模块化设计，总体结构如图 6-39 所示。

（2）算法描述

1）图像预处理

在图像采集过程中，存在纸面反光不均匀、相机噪声、外界电磁干扰等问题，

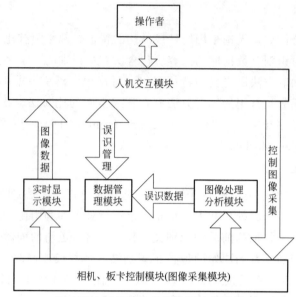

图 6-39　系统软件的总体设计示意图

导致图像质量下降，对于毛刺状噪声的消除，常用的方法是采用滤波运算。

另外在相机曝光期间采集对象和相机之间存在相对运动，则采集到的图像就会有明显的拖尾现象，这就是通常所说的运动模糊（Motion Blur），如图 6-40 所示。通过算法处理消除运动模糊，会增加处理耗时，降低实时性能，因此需要通过 6.1.3 节的计算曝光时间的方法，增强照明强度，降低曝光时间来消除运动模糊。

图 6-40　运动模糊

2）字符分割及特征提取

① 字符区域的定位　字符区域的定位是字符图像分割与识别技术的关键。其要点在于从复杂的背景中找到有着特殊纹理（字符分布）的一小片矩形区域，然后把该区域从整幅图像中分割出来。字符区域的定位准确与否，直接影响到整个字符图像识别系统的识别成功率。常见的区域选择算法为"投影"法，在机器学习中还有著名的"Textbox"法。

② 字符串的校正　字符串倾斜，一般发生在用数字相机拍摄字符图像的情况中。以车牌为例，车牌上下边缘与摄像机成像平面的上下边缘不能保证平行，且车牌平面法线与摄像机成像平面法线不能保证在同一直线上，造成了原图像中牌照的旋转与透视变形。另外，在工程图纸中有时也存在字符倾斜摆放的情况。因此校正部分就是要将字符串旋转校正，使得处理后的字符串图像不一定"竖直"但却能保证"横平"。

③ 字符分割与特征提取　票据字符包括：均匀分布的字符，即字符间距固定，每个字符宽度相等；间隔分布的、无断笔的字符，其字体、字形、笔画粗细、轮廓尺寸等工艺标准具有一定的规律；断裂字符，一些单个字符由几个成分构成；相互粘连在一起的字符，在单一相连成分中含有多个字符。

由于分割出的字符要进行特征抽取才能送入分类器进行识别，针对票据印刷位置偏差使图像发生偏转和平移的情况，经过比较，一般选择对旋转具有不变性的矩特征作为模式特征。

3）BP 神经网络

BP（Back Propagation）神经网络是一种有监督学习算法的前馈型神经网络，是应用最广泛的神经网络模型之一，它用给定的输入输出样本进行训练，通过输出值与预定值之间误差的反向传播对网络的权值和阈值进行调整，使误差函数沿最快下降方向下降，最终使网络实现给定的输入输出映射关系。BP 算法由两部分组成：信息的正向传递与误差的反向传播，以图 6-41 所示的简化三层网络拓扑结构为例进行基本公式推导。

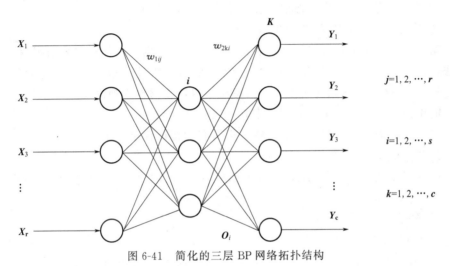

图 6-41　简化的三层 BP 网络拓扑结构

设输入层有 r 个神经元，X_j 为输入，隐含层有 s 个神经元，O_i 为输出，激励函数为 f_1；输出层有 c 个神经元，Y_k 为输出，激励函数为 f_2；w_{1ij} 为第 j 个输入节点到第 i 个隐节点的连接权值，w_{2ki} 为第 i 个隐节点到第 k 个输出节点的连接权值；θ 为阈值；T 为期望输出值；η 为学习率。

① 第 i 个隐节点的输出值

$$O_i = f_1 \left(\sum_{j=i}^{r} w_{1ij} X_j - \theta_i \right) (i = 1, 2, 3, \cdots, s) \tag{6-25}$$

② 第 k 个输出神经元的输出值

$$Y_k = f_2 \left(\sum_{i=1}^{k} w_{2ki} O_i - \theta_k \right) (k = 1, 2, 3, \cdots, c) \tag{6-26}$$

③ 权值的修正 Δw_{1ij}、$\Delta w2_{ki}$ 分别由下式确定

$$\Delta w_{1ij} = \eta \sum_{k=1}^{c} (T_k - Y_k) f'_2 w_{2ki} f'_1 X_j \tag{6-27}$$
$$\Delta w_{2ki} = \eta (T_k - Y_k) f'_2 O_i$$

4）识别案例

① 建立训练集和测试集。

为了训练和评估网络的性能，将数据集划分为训练集和测试集。训练集用于训

练网络的权重和偏置，而测试集用于评估网络的性能。

训练集包含 0～9 共 10 个数字，如图 6-42 所示，分别放在 10 个文件夹里，文件夹的名称对应要识别的数字，每个数字的训练图片有 50 张，均经过了上一节所述的预处理，每张图片的像素统一为 32×32。

图 6-42　数字识别案例

测试集则将所有数字图像混合在一个文件夹，共 50 张图片。

② 确定神经网络输入和输出。

输入的数据是字符经过预处理和特征提取后的数据。特征提取采用粗网格统计方法，把图像分成 64 个区域，每个区域 16 像素，统计区域中字符像素所占的比例，从而把 32×32 图像转成 1×64 的特征矢量，作为输入神经元。

输出为 1×10 的矢量，分别代表 0～9 这 10 个数字。

提取完训练集 500 张图片后，依次把所有的特征存于一个矩阵（64×500）中，命名为 Train. mat。

提取完测试集 50 张图片后，依次把所有的特征存于一个矩阵（64×50）中，命名为 Test. mat。

③ 确定神经网络的参数。

用 rand 函数来实现网络权值的初始化，设定网络结构为输入层 64，隐藏层 100，输出层 10，学习速率为 0.1，隐藏层激励函数为 sigmoid 函数。

④ 训练神经网络。

将特征矩阵依次读入后，计算隐含层和输出层输出，计算误差，更新网络权值。

⑤ 神经网络的预测。

训练好神经网络之后，用测试集的 50 个数字字符计算特征向量，输入神经网络进行预测，计算隐含层和输出层输出，得到最后预测的数据。同时计算每个数字的正确率和全体的正确率。

以下是使用 Matlab 设计一个识别数字 0～9 的 BP 网络的示例代码：

```
% 1 导入训练数据和测试数据
trainData＝load('Train. mat');% 根据不同版本微调语法
    testData＝load('Test.mat');

% 2 设置网络参数
inputSize＝64;% 输入层大小
hiddenSize＝100;% 隐藏层大小
outputSize＝10;% 输出层大小
learningRate＝0.1;% 学习率
epochs＝100;% 迭代次数

% 3 将标签转换为一位编码形式
trainLabels = zeros ( outputSize,
size(trainLabels,1));
    trainLabels(sub2ind(size(trainLabels), trainLabels ', 1: size (trainLabels,1)))＝1;
    testLabels＝zeros(outputSize,size(testLabels,1));
    testLabels ( sub2ind ( size ( testLabels),testLabels',1: size(testLabels,
```

```
1))))=1;

    % 4 初始化网络权重和偏置
    W1 = rand ( hiddenSize, inputSize )
-0.5;
    b1=rand(hiddenSize,1)-0.5;
    W2 = rand ( outputSize, hiddenSize )
-0.5;
    b2=rand(outputSize,1)-0.5;

% 5 训练网络
for epoch=1:epochs
    % 前向传播
    z1=W1*trainData+b1;
    a1=sigmoid(z1);
    z2=W2*a1+b2;
    a2=sigmoid(z2);
    % 计算损失
    loss=sum(sum((a2-trainLabels).^2))/
size(trainData,2);

    % 反向传播
     delta2 = ( a2 - trainLabels ). *
sigmoidDerivative(z2);
        delta1 = ( W2' * delta2 ). * sig-
moidDerivative(z1);

    % 更新权重和偏置
    W2=W2-learningRate*delta2*a1';
```

```
        b2=b2-learningRate*sum(del-
ta2,2);
        W1=W1-learningRate*delta1*
trainData';
        b1=b1-learningRate*sum(del-
ta1,2);

    % 打印当前迭代次数和损失
    fprintf('Epoch:% d,Loss:% f\n',
epoch,loss);
    end

% 6 测试网络
z1=W1*testData+b1;
a1=sigmoid(z1);
z2=W2*a1+b2;
a2=sigmoid(z2);

% 7 将输出转换为标签形式
[~ ,predictedLabels]=max(a2);
predictedLabels=predictedLabels'
-1;

% 8 计算测试准确率
accuracy= sum(predictedLabels= =
testLabels)/size(testData,2);
    fprintf('Test Accuracy:% f\n',ac-
curacy);
```

习　题

1. 设计机器视觉系统，观察民兵3洲际导弹（尺寸可在网上查到）的图像，选择相机、镜头，计算曝光时间，要求导弹充斥画面，拖影小于1个像素。

2. 在纽扣电池生产线上，如何快速获得每枚电池的图像？设计其方法和技术。

3. 分析面部识别的方法，设计一个门禁视觉系统，能获取面部图像，并获得面部特征。

参考文献

[1] Rafael C Gonzalez,Richard E Woods. 数字图像处理[M]. 阮秋琦,阮宇智,译. 4 版. 北京:电子工业出版社,2020.

[2] 贾云得. 机器视觉[M]. 北京:电子工业出版社,2000.

[3] 熊有伦,李文龙,陈文斌,等. 机器人学:建模、控制与视觉[M]. 2 版. 武汉:华中科技大学出版社,2020.

[4] 周祖德,余文勇,陈幼平. 数字制造的概念与科学问题[J]. 中国机械工程,2001(01):109-113.

[5] 余文勇,周祖德,陈幼平. 一种浮法玻璃全面缺陷在线检测系统[J]. 华中科技大学学报(自然科学版),2007,No.284(08):1-4.